2025

::: 宁夏生态文明蓝皮书 ⟩

宁夏蓝皮书系列丛书

宁夏生态文明蓝皮书

宁夏生态文明建设报告

（2025）

宁夏社会科学院 编

徐 哲 / 主编

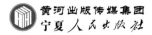

黄河出版传媒集团
宁夏人民出版社

图书在版编目（CIP）数据

宁夏生态文明蓝皮书：宁夏生态文明建设报告.
2025 / 徐哲主编. —— 银川：宁夏人民出版社，2024.
12. ——（宁夏蓝皮书系列丛书）. —— ISBN 978-7-227
-08149-4

Ⅰ. X321.243

中国国家版本馆 CIP 数据核字第 2025PL9766 号

宁夏蓝皮书系列丛书　　　　　　　　　　　　　　　宁夏社会科学院　编

宁夏生态文明蓝皮书：宁夏生态文明建设报告（2025）　　　徐　哲　主编

责任编辑　管世献　周方妍
责任校对　陈　浪
封面设计　张　宁
责任印制　侯　俊

 黄河出版传媒集团
宁夏人民出版社　出版发行

出 版 人　薛文斌
地　　址　宁夏银川市北京东路 139 号出版大厦（750001）
网　　址　http://www.yrpubm.com
网上书店　http://www.hh-book.com
电子信箱　nxrmcbs@126.com
邮购电话　0951-5052104　5052106
经　　销　全国新华书店
印刷装订　宁夏银报智能印刷科技有限公司
印刷委托书号　（宁）0031678

开本　720 mm×1000 mm　1/16
印张　18
字数　290 千字
版次　2024 年 12 月第 1 版
印次　2024 年 12 月第 1 次印刷
书号　ISBN 978-7-227-08149-4
定价　50.00 元

目 录

总 报 告

生态保护篇

绿色低碳篇

1

改革发展篇

典型案例篇

附　录

总报告

ZONG BAOGAO

筑牢西北地区重要生态安全屏障

——2024年宁夏生态文明建设研究报告

徐　哲　宋春玲

2024年是新思想领航新征程、新蓝图指引新方向、新举措推动新发展的关键之年。一年来，党的二十届三中全会、新时代推动西部大开发座谈会、全面推动黄河流域生态保护和高质量发展座谈会等重要会议精神和习近平总书记考察宁夏在听取自治区党委和政府工作汇报时的重要讲话精神为宁夏生态文明建设水平的进一步提升、生态安全屏障的进一步筑牢提供了新指引、新思路、新规划。肩负唯一全境纳入"三北"工程六期和黄河"几字弯"攻坚战片区的职责使命，宁夏自觉将自身定位和发展放在全国生态体系中进行审视，努力建设黄河流域生态保护和高质量发展先行区、持续推进"三北"工程建设、坚决打赢黄河"几字弯"攻坚战，扛起筑牢西北地区重要生态安全屏障的时代重任，以"一河三山"为改革发展基准线，紧盯重点领域污染防治，加强生态系统保护修复，一体化推进山水林田湖草沙系统治理，大力提高绿色低碳发展水平，坚决以高水平保护支撑高质量发展。

作者简介　徐哲，宁夏社会科学院农村经济研究所副所长，副研究员；宋春玲，宁夏社会科学院农村经济研究所助理研究员。

一、2024 年宁夏生态环境基本状况

宁夏地处黄土高原和内蒙古沙漠边缘的过渡地带，位于中国西北部黄河中上游地区，地理位置介于 35°14′N—39°23′N，104°17′E—107°39′E 之间，属于典型的干旱、半干旱气候区，全区总面积为 6.64 万平方千米，同时宁夏还是全国水资源拥有量较少的省区，年均降水量 150—600 毫米之间，但是蒸发量却在 800—1600 毫米之间，降水量空间分布不均匀，加之人类活动的干扰，使得生态环境脆弱。全区地势南高北低，北部地区为引黄灌溉区，地势平缓，水资源丰富，是宁夏经济社会发展最为集中的地区；中部地区为干旱带，常年降水量稀少，土质条件较差；南部地区为黄土丘陵沟壑区，属于典型的半农半牧区。

宁夏近 5 年来生态环境整体态势向好。从宁夏近 5 年主要生态环境指标汇总表（表 1）中可以看到，2019—2023 年，每年宁夏优良天气比例均超过 83%，在 305 天以上，2023 年略有下降，是因为受到蒙古气旋和大风天气影响，沙尘天气异常，2023 年沙尘天气发生频次比前一年增加了 8 次。$PM_{2.5}$ 平均浓度总体呈下降趋势，由 2019 年的 32 微克/立方米下降至 2023 年的 29 微克/立方米。

黄河干流宁夏段水质总体为优，自 2017 年以来一直保持"Ⅱ类进Ⅱ类出"，入黄排水沟水质均在Ⅳ类以上。湿地面积、森林面积逐年增加，全区森林覆盖率、草原综合植被盖度、湿地保护率和水土保持率分别达到 11.35%、56.8%、29% 和 77.3%。值得一提的是，基于"国土三调"林草综合监测数据重新测算，2023 年宁夏湿地面积、湿地保护率、森林面积、森林覆盖率等 4 项指标均有调整更新，产生差距的主要原因是统计口径范围发生了较大变化。从畜禽粪污资源化利用率、秸秆利用率、化肥利用率、农药利用率、残膜回收率等指标来看，近 5 年来呈上升趋势，农村生态环境逐年转好，农村人居环境综合整治行动改变了农村脏乱差状况，农村保持干净整洁的生活环境。宁夏作为国内首个新能源综合示范区，风电、水电、太阳能发电等可再生能源发电量占比 5 年来逐年提高。

表 1 宁夏近 5 年主要生态环境指标汇总表

指标(单位)	2019 年	2020 年	2021 年	2022 年	2023 年
全区优良天数(天)	321	312	306	307	293.8
全区优良天数占比(%)	87.9	85.1	83.8	84.2	80.5
PM$_{2.5}$平均浓度(微克/立方米)	32	33	27	30	29
沙尘天气次数(次)	19	15	20	15	23
黄河干流宁夏段水质	Ⅱ类	Ⅱ类	Ⅱ类	Ⅱ类	Ⅱ类
湿地面积(万公顷)	20.72	20.72	20.72	18.17	18.34
湿地保护率(%)	55	55	55.5	56	29
森林面积(万亩)	1185	1231.8	1318	1403	884.55
森林覆盖率(%)	15.2	15.8	16.91	18	11.35
畜禽粪污资源化利用率(%)	89	90	90	90	90
营造林面积(万公顷)	9.23	8.17	10.50	10.05	8.40
秸秆利用率(%)	85.15	87.6	88.6	91.2	90
化肥利用率(%)	39.6	40.1	40.5	41.2	41.5
农药利用率(%)	40.2	40.8	41.1	41.5	41.8
残膜回收率(%)	91	85	86	87.5	88
可再生能源发电量占比(%)	16.2	18.7	23.3	23	25.9

数据来源：2019—2023 年《宁夏生态环境公报》。

二、2024 年宁夏生态文明建设成效

(一) 规划先行，引领有力

提升生态文明建设水平，需要规划先行，调动各方力量，协调各方利益，统筹资源使用，齐心协力共同绘就青山绿水新画卷。2024 年以来，宁夏坚持一体推进规划体系构建、空间格局优化、重大战略落实，编制《宁夏回族自治区国土空间生态修复规划（2021—2035 年)》（以下简称《规划》)。《规划》以自然地理环境与资源禀赋现状为基本坐标，以美丽宁夏为发展方向，深刻把握生态系统的整体性、系统性及其内在规律，坚持问题导向，坚持系统治理，统筹推进山水林田湖草沙一体化保护，全面构建生态保护修复大格局。《规划》目标导向明确，生态分区明晰，管控措施有力，对构建主体功能明显、发展优势互补、良性联动循环的高质量发展新

局面具有重要意义。还出台《自治区全面推进美丽宁夏建设的实施方案》，以美丽宁夏"九大战"为核心，聚焦关键领域重点问题，全面部署工作任务，一体开展"美丽系列"建设行动，全领域转型、全方位治理、全要素提升、全地域建设、全过程防范、全社会行动，坚决践行绿水青山就是金山银山理念，形成了美丽宁夏建设的工作蓝图。

（二）污染治理科学精准

坚持精准治污、科学治污、依法治污，污染防治攻坚战势头强劲，以更高标准打好蓝天、碧水、净土保卫战，生态环境质量总体向好。

1. 蓝天保卫战有力有效

以改善环境空气质量为核心，多措并举，重拳出击，切实增强人民群众的蓝天获得感，截至 2024 年 11 月 20 日，全区优良天数比率为 80.4%，排除沙尘天气影响，PM$_{2.5}$平均浓度为 30 微克/立方米，优于国家考核目标（30.5 微克/立方米）要求；重污染天数比率为 0，达到国家考核目标（控制在 0.4% 以内）。

深化推进"四尘同治"，围绕"烟尘、煤尘、气尘、扬尘"，持续开展水泥、燃煤等重点行业深度治理，大力推进冬季清洁取暖项目。加快运输行业结构调整，加强移动污染源联合监管。截至 2024 年 7 月，路检路查柴油货车 90 辆次，处罚超标排放车辆 54 辆次；检查全区重点用车企业、用车大户 109 家，抽测柴油运输车 252 辆次，抽测非道路移动机械 279 台次，发现问题车辆 40 辆次、问题机械 106 台次；抽测加油站 63 家次，发现问题 34 个；检查帮扶机动车排放检测机构 24 家次，发现问题 128 个，问题线索全部移交属地生态环境部门落实整改。强化建筑工地、裸露空地、非煤矿山等扬尘综合治理，基本建立"机械深度洗扫+人工即时保洁"的道路扬尘污染控制机制，实现地级城市机械化清扫率 80% 以上，县级城市机械化清扫率 75% 以上。

持续强化大气攻坚。开展冬春大气污染防治，制定《2024—2025 年全区冬春季大气污染防治攻坚行动方案》，深入打好重污染天气消除、臭氧污染防治和柴油货车污染治理攻坚战。开展夏季臭氧污染防治攻坚战，精准追踪臭氧污染源以及污染成因，持续推进石油炼制、石油化工、现代煤化工等重点行业 VOCs "一企一策" 综合治理行动，扎实开展挥发性有机液体储罐、装卸等 10 个关键环节整治，2024 年以来累计排查企业 733 家次，发现问题 608 个，完成整改 598 个，切实提升挥发性有机物排放"三率"。"十四五"以来，累计减排氮氧化物 19521 吨、挥发性有机物 7513 吨、化学需氧量 12515 吨、氨氮 1333 吨，提前完成国家下达任务。

2. 碧水保卫战效果斐然

以改善水环境质量为核心，综合整治黄河干流及重要支流、重点湖泊、重点排水沟，持续巩固黄河干流宁夏段水环境质量，黄河干流宁夏段水质稳定在 Ⅱ 类进出。分类治理城乡生活污水、养殖废水和农田退水，开展入河（湖、沟）排污口分类整治，推进重点排水沟综合整治、黑臭水体整治，强化饮用水水源地环境保护，深化区域再生水循环利用。截至 2024 年 11 月 20 日，"十四五"期间国家考核的 20 个地表水断面 Ⅲ 类以上水质优良比例为 90%，同比上升 10.0 个百分点，序时完成国家下达目标任务（达到或好于 80%）；劣 Ⅴ 类水体持续为 0。

3. 净土保卫战成效显著

坚持预防为主、风险管控、水土共治，扎实推进土壤、地下水和农业农村污染治理。一是积极探索污染土壤人工修复措施。科学处理土壤生态自然恢复与人工修复关系，启动宁夏灵武市马家滩镇的中国石油长庆油田分公司第二助剂厂土壤修复项目，积极探索土壤绿色修复的实践路径。二是强化建设用地联动监管，深入实施土壤污染源头防控行动，加快推进源头管控重大工程建设。促进土壤和地下水环境质量巩固提升。三是持续实施化肥农药减量化行动，安全利用受污染耕地，土壤污染防治总体平稳。

4. 固体废物和新污染物治理战深入推进

随着美丽宁夏建设的深入推进，固体废物减量化、无害化、资源化水平显著增强，生态环保工作正在由"雾霾""黑臭"等感官指标治理向长期性、隐蔽性危害的新污染物治理转变。截至 2024 年 11 月 20 日，一般工业固废利用率达 63% 以上，危险废物安全利用处置率达 100% 以上。一是新污染物治理在探索中前进。自 2022 年宁夏发布《自治区新污染物治理工作方案》以来，通过加强涉新污染物建设项目准入管理，强化新化学物质环境管理登记证企业监管，定期开展动态监测等措施，新污染物治理逐步深入。二是重点推动"无废城市"建设工作。自 2022 年宁夏正式启动"无废城市"建设工作以来，积极探索固体废物减量化、资源化、无害化的路径方法，工业固体废物资源化利用工程、生活垃圾分类处理及利用工程等"十大工程"进展顺利，成效显著。

（三）生态保护修复成效显著

2024 年 6 月，习近平总书记在宁夏考察时强调，"保护好黄河和贺兰山、六盘山、罗山的生态环境，是宁夏谋划改革发展的基准线"。"一河三山"护佑着宁夏的生态多样性，支撑着宁夏的生态平衡，维系着宁夏的生态安全，对宁夏的气候调节、水土保持、生态循环具有至关重要的作用。牢记习近平总书记嘱托，根植生态文明建设实际，宁夏以"一河三山"为核心，持之以恒推进生态保护修复，成效显著。

1. "一带三区"保护有力

宁夏是全国的重要生态节点、重要生态屏障、重要生态通道，"一河三山"的生态安全屏障体系已经成型。在宁夏，黄河主要生态功能为固沙滞沙、阻沙入黄，贺兰山主要生态功能为生态治理与修复，罗山主要生态功能为防风固沙，六盘山主要生态功能为水源涵养。黄河生态经济带、北部绿色发展区、中部防沙治沙区、南部水源涵养区"一带三区"总体布局使得宁夏乃至整个西北地区的生态安全得到长效保护。通过长期的生态保护、生态治理、生态修复，困扰宁夏的沙患问题、水患问题、盐渍化问题、农田防护林问题、草原超载过牧问题、河湖湿地保护问题等六大问题得到了有效的改善，同时还形成了可借鉴、可复制、可推广的好经验、好做法，宁夏生态保护成效显著。

2. "三山绿颜"进一步绽放

因地制宜、精耕细作，持续推进"三山"生态修复。一是以国家公园建设为突破口，着力推动贺兰山、六盘山生态修复再上新台阶。贺兰山、六盘山成功列入《国家公园空间布局方案》，贺兰山被列为全国 49 个国家公园候选区（含 5 个正式设立的国家公园）的第 13 位，黄河流域布局的 9 个国家公园候选区中第 5 位。二是以重大工程为抓手，巩固扩大"三山"

生态修复成果。持续实施贺兰山和六盘山"山水"工程、黄河上游风沙区废弃矿山生态修复示范工程、国土绿化试点工程、贺兰山东麓"藤灌草结合"生态修复试点项目等，以"三山"为坐标，分类施策，持续改善生态。

3. 黄河安澜进一步维护

宁夏十分重视黄河标准化堤坝建设，近几年，以黄河流域生态保护和高质量发展先行区建设为抓手，进一步维护黄河生态安全。开工建设黄河宁夏段河道治理工程银川片区段，加高培厚堤防，整治河道，实现黄河宁夏段全境堤防闭合，目前建成黄河标准化堤防工程 416 公里，切实筑牢防洪安全的堤坝。

4. "几字弯"攻坚战全面打响

发挥宁夏区位作用，系统推进沙化、荒漠化治理。宁夏是全国唯一全境纳入黄河"几字弯"攻坚战片区和全境属于黄河流域的省区，坚决扛起"几字弯"攻坚战的使命任务，精准施策、创新施策，取得显著效果。大面积推广刷状网绳、蓝藻沙结皮、高效植苗等新技术，大力实施石嘴山市平罗毛乌素沙地系统治理示范工程，开展中部干旱带荒漠灌丛森林自然演替、人工灌木林提升改造和活化沙地综合治理，探索防风固沙、富民产业等融合发展的"新路子"，取得了良好成效。截至 2024 年 11 月，宁夏共谋划新建治沙项目 10 个，续建项目 7 个，计划完成任务量 421.9 万亩，申请中央投资金额 25.2 亿元。

5. 生物多样性保护新任务启动

实施了《新时期宁夏生物多样性保护战略与行动计划（2023—2030年)》，加强了生物多样性的调查监测评估，推进本底调查，实施生物多样性重大保护工程，开展生物多样性可持续利用试点示范，加强珍稀野生动物生态廊道和候鸟迁飞通道建设，逐步优化以自然保护地、生态保护红线、植物园、动物园、种质资源库（圃、场）、繁育中心等为主体的生物多样性就地、迁地保护体系，开展"绿盾"自然保护地强化监督专项行动等，有效维护了宁夏生物多样性，保护了珍稀濒危物种，生态系统多样性、稳定性和持续性不断增强。经过多年保护修复，固原市的森林覆盖率和草原综合植被盖度分别达到 16.07% 和 87%，陆生脊椎动物增加了 468 种，无脊椎动物增加了 658 种，植物增加了 941 种。在联合国《生物多样性公约》第十六次缔约方大会上固原市成功入选"自然城市"名单，是西北地区唯一入选的城市。

6. 分区管控机制逐步完善

瞄准"一河三山"生态坐标，衔接《宁夏回族自治区国土空间规划（2021—2035 年）》，发布《宁夏回族自治区生态环境分区管控动态更新成果》，按照生态功能不降低、环境质量不下降、资源环境承载能力不突破的原则，重新调整全区生态空间，明确环境质量底线，校核资源利用上线，变更环境管控单元，修订生态环境准入清单。

（四）绿色发展质量不断提升

1. 资源集约节约利用

绿色发展与生态要素配置效率呈正相关，按照人与自然和谐发展的现代化建设要求，宁夏深化体制机制改革，完善要素统筹，着力探索配置效率最优化和效益最大化的发展路径。一是"四水四定"主动战成效斐然。坚定落实"四水四定"的刚性原则，统筹水资源高效利用与产业高质量发展。将水资源作为宁夏生存发展的第一资源，通过设计规划方案，明确重点任务，制定指标体系，打造银川市、利通区、盐池县、海原县、隆德县、惠农区和宁东基地 7 个示范试点，在全国率先推进"四水四定"，探索西北干旱地区生态保护和高质量发展的新路子，实践案例入选第六批全国干部学习培训教材。以用水权改革为突破，提升水资源市场配置效率。2021 年以来，用水权通过公开竞价和协议两种方式进行市场化配置，累计交易339 笔，交易水量 2.53 亿立方米，交易资金 5.02 亿元。与四川省完成第一单跨省域水权交易，被中央主要媒体深度报道。二是土地配置更加高效。按照"项目跟着规划走，要素跟着项目走"原则，全年 50%以上新增建设用地计划指标优先保障重大基础设施、重点产业和民生项目，对国家和自治区重大项目"点供"配置计划指标，对重点产业统筹调配用地计划指标，乡村振兴重点县（区）单列计划指标。宁夏土地二级市场统计监测平台与全国土地二级市场交易服务平台全面互联，实现交易数据全国共享，业务办理全国协同，这将有助于进一步提高土地配置效率、盘活闲置。截至

2024 年 9 月, 线上线下办理国有建设用地使用权转让 537 宗, 入市农村集体经营性建设用地 21 宗 621.7 亩、成交金额 6279.84 万元。三是着力提升矿产资源集约节约效率。在全区范围内开展非油气矿产资源开发利用水平调查评估工作, 对 2023 年全区正常生产矿山矿产资源开发利用水平进行调查评估, 准确掌握开发利用状况, 为绿色低碳发展筑基。

2. 加快产业绿色转型升级

出台《自治区新型工业化绿色转型行动方案》, 大力实施"产业结构高端化转型、能源消费低碳化转型、资源利用循环化转型、生产过程清洁化转型、制造体系绿色化转型和生产方式数字化转型"等"六大转型", 以及"传统产业改造升级行动、低端低效产能退出行动、用能结构优化行动、工业能效提升行动、资源循环利用促进行动、工业节水增效行动、工业污染防治行动和绿色制造示范行动"等"八项行动", 形成以工业绿色转型引领各行业绿色发展的现代化产业新格局。一是传统产业进一步改造。积极培育新质生产力, 探索以绿色工厂、绿色园区、绿色供应链为主要内容的绿色制造体系, 推动产业绿色转型升级。2024 年, 新建成自治区绿色工厂 32 家, 绿色工厂总数达 158 家, 其中, 国家级绿色工厂 49 家。加速替代传统产能, 化解过剩产能。"十四五"以来, 宁夏通过资金支持、技术支持等方式, 淘汰旧产能, 化解过剩产能, 截至 2024 年 11 月底共淘汰 67 家企业落后产能 607 吨, 腾出 89 万吨能耗布局空间。二是新兴产业不断壮大。以新材料产业为例, 2024 年全区计划实施新材料产业重点项目 120 个, 年度计划投资 375.3 亿元, 占全区工业年度计划投资的 60.8%。截至 2024 年 11 月底, 开（复）工率 82%, 实际完成投资近 200 亿元, 占年度计划投资的 53%。三是能源消费低碳转型。宁夏加大资金支持, 实施冶金、化工、有色、建材等重点耗能行业节能降碳改造, 支持建设节能环保技改项目 27 个, 支持资金 2710 万元。

3. 公众生态文明意识不断提升

绿色发展不仅仅需要产业经济和生态环境的绿色化, 还离不开每一个居民的生活绿色化。中国城镇化率已经超过 60%, 而宁夏已经高出全国平均水平, 银川市首位度居全国前列。几年来通过生态文明宣传与教育, 公民参与度逐年上升，居民绿色生活方式正在逐渐转变。在 2024 年六五环境日举办"全面推进美丽中国建设"的宣传教育活动，引导全社会做生态文明理念的积极传播者和模范践行者。在活动现场举办碳中和示范活动，活动预估产生的温室气体由宝丰能源集团以无偿捐赠形式注销全国碳市场配额。以生动形式宣传碳中和理论，倡导公众积极践行低碳生活方式，实现碳中和的低碳理念。同时宁夏深入推进生态文明示范创建，拓宽绿水青山转化金山银山路径，努力创建生态文明建设示范区及"绿水青山就是金山银山"实践创新基地，打造美丽宁夏建设示范样板。从 2017 年生态文明建设示范区及"绿水青山就是金山银山"实践创新基地评选以来，宁夏已评选出 3 个生态文明建设示范区及 6 个"绿水青山就是金山银山"实践创新基地。随着全国生态文学创作基地在银川落户，宁夏生态形象更加立体。

（五）生态文明体制改革迈进新征程

全面深化改革是推进中国式现代化的根本动力，也是推动生态文明建设阔步前行的重要法宝。在党的二十届三中全会精神的指导下，宁夏十三届九次全会牢牢把握重在保护、要在治理的战略要求，因地制宜贯彻落实党中央生态文明体制改革的重要部署，提出加快完善落实绿水青山就是金山银山理念的体制机制，建立"一河三山"改革发展基准线体制机制，健全生态环境综合治理体系，持续深化"六权"改革等工作安排，生态文明体制改革进入新阶段。

1. 体制机制更加完善

持续强化制度建设，确保生态文明建设各项措施得以切实执行。加强污染治理制度建设，颁布《进一步优化和加强环境影响评价服务以保障高质量发展的若干措施》等文件。优化生态保护制度建设，制定《关于进一步优化固体废物环境监管以提升固体废物利用处置水平的若干措施》等政策。强化生态文明法治建设，对《宁夏回族自治区环境保护条例》进行修订。在各个领域和环节明确目标、加强指导、严格标准，为美丽宁夏建设构建坚实的制度支撑。

2. 科技赋能更加强劲

聚焦生态环境保护领域的技术需求与瓶颈问题，确定目标任务、推进措施,以科技创新赋能绿色发展。大力推动关键技术攻关和关键成果研发,例如在大气治理中,实施二氧化碳排放达峰与环境空气质量全面达标"双达"试点攻关研究,开展大气污染潜势中长期趋势预测、沙尘天气精细化监测和预报预警能力建设。在水治理中,开展"宁夏地下水生态保护修复和资源开发利用关键技术研究与示范"项目,针对水资源匮乏、地下水超采和盐渍化等问题,采用监测检测、数值模拟、遥感解译等方法,构建生态环境因素耦合模型及质量评价体系,有效提升自然资源系统科技创新整体效能。

3. 执法监督力度加大

围绕中央生态环境保护督察反馈和黄河警示片披露问题,及时"回头看"督导督办,推动各项整改任务逐一落实到位,压实验收销号责任,确保问题坚决彻底整改到位、不反弹。实施生态环境系统提升行政执法质量三年行动,开展"两打""清废行动"等专项活动。强化社会化检验检测机构整治,规范市场秩序,严格环境监测全过程全环节监督管理,严惩弄虚造假行为。持续推动"绿盾"强化监督,严肃查处破坏自然保护地生态环境的违法违规问题,持续夯实自然生态保护监管能力。持续开展环保信用评价,对环保信用等级较低的依法实施失信联合惩戒。

4. 安全保障持续稳固

环境风险防范持续强化,通过细化涉危险废物生产经营各环节、核技术利用单位和污染治理设施安全防范要点,实施环境风险差异化管理等举措,生态环境风险防范得到强化,生态安全平稳有序。

三、生态保护面临的问题和挑战

(一)生态本底敏感脆弱仍然存在

近年来,虽然宁夏在生态保护修复方面取得显著成绩,但生态系统本底敏感脆弱的问题尚未实现根本性转变,仍需保持高度警惕。受自然环境和地理区位影响,宁夏干旱少雨、风大沙多,生态本底脆弱敏感,干旱半干旱区域占全区总面积75%以上,中度以上生态脆弱区占比达40.2%。据《宁夏水资源公报》统计,2023年全区降水总量131.025亿立方米,折合降水深 253 毫米，年降水频率为 70%，是枯水年。进入 2024 年，虽然全区降水量总体偏多，在春季平均降水量就达到 81.4 毫米，较常年同期偏多 72%，但降水时空分布不均匀，年均水面蒸发量是降水量的 4.2 倍，地表径流量减少，地下水水位降低，资源型缺水的总体状况尚未实现根本性好转。森林生态系统总体脆弱，水源涵养调蓄能力弱，森林覆盖率、草原综合植被盖度在西北地区均处于中等偏下水平（见表2），且伴随草原退化问题，全区 85.9% 的草地不同程度退化。地貌类型多样，土壤抗蚀能力差，水土流失严重，目前水土流失面积仍占 23.4%。受限于水资源、植被等自然生态现状，土地沙化荒漠化综合治理成效不稳定，加剧了沙尘暴等极端天气发生的风险。2024 年春季，引黄灌区平均沙尘日数为 18.6 天，为 2001 年以来同期最多。

表 2   西北五省区 2023 年森林覆盖率及草原植被覆盖率

	2023 年森林覆盖率(%)	2023 年草原综合植被盖度(%)
陕西省	45	57
甘肃省	11.33	54.94
青海省	—	58.12
宁夏回族自治区	11.35	56.8
新疆维吾尔自治区	15.08	41.57

（二）气候变化挑战凸显新问题

近年来，全球气候变化引发新的环境问题，对本就脆弱的宁夏生态环境来说更是艰巨的挑战，新问题开始显现。植被恢复与水资源的可持续利用趋近上限，尤其是高耗水植物导致土壤出现干燥化，国家 70% 的非荒漠化标准在水资源紧缺的条件下难以达到。全球变暖导致气候系统不稳定，极端性天气频发，春季全区中雨以上（日降水量≥10 毫米）的日数为 2.8 天，较常年同期偏多 1.6 天，11 个国家气象站日降水量突破极值，强降水和强对流引发气象灾害。在生物多样性方面，野生动物生境连通性被割裂，环境承载力不够，影响物种生存。

（三）资源集约节约仍需用力

水资源是长久以来影响宁夏发展的重要因素，"四水四定"成效显著，但目前仍存在三方面问题。一是水资源持续趋紧。如表3所示，"十四五"以来，年度水资源总量呈下降趋势，而耗水量基本呈上升趋势，2021—2023年耗水量分别是水资源量的4.1、4.4、4.5倍，且2023年耗水量已略超国家分配的39.26亿立方米指标，水资源供需矛盾日益加剧。二是用水结构不优。如图1、图2、图3所示，农业灌溉定额大、用水多，占比远高于全国平均水平。2024年引黄灌区计划冬灌引水10.65亿立方米，超过去年的9.857亿立方米，用水量有继续增加趋势。三是用水效率不高。高耗水工业项目较多，收益却相对较低，万元工业增加值用水量降幅（较2020年可比价）13.3%，与国家"十四五"用水总量和强度双控目标要求的16%还有一定差距。2023年万元地区生产总值用水量（当年价）为122立方米，而万元国内生产总值（当年价）用水量为46.9立方米。水资源集约节约利用还有很大努力空间。

表3 "十四五"以来全区水资源总量及用水量统计表

年份	水资源总量	用水总量	耗水量	农业用水	工业用水	生活用水	人工生态补水
2021年	9.336	68.091	38.587	56.858	4.244	3.67	3.319
2022年	8.924	66.33	39.616	53.639	4.461	3.698	4.53
2023年	8.138	64.78	39.857	52.969	4.861	3.698	3.251

（数据根据2021—2023年《宁夏水资源公报》整理，单位：亿立方米）

土地资源方面，集体经营性建设用地总量少、面积小、分布零散。贺兰县、平罗县、盐池县、中宁县开展国家农村集体经营性建设用地入市试点以来，入市土地主要是存量集体经营性建设用地，目前存量无法满足村

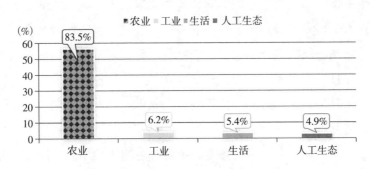

图1 宁夏2021年各行业用水量比例

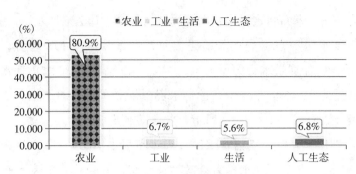

图2 宁夏2022年各行业用水量比例

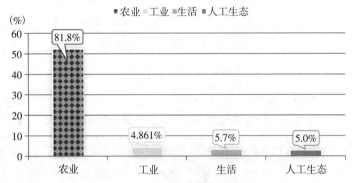

图3 宁夏2023年各行业用水量比例

庄规划、就地入市、企业用地需求。矿产资源方面，勘查力度有待加大。煤层气、页岩气勘查开发工作程度浅，需要进一步加强勘查、挖掘和有效利用矿产资源的潜力。

（四）要素保障有待进一步增强

脆弱的生态本底、干旱少雨的现实条件，增加了宁夏生态保护修复的难度，生态保护修复项目建设周期长、资金需求大、盈利能力弱、投资见效慢，这就对要素保障提出了更高的要求。首先，资金保障难度大。经济下行、政府债务风险高，加大了政府财政压力，对生态的资金保障更加困难。其次，社会资本参与有待进一步调动。生态保护修复项目投资大、收益慢，林下经济、休闲康养等特色生态产业仍处于发展初期，生态保护与产业发展同时推进，资金需求大，发展规模较小，市场活跃度低，加上激励机制不完善，使社会资本对各生态项目普遍积极性不高。国有企业竞争力不强，在清洁能源方面布局投资比重较低。最后，科技支撑能力有待加强，信息化水平需要提高，有必要朝着空天地一体化生态环境监测网络的建设要求进一步前进，固废资源化无害化利用技术亟待攻关。

（五）区域协作仍需加强

生态保护修复与环境治理需要打破行政区域的限制，以自然环境为坐标，加强通力合作。一是环境保护治理需要跨区域合作。例如黄河、贺兰山、六盘山、腾格里沙漠等重点治理保护对象，都属于跨省区地理单元，受制于属地治理，无法形成联防联治合力，影响治理成效。二是自然资源市场化配置需要区域统筹。例如，黄河流域水资源供需矛盾突出，沿黄各省区自发交易意愿较弱，区内部分市县考虑后续发展用水需求，对于跨县域出让用水权积极性不高。

四、生态文明建设的前景与展望

党的二十届三中全会通过的《中共中央关于进一步全面深化改革、推进中国式现代化的决定》提出，"聚焦建设美丽中国，加快经济社会发展全面绿色转型"，锚定建设美丽中国、建设人与自然和谐共生的中国式现代化目标，从深化生态文明体制改革，完善生态文明制度体系，加快完善落实绿水青山就是金山银山理念的体制机制等方面作出重要部署。自治区十三届九次全会结合宁夏实际，指出"要牢牢把握重在保护、要在治理的战略要求，深化生态文明体制改革"，并从完善落实绿水青山就是金山银山理念的体制机制，建立"一河三山"改革发展基准线体制机制，健全生态环境综合治理体系，持续深化"六权"改革，加快推进绿色低碳转型等方面作出工作安排。生态文明体制改革将进一步破除体制机制的弊端，赋予宁夏生态文明建设新的动力。

（一）坚持将"一河三山"作为改革发展基准线

坚持保护优先和综合治理的基本原则。一是要统筹重点领域治理和系统治理。聚焦"一河三山"的治理实际，因地制宜实施治理修复措施，黄河聚焦河道、滩区、堤岸、湿地开展治理，贺兰山注意废旧矿坑修复、天然植被恢复等，六盘山通过人工造林与自然恢复相结合的方式强化水土保持，罗山注重荒漠化治理与植被恢复协同推进。与此同时，将黄河、贺兰山、六盘山、罗山作为生态有机系统，充分考虑各自然要素之间的影响关系，考虑山水林田湖草沙分项治理的叠加效应。二是要统筹保护和利用。保护环境不是抑制经济发展，而是要探索经济与环境相适应的高质量发展路子。在自然资源使用中，就要进一步探索产权确立的方法，以规范自然资源有偿使用，保证自然资源使用效率和开发秩序。三是完善规划体系。编制市、县两级国土空间生态修复规划，确保形成自上而下的系统规划；制定生态保护修复规划实施办法、具体任务分工，确保规划落地落实。

（二）健全生态环境综合治理体系

健全生态环境治理监管体系。摸清宁夏生态资源本底基础上，建立符合宁夏实际的生态环境评价指标体系，精准分析全区生态环境受损情况，提高监管效率和精准度；开展全区生态环境摸底排查，对受损生态进行建档，为精准治理夯实基础，提高生态环境治理质效。健全生态环境治理市场体系。建立鼓励激励机制，引导社会资本参与生态环境治理项目投资、建设与运行；壮大生态环保产业，分层培育环境治理领域领军企业、专精特新"小巨人"企业。提升生态环境综合治理能力。加强人才队伍建设，为生态环境基层补充技术型人才。借助无人机、无人船、遥感技术等提升非现场监测能力，建立全区自然资源、污染治理等数据要素共享平台，以创新技术提升环境治理水平。

（三）健全生态产品价值实现机制

牢固树立绿水青山就是金山银山理念，结合城乡融合发展实际，以县域为重点，推动生态产品价值实现。一是做好"土特产"文章。挖掘县域内生态资源、历史文化资源，凸显地域特色，探索富民利民的新型业态，培育地域品牌。二是现有产业提档升级。顺应产业发展规律，开发新产品，延伸产业链。以多产业融合孕育新业态，提升产品竞争力和附加值，将生态产品与文化旅游、数字经济、农业、科技等相融合，发展乡村旅游、休闲农业、健康养老、电子商务等新产业新业态。完善利益联结机制，激活各类生产要素，使"资源变资产、资金变股金、农民变股东"，提高农民的参与度。完善政策支持，重点破解生态产业化进程中土地政策、资金政策、产业规划、行业规范等普遍性难题。完善激励机制，通过给予一定的资金、税收等优惠，鼓励市县探索生态产品价值实现的路径方法，创建国家级生态文明示范市（县）、"绿水青山就是金山银山"实践创新基地。

（四）提升资源节约集约效率

协同推进保护与使用效能提升，厚植生态底色。水资源方面，进一步强化刚性约束，细化用水总量和强度双控目标到县。优化用水结构，通过大力推广滴灌、喷灌技术发展节水农业以及因地制宜推行旱作农业等方式着力降低农业用水。纵深推进用水权改革，完善水权交易市场，调动市县参与积极性，同时总结经验，完善跨区域水权交易机制。

土地资源方面，深化全域土地综合整治，推动资源重组、功能重塑、空间重构、产业重整和环境重生，构建更加合理的生产、生活、生态空间。对低效利用土地整合改造，通过创新建设技术、产业嵌入等方式，将土地利用由平面向立体转换。借鉴其他省区经验，允许跨乡镇跨行政区综合整治土地，允许试点片区永久基本农田进行局部优化，以流转置换着力扭转"碎片化"局面。

矿产资源方面，建立统筹协调机制，加大矿产资源节约与综合利用工作力度。探索建立开发利用水平调查评估指标体系，综合评价矿产资源开发利用水平，为制定激励约束政策提供科学依据。加快推进新一轮找矿突破战略行动，推广绿色勘探技术，进一步提升重要矿产资源勘探能力。

（五）倡导绿色低碳生活方式

加强绿色产品认证，增加绿色低碳产品的有效供给，倡导绿色消费，鼓励采购绿色产品；开展节约机关、绿色家庭、绿色学校等的创建活动，推行限塑活动，以积分兑换等激励方式培养大众的绿色生活习惯；继续拍摄生态环境警示片，开展多形式环保宣传活动，营造生态保护的良好氛围；支持生态环境保护志愿者队伍建设等。

生态保护篇
SHENGTAI BAOHU PIAN

宁夏打好全域"四水四定"主动战研究

郜 贤

2024 年 6 月，习近平总书记考察宁夏时强调，"要继续完善并实施最严格的水资源管理制度，贯彻'四水四定'原则，实施深度控水节水行动，大力发展节水型产业，加快建设节水型社会"。"四水四定"是习近平总书记对宁夏提出的重要要求，也是建设黄河流域生态保护和高质量发展先行区的"金钥匙"。自治区党委十三届九次全会审议通过的《中共宁夏回族自治区委员会关于贯彻落实党的二十届三中全会精神，进一步全面深化改革、奋力谱写中国式现代化宁夏篇章的意见》提出，"实施最严格的水资源保护利用制度，优化水资源管理体制，深化'四水四定'试点，健全覆盖各市县区的取用水总量控制体系"，为宁夏持续深化"四水四定"主动战成果作出新规划。当前，"四水四定"主动战已取得阶段性成绩，但也显现出发展的难点堵点，仍要持续用力、全面统筹，努力实现"人水和谐"的发展目标。

一、宁夏打好全域"四水四定"主动战的实践与成效

自治区党委、政府深入学习领会习近平总书记重要指示精神，从黄河

作者简介 郜贤，宁夏回族自治区党委政研室办公室主任。

23

安澜健康、流域战略全局、宁夏未来发展的政治高度，深入分析国家水形势、黄河水安全、宁夏水危机，明确要求把"四水四定"作为推动先行区建设开题破局的重要抓手全方位贯彻落实。2023年全国两会期间，宁夏将"支持宁夏开展'四水四定'先行先试"写入国民经济和社会发展计划报告，成为全国首个试点省（区），也是目前唯一一个全省（区）域实施"四水四定"的省（区）。2024年宁夏回族自治区政府工作报告将"坚决打好全域'四水四定'主动战"作为推动绿色低碳高质量发展三大战役之首，统筹水资源与城市、土地、人口、产业发展的互馈关系，做到"以有限的汤泡优质的馍"，努力推动宁夏节水水平和用水效益走在前列、作出示范。

（一）加强顶层设计，"四水四定"制度体系基本建立

自治区党委和政府坚持把"四水四定"作为先行区建设的基础性原则、战略性举措，对接中央《黄河流域生态保护和高质量发展规划纲要》，衔接自治区"十四五"规划和2035年远景目标，研究制定推进"四水四定"的专项规划、实施方案，初步形成了完善的"四水四定"政策体系和制度机制。一是规划引领。在黄河流域率先出台《宁夏"十四五"用水权管控指标方案》《宁夏回族自治区地下水管控指标方案》，明确用水总量和用水效率管控指标，并将节水控水关键指标纳入政府效能目标考核，建立指标到县、分区管理、行业统筹的管控体系；编制《宁夏回族自治区国土空间规划（2021—2035年）》，提出管控措施，优化空间布局；制定《宁夏回族自治区加强入河（湖、沟）排污口监督管理工作方案》，在生态环境部排查出宁夏2084个入河排污口基础上，延伸排污口排查监管范围，确保入河（湖、沟）排污口应查尽查；出台《宁夏回族自治区科学绿化试点示范区建设实施方案》，编制2个综合示范区和6个专项示范区建设的实施方案，全面推进科学绿化试点示范区建设。二是构建指标体系。对照美丽中国建设评估、黄河流域生态保护和高质量发展先行区评价指标体系，细化制定"四水四定"主要指标、重点任务，确定了包括量效双控、以水定城、以水定人、以水定产、以水定地、水生态环境6大类40项指标、80项重点任务、100项重点工程，"四水四定"工作布局、实施路径、指标体系基本形成。修订颁布了农业、工业、服务业及城乡生活用水定额标准，建立了覆盖主要农作物、工业产品和服务行业的用水定额体系。三是突出示范引领。按照贯穿南北中、覆盖区市县的三级试点布局，聚焦节水型城市建设、水资源高效配置、水生态强化治理以及节水型工业产业体系建立等目标定位，确定银川市、利通区、盐池县、海原县、隆德县、惠农区和宁东基地7个试点，打造"一地一特色一品牌"亮点，以点带面探索可借鉴、可复制的典型经验。7个试点地区制定了29项配套制度、39项专题方案，开工项目116个，落实资金155亿元。宁夏贯彻落实"四水四定"创新实践案例入选第六批全国干部学习培训教材，《焦点访谈》和《人民日报》等媒体深度报道"宁夏与四川跨省域用水权交易"。

（二）加强节水改造，水资源节约集约水平不断提升

坚持把节水作为落实"四水四定"的先导性任务，从管水、节水、治水、兴水多个方面探索落实"四水四定"，加快推动水资源利用由粗放利用向节约高效转变，2023年全区万元GDP用水量、万元工业增加值用水量分别下降3%、2%，提前完成"十四五"规划目标。农田灌溉水有效利用系数达到0.572，城镇再生水利用率达到44.9%。一是坚持以水定城定人，持续优化城镇空间。制定印发《宁夏回族自治区深入推进新型城镇化五年行动方案（2023—2027年）》，将开发区划入城镇开发边界管控范围。加快节水型城市达标建设，地级市全部达到国家节水型城市标准，公共供水管网漏损率控制在10%以内，64%的县（区）建成全国节水型社会达标县（区），节水型公共机构达到90%、节水型高校达到40%。坚持以水定绿，稳步推进园林绿化，截至2023年底建成区绿地率达到39.6%，人均公园绿地面积达到21.5平方米，均在指标控制范围内。二是坚持以水定产，构建节水型产业体系。深入实施农业节水增效，优化调整种植结构，适应水资源刚性约束，种植水稻面积同比减少27.3%。全面推进工业节水减排，出台节水型企业、工业园区地方标准，积极推广工业水循环利用等节水技术，严把取水许可审批关口。累计建成绿色园区12个，规模以上重点用水企业90%以上建成节水型企业，规模以上工业用水重复利用率达到97.3%，工业用水从"多占多用"向"产水适配"转变。银川经开区、长城能化成为宁夏首个全国工业水效领跑者园区、企业。三是坚持以水定地，促进水土资源协调。推进现代化灌区建设和高效节水农业"三个百万亩"工程，26 个中型灌区取水许可管理更加规范，青铜峡大型灌区入选全国整灌区推进高标准农田建设示范试点，利通区成为全国 10 个深化农业水价综合改革推进现代化灌区建设试点县（区）之一。新建和改造高效节水农业 42.6 万亩，分配农业灌溉用水 56.78 亿立方米，保障全区灌溉面积 1057 万亩，全区高效节水灌溉比例达到 54%。加快科学植绿造绿，围绕国土绿化，严格落实年降水量 400 毫米以下严格限制大规模种树要求，北部沿黄城市公共绿地 70% 采用高效节水灌溉。制定清水河等 4 个重要河湖生态流量保障方案，加大河湖生态复苏补水，2023 年沙湖、阅海等主要湖泊补水 2.3 亿立方米。

（三）突出总量管控，水安全保障能力大幅提升

坚持把总量控制作为"四水四定"的刚性指标，加快水网建设，全力构建"一河三山、三纵两横、两域四带"的现代化水网布局。一是集中配置调度水源。制定区、市、县三级用水权总量管控指标、地下水管控指标方案，实行多水源统一配置、统一调度。严格落实规划和建设项目水资源论证制度，强化用水定额管理，新增用水项目全面实行水资源论证和节水评价，新增新改扩建项目不符合总量及强度要求的一律不予审批取水许可，从源头叫停低效粗放用水。全面完成新一轮地下水超采区评估，依法关停"三山"地下水井 954 眼。不断完善水资源在线监测和控制系统，完成水利发展资金专项支持计量设施、数据上传、管理平台建设，8 个市、县（区）共计 2324 处实现在线监测计量，沿黄取水口监测率达到 100%。二是建设现代化水网体系。加强现代水网体系建设，银川都市圈城乡东线、中线和清水河流域城乡、中部干旱带（海原西安镇）4 项供水工程建成投运，宁夏被国家确定为第二批全国省级水网先导区，成为西北唯一一个、黄河流域第 2 个、西部地区第 2 个、北方地区第 3 个全国省级水网先导区，为加快构建国家水网创造典型经验。开展入河排污口排查整治行动，排查出的各类排污口 7754 个正在溯源，整治完成 13 条黑臭水体，黑臭水体消除率达到 100%。全力推进"互联网+城乡供水"示范区建设，相继实施银川都市圈城乡东线、西线供水和清水河流域城乡供水等一批骨干水源工程，农村自来水普及率达到 97%，规模化供水工程覆盖农村人口比例达到 91%，

分别高于全国平均水平 7 个百分点和 31 个百分点，治水工作获水利部高度肯定。三是加强非常规水利用。制定印发了《宁夏非常规水源开发利用管理办法》，全区 35 座城镇生活污水处理厂实现稳定一级 A 排放，推进石嘴山市、中卫市、盐池县典型地区再生水利用配置试点建设，在宁夏大学等高校试点推动污水就地收集处理回用，再生水利用率达到 44.9%。实施国能宁煤矿井疏干水深度处理回用工程、宁东矿井疏干水高效配置及再利用工程，矿井水利用量达到 4157 万立方米。持续推进"四乱"问题整治，自查摸排的 121 个问题整改销号率达到 98.3%。

(四) 坚持改革创新，市场化推进用水权改革成效显现

坚持把改革创新作为先行区建设的根本动力，深化用水权改革，构建起"资源有价、使用有偿、节水增效"用水新生态，推动水资源向先进生产力、高效益领域流转。一是全面完成用水确权。按照"总量管控、定额分配、适宜单元、管理到户"的原则，推动用水确权工作全面完成，其中农业领域确权末级渠系和地下水单元 15630 个、确权灌溉面积 1058 万亩、确权水量 43.6 亿立方米，工业领域确权 3701 家企业、确权水量 4.9 亿立方米，养殖领域确权规模化畜禽养殖企业 1909 家、确权水量 0.5 亿立方米。通过构建归属清晰、权责明确的水权体系，让适水种植、量水生产成为常态，有效遏制了"水随园区、水随城市、水随地走""先上项目再找水"等传统用水观念和行为。二是完善用水权水价体系。制定出台自治区用水权价值基准，建立起覆盖各区域、各行业、各灌区的分区分类水价体系，实行阶梯水价、农业灌溉定额内优惠水价、超定额累进加价等制度，完成了所有县区末级渠系水价综合改革。在全国率先探索实行用水权有偿取得，已征缴工业用水权有偿使用费 1.93 亿元。建立用水权交易收益分配和奖惩机制，引导各行各业节水控水，工业用水从"多占多用"向"产水适配"转变，"水从门前过不用也浪费""大锅水"等现象得到有效遏制。三是水权融资规模不断扩大。积极探索用水权流转、抵押、租赁、交易模式，明确取水用水户的水资源使用、收益和转让权利。出台金融支持用水权改革的指导意见，引导金融机构创新推广"银政""银保""银担"多元合作模式，赋予用水权金融属性和融资功能。多家金融机构开展用水权质押、授信、贷款 6.46 亿元，推动水资源向"水资产"转换。四是用水权交易增益显著。出台自治区用水权市场交易规则和用水权收储交易管理办法，完善交易平台、优化交易流程，统一政策、统一规则、统一市场、统一监管，打通市县间、灌域间、行业间、用户间和不同期限的水权交易通道，实现了水资源从"无足轻重"到"炙手可热"，从"闲置低效"向"增值高效"转变。截至 2023 年底，累计完成用水权交易 191 笔，交易水量 1.076 亿立方米，交易金额 3.81 亿元，用水权市场参与度和活跃度明显提升，进一步解决了企业无水指标的困局。

二、"四水四定"推进存在问题

目前，宁夏"四水四定"试点建设处于探索创新阶段，在思想认识、推进机制、配套政策等方面还有一定差距，各方面工作均未形成系统有效模式，主要存在以下几个问题：

（一）思想认识不到位

落实"四水四定"是保护黄河母亲河的长远大计，是推进先行区建设的首要任务，是倒逼高质量发展的关键一招，也是创造美好生活的重要支撑。调研发现，一些地方对"四水四定"内涵要求、实施路径认识程度不够，有的认为"四水四定"就是常规性的管理工作，有的认为"四水四定"就是实施工程建设，对"四水四定"重要性、紧迫性仍然认识不足。同时，全社会节水、惜水、爱水的氛围还不浓，对水资源紧缺形势的认识存在自上而下层层递减的现象，越到基层越淡漠，浪费水、污染水的情况还时有发生，依法节水用水护水尚未形成全社会的自觉行为。

（二）推进机制不健全

落实"四水四定"关系到国民经济社会发展全局，是一个复杂的系统工程，需要各部门通力合作，协同推进，形成"政府主导、部门统筹、社会协同"的一体化机制。目前，自治区在顶层设计上还不够完善，尚未建立统一的组织领导机构，各部门之间统筹协调不力，"四水四定"的组织管理体系尚未建立。特别是各部门之间职责边界不清晰，在规划项目审批时，还没有将水资源承载作为前置条件，无法形成事前约束机制；尚未建立"四水四定"标准化的体系，缺少专项政策制度设计，难以为"四水四定"管理推进提供有力保障。部分市县政府部门之间职责边界不清晰，仍以水务部门为主推进"四水四定"，其他部门参与程度不高，配合力度不够，统筹推进工作格局尚未形成，难以形成"四水四定"工作推进合力。

（三）配套政策不完善

落实"四水四定"，需要全社会、各领域全面推进。目前国家层面尚未建立标准化的体系，尚无专项政策制度设计。宁夏先行先试中，成功探索出工业用水权有偿取得、用水权证发放、取水许可告知承诺等创新性举措，但现行法律法规中尚无明确规定，上位法支撑保障不足。另外，宁夏目前推进"四水四定"的政策制度保障也还不完善，比如行业用水定额标准和《宁夏地下水管理条例实施办法》《宁夏计划用水管理办法》等都需要结合发展实际进行修订，用水审计实施办法也亟须制定出台。

（四）长效机制还未形成

多年来，宁夏全面推进深度节水控水，取得了显著成效，但对标新形势和新要求，仍存在动力不足、机制不全、投入不够等问题。全区水价总体偏低，农业水价仍未达到运行维护成本水平，超定额累进加价制度没有全面推行，价格杠杆作用发挥不够。节水奖惩机制不健全，精准补贴和节水奖励执行不到位，难以激发社会节水积极性。节水技术研发投入相对不足，社会力量和资本对节水工程建设和运营管理参与度不高，节水专业化、社会化管理水平有待加强。

（五）刚性约束作用有待加强

水资源承载监测预警机制刚性约束作用发挥不足，难以对超载地区、超量取水企业形成有力约束、有效管控。各地、各部门在规划布局产业和项目时，仍存在先批规划再要水、先上项目后找水情况。现行最严格水资源管理制度和节水型社会建设考核，仅能考核到市、延伸到县区，无法对相关部门落实"四水四定"、节水控水情况予以督导考核，难以形成全社会、各行业推动落实"四水四定"合力。

三、打好全域"四水四定"主动战的对策建议

坚决贯彻落实自治区党委和政府作出的战略部署，以落实"四水四定"为统领，统筹优化生产生活生态用水结构，推动用水方式由粗放低效向节约集约转变，努力打造资源节约、生态友好的空间格局、产业结构、生产方式、生活方式，形成一批可复制可推广的经验做法，为全国作出示范。

（一）加强统筹协调，形成推进合力

成立"四水四定"建设领导小组，明确领导小组和各成员单位职责，研究制定"四水四定"领导小组议事规则和领导小组办公室工作细则，领导小组发挥牵头抓总、组织领导、统筹协调等作用，研究审定"四水四定"宏观规划和重大政策，安排部署实施重大行动和重要任务，统筹指导和协调解决"四水四定"推进工作的重大问题、重大事项，组织落实"四水四定"实施方案重点项目和措施，建立"四水四定"考核体系，制定相关配套政策，形成推进"四水四定"工作合力。每年召开全区"四水四定"工作推进会，明确"四水四定"推进方向、路径和原则，安排部署阶段性工作任务，持续深入推进"四水四定"主动战。

（二）坚持先行先试，创新试点模式

坚持以改革创新为根本动力，健全完善水权、水价、水资源税机制，激发水资源节约集约利用内生动力，推动"四水四定"由局部探索、破冰突围向系统集成、全面深化转变。

推进水资源价税改革。全面推进试点建设，深化用水权改革、农业水价改革、水资源税改革，加大培育水权市场。按照"节奖超罚"的原则，建立分类价格体系，完善用水精准补贴、节水奖励和水资源税收入分配返还机制，探索水资源税减免和节水税收优惠政策。

推进试点创新示范。紧抓银川市、宁东能源化工基地及惠农区、利通区、盐池县、隆德县、海原县等7个"四水四定"试点，从制度、机制、路径、项目、科技等方面探索创新，优化水资源要素配置，强化开发利用约束，推动用水方式变革，统筹推进布局优化、边界管控、产业调整、效率提升，加快形成有特色、有亮点、可落地的典型经验，树立标杆，示范

推广，每年开展一次"四水四定"落实情况总结评估，为全国水资源高效利用提供案例。

（三）聚焦实施方案，推动任务落实

紧盯《宁夏回族自治区"四水四定"实施方案》确定的 25 项重点任务、49 个重大项目，各相关部门单位制定具体实施方案，建立工作台账，完善配套政策，强化部门联动，推动目标任务落地落实。以建设国家省级水网先导区为契机，一体推进供水、用水、治水工程和项目建设，增强水资源配置能力。推动黄河黑山峡水利枢纽、陕甘宁革命老区供水工程前期工作，加快银川都市圈、清水河流域城乡供水工程建设，实施青铜峡和固海等现代化灌区建设，积极融入国家水网，织密市县水网，搭建"一河三山、三纵两横、两域四带"的配水网络。统筹山水林田湖草沙系统治理、综合治理、源头治理，以"一河三山"为重点，实施水源涵养、河湖湿地保护修复、科学绿化试点等工程，以及腾格里沙漠锁边防风固沙、毛乌素沙地林草植被质量精准提升等工程，提升区域水源涵养功能。加快实施污水处理厂提标改造，完善污水收集和再生水回用管网建设，推进石嘴山市、中卫市、盐池县再生水利用配置试点和银川市等区域再生水循环利用试点。加快宁东、固原市王洼矿区矿井水处理回用设施、供水管网建设及升级改造，实现矿井疏干水就地利用、应用尽用。实施一体化智慧水务平台，实现供水管网、设备实时监管和供水数据"从源头到龙头"的自动采集、分析、处理。

（四）加强部委对接，实施项目储备

争取宁夏在相关政策制度上的国家授权，支持宁夏在用水权证管理使用、用水权有偿取得、取水许可前置审批等方面先行突破，解决宁夏"四水四定"先行先试中面临的政策制度保障不足问题。紧盯国家政策导向和投资方向，积极争取中央预算内投资，加快推进国家黄河专项、大型灌区续建配套与现代化改造、高标准农田建设、高效节水灌溉、重大调蓄工程、"互联网+城乡供水"一体化、节水型载体建设、沿黄城市及工业园区再生水循环利用、非常规水处理利用等工程，以及污染治理和节能减碳等项目建设，组织谋划一批大项目、好项目，强化要素保障，推动更多项目在国

家层面进规划、入盘子，有力支撑自治区"四水四定"实施方案落实。

（五）加大督导力度，确保落地见效

建议区、市、县分别成立落实"四水四定"协调督导小组，各级政府主要负责人负总责，发挥政府主导作用，建立上下贯通、运转协调、执行有力的组织体系和工作机制。将"四水四定"主要指标纳入地方经济社会发展综合评价体系，并作为市县党政领导班子领导干部绩效考核的约束性指标，纳入生态环保督察和自然资源资产离任审计体系，制定出台考核办法，强化问题整改和责任追究。结合政府效能考核和先行区建设考核等，对各地各部门落实"四水四定"情况进行年度考核，考核结果作为县区节水奖补、水资源税奖补、生态补偿等的重要参考因素，提高落实"四水四定"的积极性。

（六）加强宣传引导，营造良好氛围

建议自治区党委宣传部制定"四水四定"宣传引导的实施方案，调动各级各类新闻媒体，深入阐释解读"四水四定"工作的重大意义、重点任务、创新亮点。自治区主要媒体集中开设"四水四定"专题专栏，邀请专家学者围绕推进"四水四定"工作中疑难点问题进行答疑解惑。宁夏广播电视台制作播出"'四水四定'话题"，对区直部门负责人、试点县区党政主要领导进行专访，深入报道试点地区推进"四水四定"工作中的创新做法、成功经验。自治区主要新闻媒体所属网站及新媒体平台开设"四水四定"专栏，及时转载自治区主要媒体重点稿件和重要评论理论文章，制作推出通俗易懂的融媒体产品，扩大宣传效果，营造全社会参与支持"四水四定"工作的氛围。水利厅会同相关厅局举办"四水四定"培训班，组织区直机关、市县政府分管领导及工作人员，重点对《宁夏回族自治区"四水四定"实施方案》进行政策解读，指导市县建立完善"四水四定"任务清单，明确重点任务，解答疑难问题。

深入打好蓝天碧水净土保卫战

孟子雄　陈思儒　许　赛　杨丽蓉　惠晓舟　高　洁

2024 年以来，宁夏坚持以推动生态环境质量持续改善为主线，严格落实精准治污、科学治污、依法治污要求，聚焦重点流域、重要区域和重大行业，深入打好蓝天保卫战、碧水保卫战、净土保卫战、固体废物与新污染物治理攻坚战四大标志性战役，统筹推进、分类施策，精准发力、重点攻坚，切实以高颜值生态协同高质量发展，不断擦亮"塞上江南"秀美底色。

一、2024 年工作情况及成效

（一）多管齐下守护蓝天

开展全区空气质量持续改善行动，持续推进钢铁、水泥、焦化行业超低排放改造，深入开展全区重型燃气、柴油车污染控制装置造假专项整治，大气污染防治重点项目完成 158 个。扎实推进冬春季大气污染防治攻坚和

作者简介　孟子雄，自治区生态环境厅办公室（宣传教育处）二级主任科员；陈思儒，自治区生态环境厅综合处四级主任科员；许赛，自治区生态环境厅水生态环境处一级主任科员；杨丽蓉，自治区生态环境厅大气环境处（应对气候变化处）干部；惠晓舟，自治区生态环境厅土壤生态环境处二级主任科员；高洁，自治区生态环境厅固体废物与化学品处副处长。

夏季臭氧攻坚，开展重污染天气重点行业绩效分级"提级扩面"行动，实施石油炼制、石油化工、现代煤化工等重点行业挥发性有机物（VOCs）"一企一策"综合治理行动。持续深化燃煤锅炉关停整合，清洁取暖散煤替代 7.94 万户，淘汰燃煤锅炉 25 台。加快老旧车辆淘汰，注销国三以下老旧车辆 2.2 万辆。截至 11 月 20 日，全区优良天数比率为 80.4%，扣除沙尘天气影响，细颗粒物（$PM_{2.5}$）平均浓度为 30 微克/立方米，优于国家考核目标（30.5 微克/立方米）要求；重污染天数比率为 0，达到国家考核目标（控制在 0.4% 以内）。

（二）综合施策守卫碧水

实施引黄灌区排水沟综合整治，明确整治措施、明晰责任部门、推动目标落实，"十四五"期间全区监测的重点排水沟 36 个断面水质达到或优于地表水Ⅳ类标准的比例为 100%。扎实开展入河排污口排查整治，需整治的 2084 个排污口整治率达到 82.8%，提前完成国家下达的任务。开展集中式饮用水水源水质专项调查，15 个城市集中式饮用水水源地水质达到或优于Ⅲ类的比例为 93.3%。联合住建部门开展 2024 年度全区城市黑臭水体整治环境保护行动，全区地级城市建成区黑臭水体已完成治理 13 条、县级城市和县城建成区黑臭水体保持清零。截至 11 月 20 日，黄河干流宁夏段水质连续保持Ⅱ类出境；"十四五"期间国家考核的 20 个地表水断面Ⅲ类以上水质优良比例达到 90%，同比上升 10 个百分点；劣Ⅴ类比例为 0%，同比持平。全区水环境质量持续好转。

（三）强化管控，守牢净土

更新《全区建设用地土壤污染风险管控和修复名录》，持续开展农用地土壤镉等重金属污染源头防治行动，全区 169 家重点监管单位完成第二轮土壤污染隐患排查，提前两年完成国家下达的任务。加强建设用地准入管理，区内 120 个用途变更为"一住两公"的地块完成土壤污染状况调查。印发《宁夏地下水污染防治重点区划定方案（试行）》，初步建立自治区地下水污染防治重点区域管控体系。统筹推进农业农村污染治理攻坚战，综合整治 34 个村农村环境，完成 4 条黑臭水体整治。2024 年 1—9 月，区内土壤环境质量总体保持稳定，受污染耕地安全利用率达到 100%，重点建设用地安全利用得到有效保障，农村生活污水治理（管控）率持续提升。

（四）管治结合，攻坚固废

持续推进银川市、石嘴山市"无废城市"建设，积极推进国能集团宁煤公司、宁夏电力公司建设"无废集团"，实施工业、农业、建筑、生活等领域固体废物减量化、无害化、资源化项目79个，建设"无废细胞"167个，全面推进固体废物源头减量，推动提高全社会资源利用效率。落实重点管控新污染物各项管控措施，开展新污染物环境调查加密监测，推动管控企业开展清洁生产审核。开展一般工业固废、危险废物、建筑垃圾、生活垃圾违法处置倾倒和乱堆乱放等突出问题专项整治，发现各类问题295个、完成整改270个，有力震慑固危废领域违法乱象。固体废物和新污染物防治持续加强，全区固体废物减量化、无害化、资源化水平显著提高。一般工业固废利用率达63%以上，危险废物安全利用处置率达到100%，固体废物减量化、无害化、资源化水平显著提高。

二、存在的问题

（一）蓝天保卫战问题短板

一方面，环境空气质量总体仍未摆脱"气象影响型"。近年来，全区输入性沙尘天气异常多发频发，且出现沙尘回流情况较多，导致沙尘污染过程持续时间长、污染范围大，直接影响全区优良天数比例。因沙尘过程造成的平均超标天数从2019年的22.8天，增加到2023年的40.2天，2024年1—7月达28.4天。受高温初日早、最高气温极端性强的气象条件影响，2024年4月、5月、7月全区平均气温分别是1961年以来历史同期气温第3高值、最高值、第6高值，分别较常年同期偏高2.5℃、2.9℃、1.0℃。臭氧污染天气呈异常早发、频发的特征，1—7月全区臭氧污染达18.4天，同比增加5.6天，臭氧浓度159微克/立方米，同比上升6.0%，臭氧污染问题凸显，对优良天数的影响也在逐年加重。另一方面，能源消费结构矛盾仍然突出。宁夏倚重倚能产业多、污染排放基数大，能耗强度长期处于全国前列，六大高耗能行业占比处于高位，三次产业结构中二产比例仍然高于全国平均水平，以重化工为主的产业结构、以煤为主的能源结构、以公路为主的运输结构短时间内还难以改变，煤炭消费总量控制难度较大，柴油货车仍是移动源污染防治的重点，国三以下中重型货车保有量占比偏高，超过全国平均水平的 2 倍，大气环境改善形势仍然不容乐观。

（二）碧水保卫战问题短板

一方面，生态用水不能得到有效保障。水资源紧缺同黄河流域宁夏段生产生活用水需求增长的矛盾突出，生态用水不足。全区中北部地区大部分沟道无生态流量，重点湖泊沙湖为封闭型湖泊，无出入湖天然径流，南部山区清水河、葫芦河、渝河、茹河等"七河"天然径流量小，从近 5 年监测情况看，7 条支流年均流量为 0.79 立方米/秒，其中蒲河石家河桥和洪河常沟断面年均流量仅分别为 0.137 立方米/秒、0.25 立方米/秒。枯水期（10 月至次年 3 月）河道经常出现断流。另一方面，突发水污染环境事件风险较高。宁夏地处西北内陆，属温带大陆性干旱半干旱气候，干旱少雨、风沙侵蚀、土壤盐渍化等因素造成部分流域水质不稳定，部分断面氟化物、硒等地质本底因子对水质影响突出，造成部分国控断面和重点入黄排水沟水质不能稳定达标。同时，全区高耗水产业相对集中，黄河干流周边化工园区密集、跨河桥梁多，危险化学品基本靠公路运输，存在因安全生产、化学品运输等引发突发水环境事件的风险隐患，对地表水型饮用水源地安全构成潜在威胁，全区 23 个工业园区大部分未实现雨污分流，其中有 8 个在沿黄河 5 公里范围内，发生突发水污染环境事件风险较高。

（三）净土保卫战问题短板

一方面，农村环境基础设施建设管护存在困难。2018 年实施农村环境整治行动以来，全区累计下达农村生活污水以奖代补资金 11.76 亿元，建成 383 座农村生活污水处理设施，但部分县（区）对项目设计进水量估算不准，建成的集中处理设施规模偏大，日进水量不足 60% 的有 134 个，影响设施的稳定运行和达标排放，维护成本也随之增加。另外，建成使用 5 年以上的处理设施 128 个，设备老化等原因需要大量资金支持运行维护。经测算，全区每年运维经费需求约为 5000 万元，按照财政事权原则，均需各地自行承担，但目前各市、县（区）财力十分困难，已建成的设施运维资金难以足额及时保障。另一方面，畜禽养殖污染防治压力激增。畜禽粪污过量还田会造成土壤盐渍化、酸化、养分失衡等，多余的氮、磷等营养物质通过地表径流和地下渗流进入水体，引发水体富营养化，导致环境污染。畜禽粪污在分解过程中还会释放出甲烷、二氧化碳等温室气体。2023年，全区规模养殖场1381家，畜禽（规模以下）养殖户54.5万户，畜禽粪污年产生量4156.72万吨，综合利用量3808.8万吨，其中90%以上的粪污以还田方式加以利用，采取发电和取暖等资源化利用、垫料和栽培基质等清洁再生回用占比较低。

（四）固体废物与新污染物治理攻坚战问题短板

一方面，产生能力与利用处置能力比例部分失衡。区内煤矸石、粉煤灰、炉渣等大宗一般工业固废产生量大，但利用出口主要为砖瓦、商混、水泥、墙材、筑路等建筑和交通领域，受建筑行业和筑路工程建设强度下降等因素影响，利用消纳能力不足，高值化利用技术欠缺，高附加值产品开发有限，一般工业固体废物不能及时消纳。废矿物油与含废矿物油废物（HW08）、精（蒸）馏残渣（HW11）、其他废物（HW49）、有色金属冶炼废物（HW48）等类别的危险废物均存在过剩情况，其他废物（HW49）中772-006-49类等个别危险废物目前无利用能力。另一方面，一般工业固废倾倒、堆存问题比较突出。在自治区生态环境保护督察、固体废物领域专项整治等活动中发现，大宗工业固体废物违规堆存污染环境隐患较为突出，因为利用难度大、渠道受限，一些产废企业周边、城乡接合部偏僻位置存在随意堆存、倾倒、填埋一般工业固体废物现象。一些违法处置、倾倒和乱堆乱放问题因时间久远，责任难以追溯，只能由当地政府"兜底"解决，由于处置成本高，财政资金支出能力有限，部分地区消化存量问题、偿还历史欠账的压力较大、处置进度较慢。

三、持续打好四大标志性战役的策略

（一）聚焦精耕细作，深入打好蓝天保卫战

深入推进空气质量持续改善行动。开展低效失效大气污染治理设施排查整治，着力提升工业企业废气治理水平。持续深化移动源污染防治，强化非道路移动机械监管，推动交通运输工具清洁能源替代。积极向生态环境部争取实施石嘴山市北方城市清洁取暖项目，力争实现北方城市清洁取暖项目地市全覆盖。健全自治区、市、县三级重污染天气应急预案体系，梯次推进重污染天气重点行业绩效分级"提级扩面"行动，深化区内大气污染联防联控机制。持续推进多污染物协同减排。强化重污染天气消除、臭氧污染防治、柴油货车污染治理，组织开展冬春季大气污染防治攻坚、夏季臭氧污染防治攻坚，高质量推动钢铁、水泥、焦化等区内重点行业超低排放改造和燃煤锅炉超低排放改造，持续推进石化、化工、现代煤化工、工业涂装、包装印刷等行业挥发性有机物（VOCs）全流程深度治理，推动实现污染物长效减排。积极应对气候变化。督促指导纳入全国碳市场配额管理的重点排放单位按时足额完成配额清缴履约工作。指导银川市开展碳普惠试点建设，继续加强核证自愿减排量（CCER）项目开发管理，建立完善温室气体自愿减排机制。制定印发《自治区关于建立碳足迹管理体系的实施方案》，推动产品碳足迹核算能力建设。逐步完善法律法规体系，适时修订《自治区碳排放权交易细则（试行）》。指导银川市按照《银川市气候适应型城市建设试点实施方案》开展工作，切实提升大气环境质量，积极应对气候变化。

（二）聚焦系统施治，深入打好碧水保卫战

深入推进黄河（宁夏段）生态保护治理攻坚行动。按照"依法取缔一批、清理合并一批、规范整治一批"的要求，稳妥有序推进排污口整治，不断加强区内22条重点排水沟综合治理，强化入黄断面监测监管，确保黄河干流宁夏段水质稳定Ⅱ类出境。组织开展城市黑臭水体整治行动，加大饮用水水源地保护力度，开展美丽河湖保护与建设试点，实施都思兔河（平罗段）生态缓冲带、银川市阅海九号湖等重点水环境治理修复项目，着力对农业面源、城镇污水、工业园区废水等进行深度治理，切实保障黄河安澜。加快解决突出水环境问题。组织开展化工园区工业废水综合毒性评估，强化排水特征污染物治理，加快推进城镇生活污水处理设施提标改造。对饮用水水源地、重点排水沟、人工湿地等水环境重点监管单元的生态环境安全隐患督导整改，视情组织对数据异常周边的汇水口进行加密监测，全面提升水环境质量和水环境安全。紧盯中央生态环保督察及黄河流域警示片反馈水方面突出问题，强化资金项目倾斜、加快目标任务落实，高质量按期完成整改销号工作。进一步加强水环境执法监管。扎实开展重点污染源监督检查，确保污染治理设施正常运行、污染物稳定达标排放。扎实做好污染源"双随机"抽查和网格化监管，推进生态环境执法向综合执法检查迈进，加大破坏水生态环境违法行为查处力度。

（三）聚焦源头管控，深入打好净土保卫战

深入推进土壤污染源头防控行动。落实耕地土壤风险分区管控制度，动态调整耕地土壤环境质量类别，强化优先保护类耕地保护力度。持续推动受污染耕地安全利用，开展安全利用类耕地土壤环境质量深度监测。实施建设用地全过程管理，严格建设项目环境准入管理，严格污染地块用途管制，强化重点监管单位土壤环境监管，加强部门信息共享。持续推动地下水生态环境保护。持续开展地下水"双源"生态环境状况调查评估，识别可能存在的污染源，研判风险等级。开展化工园区地下水污染防治专项行动，以深入推进全区一、二类化工园区详细调查为抓手，指导各地进一步实施地下水污染源头防控、风险管控。强化地下水型饮用水水源保护，全面排查整治饮用水水源保护区突出环境问题。巩固提升地下水环境质量，强化地下水环境质量目标管理，推进重点区域地下水污染风险管控，从源头杜绝地下水对土壤的污染隐患。抓好农村人居环境整治。健全农村人居环境长效管护机制，完成20个新增村农村环境整治，推动全区农村生活污水治理（管控）率达到40%。强化农村生活污水治理与改厕衔接，持续开展已建设施运行状况摸底调查。深入推动化肥农药减量增效，不断提升农作物秸秆综合利用水平。健全完善农用残膜及农药包装废弃物回收利用体系和长效机制，提高农用残膜回收率。加强畜禽养殖污染防治，严格落实环境影响评价制度和排污许可制度，依法严厉查处畜禽粪污偷排、直排、丢弃、变相排污等环境违法行为。

（四）聚焦常抓长效，深入打好固体废物与新污染物治理攻坚战

深入推进固体废物及新污染物治理行动。开展典型大宗工业固体废物堆存场所排查及危险废物全过程管理行动，组织银川市、石嘴山市推进完成"十四五""无废城市"建设目标任务，并按要求开展终期评估。严格实施重点管控新污染物禁止、限制、限排等环境风险管控措施，有效防范新污染物的环境与健康风险。拓展固体废物减量化、资源化、无害化利用路径。支持企业开展大宗固体废物治理示范项目建设，推动大宗固废在建材生产、矿坑回填充填、生态修复、土壤治理等领域规模化利用。多措并举大力促进宁夏大宗固体废物产生和综合利用企业淘汰更新工艺设备，推动固废源头减量，加强高值化利用技术和设备投入力度，提升大宗固废资源化利用水平。加强分析研判全区危险废物产生类别、数量和处置能力匹配情况，统筹规划建设危险废物集中处置设施，及时补齐处置能力短板，防止处置能力严重过剩。加强生态环境执法监管。进一步完善全程实时可追溯监管信息系统建设，建立完善以线上监管为主、现场监管为补充，线上线下监管相结合的监管格局，不断提高固体废物监管工作数智化水平和效能。会同公安部门加强"两打"专项治理，严厉打击危险废物违法转移、违规利用处置、非法倾倒和不如实申报或将危险废物隐瞒为原料、中间产品违规处置等环境违法违规行为，加大曝光、约谈、处罚力度，形成有力震慑，以法治建设打赢污染防治攻坚战。

宁夏"三山"生态保护修复的实践与探索

赵 颖

2024 年 6 月，习近平总书记在宁夏考察时强调，"保护好黄河和贺兰山、六盘山、罗山的生态环境，是宁夏谋划改革发展的基准线。"贺兰山、六盘山、罗山是宁夏重要的生态坐标，也是黄河流域生态系统的重要构成单元，推进"三山"生态保护修复，不仅是对自然生态系统的恢复和重建，更是对区域生态安全、水资源安全、生物多样性保护以及经济社会可持续发展的有力支撑。

一、"三山"生态保护修复取得的主要成效

（一）构建生态保护修复新格局

1. 加强顶层设计，全面建立生态保护修复规划

为构建"一河三山"生态保护大格局，精心编制《宁夏回族自治区国土空间生态修复规划（2021—2035 年)》，着重分级保护策略，明确不同区域的保护级别与要求；推行分类治理方法，针对不同生态问题采取相应治理措施；设立分区修复机制，确保各生态区域得到精准有效的修复。在制定自治区国土空间生态修复规划的基础上，以中部干旱带和宁夏罗山国家

作者简介 赵颖，宁夏社会科学院农村经济（生态文明）研究所副所长，副研究员。

级自然保护区等为重点，划分中部干旱草原区及 8 个二级分区，布局重点生态保护修复工程。系统推进生态空间的全面修复，实现生态环境的整体提升与持续改善。

2. 坚持系统治理，全要素加快生态保护修复进程

坚持系统观念，围绕自然保护地，以水系、山脉为骨架，统筹推动山水林田湖草沙一体化保护修复。规划构建"三廊四带一环"的生态网络结构，旨在形成结构完备、廊道相连、功能齐全的生态系统网络。巩固提升生态源地水源涵养、水土保持、防风固沙和生物多样性维护功能。坚持以自然恢复为主方针，因地因时制宜、分区分类施策，全面加快生态系统恢复进程，增强生态系统稳定性，提高生态系统服务功能。

3. 创新政策体系，加大生态保护修复保障力度

一是监督管控措施更加有力，严格落实国家"三区四带"生态安全屏障体系，聚焦黄河流域生态保护的协同效应，基于全区生态系统的整体视角，突出贺兰山、六盘山、罗山在维护区域生态安全中的核心地位，将贺兰山、六盘山、罗山自然保护区 2896.87 平方公里用地划入生态保护红线，占全区生态保护红线的 28.42%，以"一河三山"为核心的生态空间得到有效保护。二是强化规划衔接落实，落实自治区、市、县三级国土空间生态修复规划分级保护、分类治理、分区修复措施。三是通过创新政策体系，引导实体经济、金融资本、社会资金参与，推动建立多元化投入机制，加大生态保护修复保障力度。四是加大科技支撑，探索宁夏各类生态系统演变规律、影响机理，加强对生态修复新方法新技术的研究与应用，并进一步完善生态修复项目管理制度，加强项目审查、实施监管和后期管护。五是构建集监督、执法与激励、约束于一体的综合管理体系，平衡高质量发展与高水平生态保护的关系，推动形成功能定位明确、发展优势互补、相互促进的高质量发展新态势。

（二）取得生态保护修复项目新进展

1. 生态保护修复项目成效显著

坚持尊重自然、顺应自然、保护自然，贺兰山东麓山水林田湖草生态保护修复工程（以下简称贺兰山"山水"工程），黄河流域六盘山生态功能

区（宁夏段）山水林田湖草沙一体化保护和修复工程项目（以下简称六盘山"山水"工程），正在科学有序推进，项目建设成效显著。164个生态保护修复年度项目全部开工，截至2024年11月，投资53.73亿元，59个项目完工。贺兰山"山水"工程试点全面通过竣工验收，所有27项绩效指标均顺利达成，贺兰山东麓矿山生态修复项目入选全国首批15个"山水"工程优秀典型案例。六盘山"山水"工程实施项目103个，生态修复总面积12.2万公顷，概算投资51.06亿元，完工10个，在建74个，工程总体进度达53.99%。

2. "三山"保护修复工程持续推进

省级领导包抓机制全面统筹，自治区有关部门与各市、县（区）合力推进，保护修复"三山"自然生态。2023年累计落实资金18.08亿元，完成矿山地质环境恢复治理和国土综合整治5万亩，营造林125.3万亩，治理荒漠化土地90万亩，治理退化草原28.2万亩，保护修复湿地20.8万亩，新增水土流失治理面积960平方公里，全区森林覆盖率达到11.35%，草原综合植被盖度达到56.8%。

3. 全方位提升生物多样性保护

印发《新时期宁夏生物多样性保护战略与行动计划（2023—2030年)》，明确新时期生物多样性保护的战略方向、重点区域、关键领域及首要行动，全面覆盖、无遗漏地推进生物多样性保护各项措施，以期全面提升生物多样性保护的整体效能。六盘山豹重要栖息地、贺兰山兽类及鸟类重要栖息地入选国家陆生野生动物重要栖息地名录，雪豹、林麝、金雕、蓝马鸡等国家重点保护陆生野生动物得到有效保护。

（三）实现生态保护与产业发展新融合

贺兰山东麓生态修复与葡萄酒产业融合发展成为全国亮点，入选全国"绿水青山就是金山银山"实践创新基地。张骞葡萄郡项目通过招商引资提高土地利用效率，在废弃砂坑建设葡萄园和酒庄，将废弃矿坑转变为绿洲，实现生态治理、环境保护与产业发展的共赢。贺兰县金山产区应用葡萄冬季生态防护栽培技术，将葡萄冬剪枝条悬挂作为风障，保护葡萄园区裸露地表，降低地表风蚀、沙漠化带来的扬尘。

出台鼓励社会资本参与生态保护修复政策措施，以泾源县为试点，形成"生态修复+产业融合发展"新模式。在落实政策措施基础上，拓宽生态保护修复资金渠道，积极探索荒地、闲地、废地整治和指标交易新机制，盘活"沉睡"土地资源。先后支持中部干旱带 8 个县（区）投资 6.82 亿元，实施乡村土地整理和生态修复项目 21 个，有效推进全域土地综合整治和生态保护修复。

二、宁夏"三山"生态保护修复存在的主要问题

宁夏在推进贺兰山、六盘山、罗山生态保护修复过程中，尽管取得了显著的成绩，但仍面临一些问题和挑战。

（一）生态系统脆弱

一是自然条件脆弱。"三山"地处干旱和半干旱地区，年平均降水量较低，且时空分布不均，水资源短缺，植被生长受限，生态系统自我恢复能力较弱，这是导致生态系统脆弱的主要原因之一。土壤结构疏松，植被盖度低，容易受风蚀、水蚀和人为活动的强烈影响，生态系统稳定性较弱。二是人类活动干扰。贺兰山地区矿山开采、流域污染以及生境破碎化等问题，使得生态系统的整体性和多样性受到威胁。罗山丰富的植物和动物资源，受人类活动影响，动植物栖息环境破碎，物种生存和繁衍受到威胁，生物多样性显著下降。三是局部地区水土流失严重、林草群落结构不合理，水源涵养功能不足。六盘山区水土流失问题较为严重，导致土地荒漠化加剧，生态系统的恢复能力受到限制。

（二）生态保护修复难度较大

生态保护修复方案缺乏系统性和科学性，生态修复技术不足，存在"重工程，轻管护"现象。贺兰山部分矿山虽已有植被覆盖，但整体技术力量不足，撒播的草籽容易被冲刷，难以扎根，修复效果不理想。修复项目治理标准、措施和目标尚未统一，导致生态问题识别、生态修复手段、生态修复成本、生态修复方向缺乏针对性和科学性。

（三）生态产品价值转化有待提高

自"三山"生态保护修复项目启动以来，有效遏制了生态环境的退化

趋势，促进生态系统的自我恢复与功能提升，催生了贺兰山东麓葡萄产业、沙漠光伏产业等一系列优质的生态产品，但在生态产品价值实现机制上，仍处于初步探索阶段。一是生态产品本底情况的调查监测工作尚未实现全面覆盖与深度挖掘，对生态资源的数量、质量、分布及动态变化等关键信息的掌握不够全面与精准，进而制约生态产品价值评估的准确性与科学性，影响生态产品价值实现机制的有效构建。二是尚未建立完善的生态价值评价体系，生态产品价值难以被科学量化与合理评估，影响生态产品的市场流通与开发利用。三是产品开发利用目录与经营开发机制缺失，生态产品向经济价值转化受限，"绿水青山"向"金山银山"的转化过程缺乏明确的实践指导与操作规范。四是"生态产业化"与"产业生态化"的融合程度尚浅，两者之间的协同效应未能充分发挥。既影响生态优势的深度挖掘与充分利用，也制约经济发展方式的绿色转型与可持续发展。

（四）社会力量参与动力不足

社会力量参与意愿不强、发挥作用不充分主要存在以下几个方面问题。一是社会资本参与生态保护修复尚处于起步阶段，鼓励政策、激励机制还不完善，宁夏目前仅9个涉及利用市场化方式参与生态修复的案例。二是由于历史原因，贺兰山生态系统退化严重，保护修复欠账较多、资金压力大。三是生态保护修复项目投入周期长、见效慢，生态产业发展受到一定限制，导致第三方资本介入动力不足。四是生态保护修复涉及的技术相对复杂，需要多学科参与合作，对生态修复主体挑战较大。

三、宁夏"三山"生态保护修复的对策建议

（一）强化生态系统整体性保护，铸牢生态安全屏障

1. 强化生态空间管控

贺兰山区域聚焦修山复绿、土地整治与绿化增量，着力开展矿山地质环境的恢复与治理工作，积极推动绿色矿山建设，依法淘汰对生态功能造成破坏的产业。加强贺兰山东麓的绿色通道、绿廊及绿网体系建设，实施自然保护区外围的生态环境专项整治，针对煤矿、非煤矿山、废弃矿坑以及无主渣台进行全面治理，以改善和提升该区域的生态环境质量。六盘山

区域以保护森林、涵养水源、稳固土壤为核心，不断推进造林绿化与生态修复工程，着重种植针阔混交林以增强生态多样性。开展小流域综合整治、坡耕地改造及病险淤地坝的加固处理，以提升区域的水源涵养能力和水土保持效能。罗山区域则侧重于固沙、造林与保护荒漠生态，实施区域化的分级管理措施。在土地严重退化区域，通过提高植被盖度来恢复生态；中度退化区域则采取围栏禁牧措施；轻度退化区域则实施围栏封育，促进自然恢复。重点推进退化草地的治理与防风固沙工程，以全面提升罗山区域的生态环境质量。

2. 加强生态监管

秉持山水林田湖草沙一体化治理理念，构建健全的自然保护地体系，优化生态监管机制，持续推动"一河三山"区域生态保护与修复工作的深入推进。做好动态调整与跟踪评估，结合国民经济和社会发展规划、国土空间规划评估情况开展动态调整并做好跟踪评估，以科学精准管控生态环境。健全部门协作机制，完善约束性指标管理。加强生态监管执法与督查力度，不断推进"绿盾"专项行动，严格监督各地相关部门在生态保护修复方面的履职情况，开发建设活动对生态环境的影响，确保生态安全得到有效维护。

3. 完善生态保护修复评估机制

探索建立生态保护修复评价标准体系，加快制定覆盖重点项目、重大工程和重点区域的生态修复评价标准，科学确定评估内容和指标，定期评估"三山"生态保护修复工作取得的成效。

（二）坚持系统观念，统筹抓好生态保护修复

1. 推进山水林田湖草沙一体化保护

一是加快实施重要生态系统保护和修复重大工程，持续推进贺兰山、六盘山"山水"工程，扎实推进"三北"防护林体系建设。二是以"一河三山"生态保护修复为基础，坚持以水定绿、科学绿化，宜林则林、宜草则草、宜沙则沙、宜荒则荒，实行全方位管理、全要素协调，统筹布局综合治理项目，实行治沙、治水、治山相结合，着力培育健康稳定、功能完备的生态系统。三是科学开展国土绿化。实施水源涵养林建设、退化草原生态保护修复、湿地保护修复连通等，全面提升各类生态系统水源涵养能力。

2. 协同推进自然保护地体系建设

努力协调推进与内蒙古、甘肃共创贺兰山、六盘山国家公园工作，加强对贺兰山、六盘山国家公园规划建设的组织领导、统筹谋划、实施建设和保护管理，开展本底调查、保护修复、监测监管等重点任务，形成推进国家公园创建和生态保护的工作合力。

3. 强化生物多样性保护措施

首要环节在于全面开展生物多样性综合调查与评估，持续对生物多样性保护的重点区域生态系统、关键物种及珍贵遗传资源进行详细调查，建立完善生物多样性保护的管理与监测体系。加快布局建设监测站点，构建"天空地"一体化监测网络。此外，着力加强野生动植物保护工作。精心规划实施自然保护区野外保护站、监测巡护点等关键保护管理设施的建设与维护项目，为野生动植物提供良好的栖息地与生境保护。实施宁夏与内蒙古、甘肃等地的雪豹、华北豹种群保护恢复及栖息地生态廊道建设的重大工程，从组织领导、科研监测、专业队伍建设、应急响应处理、资金保障以及国内外合作等六大维度全面发力，加速推动雪豹种群的恢复与保护工作，共建雪豹、华北豹的栖息地生态廊道，促进我国雪豹、华北豹种群及其栖息地的发展壮大。

（三）完善生态产品价值实现机制

1. 完善生态补偿机制和生态产品价值实现机制

加快建立健全基于地域、要素和主体的多层级山水林田湖草沙一体化保护生态补偿制度，完善一体化保护生态补偿管理主体的协同机制。将生态产品所具有的生态价值、经济价值和社会价值，主要通过市场经营开发手段一体化体现出来，建立生态保护者受益、使用者付费的利益导向机制。

2. 促进生态优势向经济优势转化

一是在确保生态安全的前提下，充分发掘绿水青山的产业潜力，推动生态优势转化为经济优势。需构建生态产品调查监测体系，在自然资源确权登记与监测普查的基础上，全面梳理各类自然资源的空间布局、面积、质量及数量，为生态产品价值核算、开发利用及绩效评估提供科学精准的数据支撑。二是参照国家技术规范和标准，结合自治区生态与资源特色，研究制定自治区生态产品价值核算标准。指导各地开展区域生态系统生产总值（GEP）核算试点，在宁南地区率先将GEP纳入政府考核体系，将生态效益融入经济社会评价，以引领绿色发展的新路径。三是在拓宽生态产品价值实现路径和搭建生态产品交易服务平台方面，借鉴外省经验，探索品牌赋能机制、碳汇交易机制、生态银行机制等市场化路径。

3.实施生态产业培育发展工程

以解决产业产能落后、生态环境污染、影响生态功能问题为重点，在保护和修复贺兰山、六盘山、罗山生态环境基础上，融合发展文化旅游、设施农业、生态康养等新业态。聚焦贺兰山东麓葡萄酒文化旅游走廊建设，推动实施张骞郡葡萄酒产业生态修复示范区国土综合整治项目，加快生态修复与葡萄酒产业、生态文化旅游等新兴产业融合发展步伐。

（四）拓宽社会化保护修复路径

一是建立多元化资金投入机制。生态保护修复工作需要大量资金支持，仅依靠政府投入难以满足长期需求。应积极探索建立多元化资金投入机制，通过设立生态保护修复基金、提供财政补贴、税收减免等优惠政策，吸引和鼓励社会资本参与。二是继续强化政府主导作用，充分发挥市场在资源配置中的决定性作用。优化并出台相关政策，激励和支持社会资本积极参与生态保护修复工作。从规划管理、产权激励、资源开发利用、指标分配、碳汇交易、财政税收、金融支持等多个维度，详细明确社会资本参与的具体内容、途径及流程，为社会力量投身生态保护修复提供明确指引和坚实保障。同时，通过政府购买服务的方式，有效引导社会资本向生态保护修复项目倾斜，构建政府引领、企业为主、社会组织与公众广泛参与的生态保护修复新格局。三是加强科技创新和政策引导。生态保护修复工作需要科技支撑，鼓励和支持科研机构、高校和企业开展生态保护修复技术研究和创新。加大对生态保护修复技术的研发投入，加强科技成果转化，推广先进的生态修复技术和管理模式。同时，制定和完善相关政策，明确生态保护修复项目的立项、审批、实施、验收和监管等环节的要求和标准，为生态保护修复工作提供有力的制度保障。四是积极推动生态保护修复与产业发展相结合，实现生态效益和经济效益的双赢。依托贺兰山、六盘山、罗山的自然资源优势，鼓励和吸引企业参与生态保护修复、生态旅游、医疗康养等重大生态产业项目，探索"生态修复+生态产业"，发展生态文化旅游、林下经济、中药材种植等产业，提高生态脆弱区生态系统服务功能，同时提高当地居民的收入水平和生活质量。五是加强社会组织和公众参与。生态保护修复工作需要全社会的共同参与和支持。政府应鼓励和支持社会组织、志愿者等参与生态保护修复工作，开展生态教育、宣传活动，提高公众的环保意识和参与度。同时，可以建立生态保护修复项目的公众参与机制，让公众了解项目进展、参与项目监督，形成全社会共同关注和支持生态保护修复工作的良好氛围。

扎实推进"三北"工程建设
厚植美丽宁夏绿色基底

张晓瑞

1978 年 11 月,党中央、国务院站在中华民族生存与发展的战略高度,作出了在我国风沙危害和水土流失严重的西北、华北及东北西部地区建设"三北"防护林体系的重大决策,开创了我国重点林业生态工程建设的先河。"三北"工程总体规划建设期为 73 年(1978 年至 2050 年),涵盖 13 个省(区、市)和新疆生产建设兵团,是中国启动最早、实施期最长、地域跨度最大的生态林业建设工程,被誉为"绿色长城"。

宁夏是全国唯一全境被列入"三北"工程的省区。40 多年来,在国家林业和草原局的关怀和指导下,宁夏主动适应林业发展形势变化,积极调整林业发展思路,牢固树立尊重自然、顺应自然、保护自然和绿水青山就是金山银山的理念,大力实施生态优先战略,坚持把"三北"工程融入全区经济社会发展大局来谋划,推进生态林业、民生林业协同发展,奋力打造黄河流域生态保护和高质量发展先行区,筑牢西北地区重要生态安全屏障。

一、发展历程

"三北"防护林工程共分 3 个阶段 8 期工程建设。宁夏与全国同步,已全面完成了"三北"5 期工程建设,累计实施工程造林 2432.4 万亩(不含

作者简介 张晓瑞,自治区林草局宁夏退耕还林与三北工作站三级主任科员。

5 期退化林改造任务），治理沙化土地 705 万亩，治理水土流失面积 2640 万亩，完成各项投资 24.05 亿元，其中中央投入 19.3 亿元。目前正在推进实施"三北"6 期工程建设。

（一）"三北"一期工程（1978—1985 年）

1978—1979 年，宁夏按照《国务院批转国家林业总局关于在"三北"风沙危害和水土流失重点地区建设大型防护林的规划》，认真谋划部署，先期开展了"三北"防护林建设的外业调查和基础资料整理工作。1980 年自治区林业局在银川召开全区防护林体系规划会议，宁夏正式启动"三北"防护林工程建设。工程涉及 18 个县，其中重点县 7 个。宁夏"三北"防护林体系建设 1 期完成专项投资 2021 万元；完成人工造林 468.45 万亩，森林资源清查保存 310.5 万亩，保存率为 66.3%；重点建设了引黄灌区农田林网、南部山区水土保持林以及风沙区防风固沙林。

（二）"三北"二期工程（1986—1995 年）

宁夏"三北"2 期工程实际完成投资 1.41 亿元，完成计划投资的 177%。规划面积 363.6 万亩，实际完成营造林 503.55 万亩，为计划总任务的 138.5%，其中人工造林 413.85 万亩，飞播造林 33 万亩，封山（沙）育林 56.7 万亩。"四旁"植树完成 7581 万株。重点建设项目为：天牛虫灾后的二代林网、中北部沙区的飞播造林和封山（沙）育林。1988 年 7 月，《宁夏三北防护林建设总体规划》正式上报国务院工程建设总体规划办公室，为全区"三北"工程建设科学持续推进奠定了基础。

（三）"三北"三期工程（1996—2000 年）

宁夏"三北"3 期工程实际完成中央专项投资 4155 万元。规划营造林面积 299.25 万亩，实际完成营造林 524.85 万亩，为计划总任务的 175.39%，其中人工造林 258.15 万亩，飞播造林 79.95 万亩，封山（沙）育林 186.75 万亩。重点建设了引黄灌区农田防护林，沙区、山区的封育、飞播造林的重点区域为盐池县、灵武市以及引黄灌区各市、县（区）。

（四）"三北"四期工程（2001—2010 年）

宁夏"三北"4 期工程总投资 5.746 亿元，其中中央专项投资 4.17 亿元、地方配套 1.576 亿元。规划营造林面积 600 万亩，共分两个阶段，其中第一阶段（2001—2005 年）即"十五"期间计划营造林面积 300 万亩，第二阶段（2006—2010 年）即"十一五"期间计划营造林面积 300 万亩。实际完成营造林面积 597 万亩，其中人工造林 552 万亩、封山育林 45 万亩。主要对重点生态区域进行综合治理、防沙治沙，完善了农田防护林体系，加强环村林带建设，优化美化农村环境，发展以枸杞、葡萄、红枣、苹果为主的特色经济林产业。

（五）"三北"五期工程（2011—2020 年）

宁夏"三北"5 期工程总投资 16.27 亿元，其中国家投资 13.01 亿元，地方配套 2.48 亿元，群众投工投劳 0.37 亿元，其他资金 0.41 亿元。国家下达 5 期工程计划任务 514.35 万亩，实际完成营造林 524.25 万亩，为计划总任务的 101.92%，其中人工造林 207.9 万亩，封山育林 130.65 万亩，退化修复改造 185.7 万亩。全面完成了国家林业和草原局下达宁夏的"三北"5 期工程建设任务。

（六）"三北"六期工程（2021—2030 年）

宁夏党委和政府高位谋划、全力推动，召开党委全会进行专题部署，规划黄河"几字弯"宁夏攻坚战治理任务 820 万亩。宁夏林业和草原局修订《宁夏三北六期工程规划（2021—2030 年)》，计划 2021—2030 年完成治理总面积 1236 万亩，其中：营造林 790.5 万亩，草原生态修复 345.5 万亩，盐碱地治理 100 万亩，以"贺兰山东麓水源涵养和生态治理工程""库布其沙漠—毛乌素沙地沙化土地综合治理工程""宁夏南部生态保护修复与水土流失综合治理工程"等重点工程和 3 个治理分区为重点项目。

二、建设成效

近年来，宁夏深入践行习近平生态文明思想，全面贯彻落实习近平总书记在加强荒漠化综合防治和推进"三北"等重点生态工程建设座谈会上的重要讲话精神和考察宁夏重要讲话精神，统筹推进森林、草原、湿地、荒漠生态保护修复，取得阶段性成效。通过"三北"工程的实施，宁夏林草植被盖度显著增加，荒漠化和沙化土地面积连续 20 年"双缩减"，实现了"整体遏制，局部好转"的目标，呈现出"质量与效益同步，建设与管理并重"的新特点，成为全国第一个实现从"沙进人退"到"绿进沙退"的省区。初步形成了较为完善的生态防护林体系，绿色屏障更加稳固。

（一）全方位推动，谱写林业高质量发展新篇章

一是强化组织保障。成立区、市、县三级领导小组，将黄河"几字弯"攻坚战纳入地方党政领导班子和领导干部政绩考核内容，新一轮机构改革中将自治区林草局调整为政府直属机构，2市11县（区）独立设置林草机构，全面压紧压实黄河"几字弯"攻坚战责任。与国家林草局三北局建立局省联合包抓工作机制，陕甘宁蒙4省区5市签署联防联治框架合作协议，合力推动毛乌素沙地280公里省界关联区域治理，对接推进腾格里沙漠153公里省界关联区域联防联治。二是坚持规划引领。衔接自治区国土空间规划，编制完成《宁夏防沙治沙规划（2021—2030年）》，修订《宁夏三北工程总体规划》，全面构建目标明确、分工合理、措施有力的政策制度体系。2023年以来，自治区党委和政府与国家林草局形成3份备忘录，支持宁夏打好黄河"几字弯"攻坚战、创建国家公园、向世界推广中国防沙治沙经验等。三是建立国际合作交流平台。2024年与《联合国防治荒漠化公约》秘书处续签合作备忘录，5年来，68个国家（地区）和国际组织，225名技术人员和官方代表来宁学习荒漠化防治"宁夏经验"，传播防沙治沙"中国智慧"。选派中卫基层治沙专家唐希明赴蒙古国考察调研，编制《中国援建蒙古国生态保护与修复示范区——巴彦洪戈尔省荒漠化综合治理国际示范区建设项目意向书》，积极争取项目落地实施。

（二）促进生态条件改善，荒漠化程度明显减轻

"三北"工程建设以来，宁夏森林面积由"三北"工程建设前的103.05万亩，增加到2023年的885万亩。从20世纪50年代开始，经过几十年努力，在中卫腾格里沙漠探索出"五带一体"防风固沙体系，被联合国环境规划署确定为"全球环境保护500佳"。1988年，"草方格"被评为国家科技进步特等奖。在毛乌素沙地探索出"六位一体"防沙治沙模式，创造了世界闻名的"白芨滩治沙路径"，建成全国防沙治沙展览馆，被中共中央宣传部命名为全国爱国主义教育基地。

根据全国第六次荒漠化和沙化监测结果，宁夏荒漠化土地面积从1999

年的 4811 万亩缩减到 2019 年的 3953 万亩，累计减少 858 万亩，占国土面积比例由 61.7%减少到 50.7%；沙化土地面积从 1999 年的 1812 万亩缩减到 2019 年的 1505 万亩，累计减少 307 万亩，占国土面积比例由 23.3%减少到 19.3%，荒漠化及沙化程度明显减轻。在荒漠化防治方面创造了 7 个"全国第一"：首创了"草方格"治沙技术，成为第一个实现"绿进沙退"沙化土地逆转的省区，建立了全国唯一的省级防沙治沙示范区，成立了第一个由省级林草局与《联合国防治荒漠化公约》秘书处共建的国际荒漠化防治知识管理中心，建设了第一个国家沙漠公园，建成了第一个全国防沙治沙展览馆，设立了第一个"荒漠和湿地类型"的国家级自然保护区。宁夏的防沙治沙用沙护沙走在前列，并以积极姿态继续领航探索新路径。

（三）带动林业产业发展，经济效益逐步显现

"三北"工程的实施，带动全区林草产业高质量发展，尤其特色优势林产业的发展势头强劲，全区经济效益、社会效益、生态效益逐步显现。截至 2023 年，全区特色经济林种植面积 266 万亩，其中：苹果 34 万亩、枣 30 万亩、设施果树 0.6 万亩、鲜食葡萄 3.6 万亩、杏 22.0 万亩、桃 2.2 万亩、梨 3.1 万亩、山杏山桃 127.8 万亩、核桃 4.2 万亩、文冠果 20.5 万亩、油用牡丹 0.4 万亩、沙棘 10.5 万亩、花卉 1.8 万亩、其他 6.2 万亩。产量 44.4 万吨，产值 34.6 亿元。宁夏枸杞保有面积 32.5 万亩，鲜果产量 32 万吨。培育国家级重点林业龙头企业 11 家、规上企业 30 家、中国驰名商标 7 个、知名企业品牌 20 余个。培育特色果品中国驰名商标 2 个、国家农产品地理标志产品 4 个，特色林果国家级林业重点龙头企业 6 家，自治区林业重点龙头企业 34 家。

"宁夏枸杞"地理标志证明商标正式获批，成为全国唯一一个以省域命名的证明商标。全国 25%的枸杞干果产自宁夏，60%以上枸杞类标准由宁夏制定，90%枸杞种苗由宁夏繁育，90%以上枸杞基础研究和应用研究由宁夏牵头组织，90%以上枸杞新产品新品类由宁夏研发生产，85%以上枸杞干果在宁夏集散交易，出口 50 多个国家和地区。截至 2023 年，枸杞鲜果加工转化率 35%，精深加工产品 10 大类 120 余种，全产业链综合产值达到 290 亿元。据不完全统计，全区枸杞产业直接从业人员 27 万余人，涉及种植、加工、流通、销售等各环节，其中种植环节约 13 万人，年均来自枸杞产业收入 3 万元左右。

（四）坚持系统治理，生态屏障越筑越牢

统筹山水林田湖草沙一体化保护和系统治理，积极推进以国家公园为主体的自然保护地体系建设，贺兰山国家公园创建方案已由宁夏和内蒙古联合上报国家林草局审批。实施退化草原生态修复，开展中卫香山寺、海原西华山国家级草原自然公园试点建设。修订《宁夏回族自治区湿地保护条例》，加强湿地保护修复。开创性在贺兰山引进雪豹，监测、放归雪豹 5 只，推进区域顶级捕食者种群重建。大力发展林下中药材、养蜂等林下经济，巩固提升特色经济林优质基地。坚持科学治沙，示范推广刷状网绳、蓝藻沙结皮、高效植苗等新技术，探索实施"草光互补""林光互补"等"光伏+"生态治理新模式。争取国家林草局支持，开展贺兰山东麓"藤灌草"生态修复试点，探索防风固沙、草原改良和富民产业融合发展"新路子"。结合高标准农田建设、土地综合整治、盐碱耕地改良，推进大网格农田防护林建设。

依托"三北"防护林、退耕还林还草、天然林保护、禁牧封育、草原生态保护修复、湿地保护修复等国家重点工程，全力推进生态文明建设，持续扩大绿色空间，坚决守好改善生态环境的生命线。科学开展国土绿化工程，在引黄灌区栽植林网树木 1 亿多株，基本建成了多树种混交、结构比较合理的林网大骨架；在中部防沙治沙区建立了乔灌草结合的林草体系；在南部水源涵养区推进小流域综合治理，积极构建水源涵养和水土保持林体系。统筹推进了城乡绿化美化，在沿黄 10 个市、县（区）的滨河大道两侧，建设了宽 50—100 米、长 400 公里的绿色景观长廊，极大地提升了沿黄经济区的城市景观品位。围绕改善人居环境，建设了银川市典农河景观水道、石嘴山市星海湖、吴忠市滨河新区、中卫市中央大道绿化工程、固原市东岳山和古雁岭森林公园等一批标志性绿化景观工程。尤其是 2017 年以来，宁夏启动"大美草原守护行动"，以"壮士断腕"的决心全面打响贺兰山、罗山、六盘山保护修复持久战，"三山"生态功能稳步提升，有效保护生物多样性和维护生态系统动态平衡。截至目前，全区自然保护区总面积达 889 万亩，区域生态环境明显改善。

三、存在问题

（一）林草发展空间不足

宁夏自然禀赋差，经多年努力，生态面貌持续改善，但依然缺林少绿。根据国家林草局"带位置上报计划，带图斑下达任务"营造林空间管控要求，营造林空间有限，到 2024 年底，全区新造林空间只有 10 万亩，退化林修复空间只有 83.4 万亩，中幼林抚育空间只有 152 万亩，到 2027 年底剩余的营造林空间将基本用完。

（二）生态建设成果巩固难度大

宁夏 80% 的地区处于 400 毫米降水线以下，属于干旱半干旱气候区域，生态环境本底脆弱。生态建设以雨养林草为主，受降雨量限制，人工生态修复的林草植被容易退化，生态建设成果不稳定，巩固难度大。

（三）区域联防联治有待加强

腾格里沙漠是我国沙尘暴西北路径的主要通道和重要策源区。近年来，宁夏境内的腾格里沙漠已得到基本治理，但流沙仍以每年 2—4 米的速度从上风口的阿拉善左旗，向下风口的中卫方向侵蚀，对治理成果造成侵害，对群众生产生活造成影响，增加了入黄泥沙量。因各地治理侧重不同，上下风口联防联治区域行动不协同，影响治沙成效。跨省区创建贺兰山、六盘山国家公园难度大，需要联合创建省区密切协作机制，合力推进区域生态环境改善。

四、下一步打算

深入贯彻党的二十届三中全会精神和习近平总书记考察宁夏重要讲话精神，全面落实自治区党委十三届八次、九次全会工作安排，统筹山水林田湖草沙一体化保护和系统治理，坚决打赢打好黄河"几字弯"宁夏攻坚战，让"塞上江南"越来越秀美。

（一）打头阵，提前高质量完成攻坚战任务

以"一河三山"生态保护修复为基准线，加强北部退化森林草原改造

修复和贺兰山东麓生态保护修复，规划完成治理面积 382 万亩，盐碱耕地改良 100 万亩；深化中部环罗山重点生态功能区灌草融合建设，规划完成治理面积 110 万亩；推进南部六盘山区域水源涵养建设和森林可持续经营，规划完成治理面积 228 万亩。发挥局省联合包抓机制作用，加强陕甘宁蒙跨区域联防联治，形成大保护、大治理合力。坚持科技引领，推广应用新技术、新模式，探索治沙新机制，在黄河"几字弯"攻坚战中打头阵、作表率。

（二）提质量，持续提升林草资源质量

科学开展国土绿化，加强退化草原保护修复，精准提升森林质量，持续抓好精细化管理，全力增绿扩绿，到 2027 年森林覆盖率达到 12.4%，草原综合植被盖度稳定在 57%。紧密衔接国民经济发展规划、国土空间规划，科学编制"十五五"林草发展规划，坚持向存量林地要空间，向宜林草地要空间，向盐碱地、"四旁"（宅旁、村旁、路旁、水旁）地要空间，进一步扩展增绿空间。

（三）重保护，强化林草资源保护管理

充分发挥林长制引领作用，进一步健全责任体系、创新协作机制，全面压实各级党委和政府林草资源保护发展责任。积极构建以国家公园为主体的自然保护地体系，加快贺兰山、六盘山国家公园创建步伐。严格落实禁牧封育制度，加强野生动植物保护。全力做好森林草原防灭火和林草有害生物防治，森林火灾受害率控制在 0.9‰ 以内，草原火灾受害率控制在 2‰ 以内，林业有害生物成灾率控制在 6.99‰ 以下，国家重大检疫性有害生物"零发生"，坚决守好生态安全防线。

（四）促发展，全力服务保障发展大局

坚持绿富同兴，统筹高质量发展和高水平保护，聚焦新能源大基地建设，会同相关部门梳理出可用于新能源产业用地 838 万亩（其中草地发展光伏 547 万亩、林地发展风电 291 万亩），服务新能源产业发展。推进贺兰山东麓"藤灌草"生态修复试点，助力葡萄酒产业高质量发展。在银川平原开展盐碱耕地改良 100 万亩，在降水量 400 毫米以上的六盘山区域，实施生态产业化、产业生态化示范项目，带动农民增收致富。

宁夏全域土地综合整治情况分析与对策建议

师东晖

　　土地是农户和乡村发展的重要生产要素之一，处理好农民与土地的关系是农村改革的核心主线。2024 年 7 月 18 日，党的二十届三中全会审议通过的《中共中央关于进一步全面深化改革、推进中国式现代化的决定》中对完善城乡融合发展体制机制、深化土地制度改革作出了重要决策部署，明确了新征程农村土地改革的方向重点，为进一步促进城乡融合发展、助力乡村全面振兴提供重要保障。①作为深化土地制度改革的功能平台，全域土地综合整治通过优化土地资源配置，推动农村经济社会生态协同发展，是新时代新征程中农村土地制度改革的重要内容。宁夏学习贯彻浙江"千万工程"工作经验，积极开展全域土地综合整治，深入推进乡村全面振兴。2020 年宁夏开始实施全域土地综合整治试点工作，2022 年自治区第十三次党代会确定将土地权改革作为"六权"改革任务之一。在自治区党委、政府的领导下，土地资源盘活增值，农村生产、生活、生态"三生"空间显著改善，经济、社会、生态效益明显提高。

作者简介　师东晖，宁夏社会科学院农村经济研究所（生态文明研究所）助理研究员。

基金项目　国家社会科学基金项目（项目编号：20CMZ029）阶段性成果。

　　①《中国共产党第二十届中央委员会第三次全体会议公报》，https://www.news.cn/politics/leaders/20240718/a41ada3016874e358d5064bba05eba98/c.html，访问日期：2024 年 12 月 17 日。

一、宁夏全域土地综合整治的现状与成效

全域土地综合整治以县域为统筹单元，按照"多规合一"要求编制村庄规划，进一步优化农村地区生产、生活、生态空间布局。通过规范耕地、调整永久基本农田布局实现农用地集中连片整治和质量提升，通过盘活农村零散、闲置、低效建设用地提升土地资源配置效率和节约集约利用水平，通过农村生态保护和修复守住生态保护红线，全面改善农村生态环境，助力城乡融合发展。

（一）宁夏全域土地综合整治的现状

1. 以国土空间规划为引领，守住耕地红线

优化整合空间发展格局是深化土地制度改革的基本前提。2023 年，《宁夏回族自治区国土空间规划（2021—2035 年）》获得国务院批复，这是全国第 3 个获得批准的省级国土空间规划，也是宁夏有效整合农业、生态等多种用地需求的科学依据和基本要求。截至 2023 年 11 月底，宁夏各市县国土空间总体规划全部编制完成，850 个新编村庄规划和 238 个续编村庄规划全部启动编制，编制覆盖率达到 100%。[①]

守住耕地红线是土地制度改革的重要组成部分和关键前提。为此，宁夏以健全耕地数量、质量、生态"三位一体"保护制度体系为目标，积极压实耕地保护责任，积极推进高标准农田建设，加强耕地质量保护和提升，严守耕地红线。在耕地政策方面，自治区人民政府出台了《防止耕地"非粮化"稳定粮食生产工作方案》《全面推行"六级"耕地保护网格化监管》《关于严格耕地保护落实党政同责的实施意见》等一系列政策举措，确保耕地数量稳定、质量提升、生态优化、占补平衡。2023 年宁夏实施区、市、县、乡、村、村民小组六级网格耕地保护责任体系，借助"一地一码"，共建 2545 块责任牌、13447 个警示桩和 18595 名责任人共同对耕地进行保护

---

①张唯：《聚焦六权改革：土地权改革 赋予土地更多未来》，《宁夏日报》2023 年 8 月 30 日。

监管①。建立了"自治区统筹、市县主责、乡镇主抓、村组落实"的耕地保护管理机制，有效防止了耕地"非农化""非粮化"。开展了因地制宜的土地平整、田块划分与归并、梯田修筑等土地整治项目，探索了平罗县"一块田"、彭阳县"一台地"等高标准农田建设模式，截至2023年底，宁夏累计建成高标准农田1038万亩，发展高效节水农业581万亩，②积极推进了"整省域高标准农田示范区"、全国现代高效节水农业示范区建设。

2. 以重点改革任务为目标，提升土地利用效率

宁夏不断深化土地权改革，以"盘活增值土地"为改革目标，全面落实农村宅基地、承包地、集体建设用地确权登记，整理农村地区工矿废弃地以及其他低效闲置建设用地，加强项目用地管控，推行差别化土地供应制度，盘活利用空置宅基地和农村闲地、荒地、废地资源，优化农村建设用地结构，构建统一市场，促进用地方式由粗放低效向集约高效转变，提升土地利用效率。一是建立了规划"留白"机制。在县、乡、村规划编制时，通过预留一定比例的建设用地指标优化调整农业、生态、城镇空间用地布局，满足农村产业发展建设项目需求，通过安排指标留白为产业发展预留弹性空间。二是开展建设用地整理，提升土地利用效益。宁夏科学统筹农村产业发展、公共服务等各类建设用地，开展农村宅基地、低效闲置用地整理，通过实施"分类供地"政策，将农村撂地、荒地等闲置土地资源进行集体性建设用地入市，探索建设用地增减挂钩指标交易，实现省域间土地与资本互换增值。2024年1月—6月，宁夏盘活利用批而未供和闲置土地4.21万亩，其中批而未供2.18万亩、闲置土地2.03万亩。"十四五"中期，宁夏单位GDP建设用地使用面积下降率为8.7%，超额完成7.8%的目标任务。③三是完善用地审批程序，保障项目建设用地。2023年

---

①杨成：《筑牢粮田"耕"基——宁夏耕地保护实践观察》，《中国自然资源报》2024年7月10日。

②高原：《宁夏：高质量推动高标准农田建设》，http://tuopin.ce.cn/news/202405/30/t20240530_39021238.shtml，访问日期：2024年12月17日。

③张唯：《宁夏提升土地资源质效"腾挪"发展空间》，http://www.nxpldj.gov.cn/djyw/202406/t20240625_886853.html，访问日期：2024年12月17日。

宁夏印发了《高效自然资源要素保障实施方案》，创新建立"五个一"用地审批机制，创新工业用地弹性出让、标准地供地、混合产业用地供应、供地租让结合等方式，提高土地要素使用与产出的集约集聚水平。截至2024年6月底，宁夏新增建设用地计划指标14311.83亩，累计批准建设用地127批次，面积1.67万亩，同比增长1.25%。[1]同时扎实开展重大项目用地审批攻坚行动，截至2024年11月底，针对2024年度重点建设项目，宁夏保障用地面积12.3万亩，项目保障率达100%[2]，并对自治区100个重大项目、156个国债项目逐一建立保障台账[3]，做到重点项目用地即来即办、快审快报，提高了建设用地审批效率。

3. 以先行区建设为支撑，加强生态用地保护

建设黄河流域生态保护和高质量发展先行区，宁夏始终践行绿水青山就是金山银山理念，坚持山水林田湖草沙一体化保护和系统治理，积极推进生态用地保护和修复，牢牢守住自然生态安全边界。在推进全域土地综合整治中，宁夏坚持系统治理，结合农村人居环境整治，对乡村生产性生态用地、生活性生态用地、自然生态用地实行差别化保护和管控，对沙化土地、水土流失土地、盐碱土地进行综合治理与生态保护，促进了生态用地的合理利用和生态功能的恢复与提升。同时，宁夏先后印发《关于推进贺兰山生态保护修复的实施方案》《关于推进六盘山生态保护修复的实施方案》《鼓励和支持社会资本参与生态保护修复的实施意见》《关于推进中部干旱带灌草植绿的实施方案》等一系列政策文件，构建了"一河三山"国土空间生态修复格局，通过加强低效林草地、园地、工矿废地、石场采坑等土地资源数量的调查与整理，对中部干旱带1114.53万亩国土面积实

① 《宁夏：做好用地服务 确保重点开工项目应落尽落》，http://nx.people.com.cn/n2/2024/0702/c192493-40898020.html，访问日期：2024年12月17日。

② 《宁夏自然资源厅精准保障2024年度重点项目用地》，http://nx.people.com.cn/n2/2024/1128/c410805-41058042.html，访问日期：2024年12月17日。

③ 《宁夏强化用地保障助推重点项目落地》，https://nx.people.com.cn/n2/2024/0728/c410805-40916351.html，访问日期：2024年12月17日。

施整体性保护和修复工程，提升整治区域内土地质量，为农村地区耕地、建设用地和生态用地提供了政策保障和重要的生态基础。

（二）宁夏全域土地综合整治取得的成效

1. 耕地保护与质量提升成效明显

在全域土地综合整治过程中，宁夏牢牢守住耕地保护红线，着力保护耕地资源，并通过采取一系列有效措施提升土地质量，取得了显著成效。一是耕地质量建设力度加大。在耕地建设方面，宁夏加强永久基本农田质量建设，截至 2023 年底，宁夏完成了耕地和永久基本农田中非耕地的核实处置，通过在永久基本农田保护区和整备区开展高标准农田建设，建成高标准农田 1029 万亩，占耕地面积的 57.1%，耕地质量平均等级达到 6.79，[①]永久基本农田保护面积持续稳定在 1424 万亩[②]。二是耕地规模扩大。通过土地全域综合整治，宁夏实现了初步的耕地面积增加和耕地质量的提升。2024 年，宁夏围绕盐碱地综合利用和耕地提质改造，实施国土综合整治项目 41 个，目前已完工 22 个，全部完工后可新增耕地面积 3 万亩。2014—2024 年，宁夏累计完成土地综合整治规模 102.3 万亩，2020—2024 年，宁夏实现新增耕地 19.3 万亩，耕地数量持续稳定在 1800 万亩以上，连续数年超额完成国家下达的耕地和永久基本农田保护任务。[③]三是积极落实跨省域国家统筹补耕任务。截至 2024 年 7 月，宁夏共申报 12.3 万亩新增耕地跨省域交易，国务院审核批准参与交易 6.7 万亩，资金收益 72.96 亿元，促进了耕地数量增加、农业产量增加、农民收入增加的共赢。总的来看，耕地整治和提质改造不仅有助于提高农田产出、保障粮食安全，还为农业可持续发展提供了坚实基础。

[①]《宁夏力争 2027 年率先在全国实现整省域 1424 万亩永久基本农田全部建成高标准农田》，https://www.nxnews.net/yc/jrww/202311/t20231117_8704032.html，访问日期：2024 年 12 月 17 日。

[②]范文杰：《让"粮田"变"良田"》，https://www.rmzxb.com.cn/c/2023-10-26/3432517.shtml，访问日期：2024 年 12 月 17 日。

[③]杨威：《看宁夏如何破"碱"重生，筑牢良田"耕"基》，https://www.iziran.net/news.html?aid=5330409，访问日期：2024 年 12 月 17 日。

2. 土地资源综合利用效益显著提升

通过土地权改革的一系列举措，宁夏深化土地要素市场化配置，推动土地"存量"转化为经济"增量"，土地综合利用效益明显提升。在土地资源利用方面，宁夏围绕农村承包地、农村宅基地、国有农用地、农村集体建设用地进行土地权改革，截至 2024 年 6 月底，共批准建设项目用地 931 批次（宗）、面积 16.56 万亩。截至 2023 年底，宁夏确权保障了 62.82 万宗农村宅基地与集体建设用地确权登记[①]，农村承包地与农村宅基地确权率分别达到 96.4%、66.4%[②]。积极推进农村集体经营性建设用地入市，通过农村集体经营性建设用地交易系统，宁夏累计入市 56 宗 1209.49 亩（2021 年—2024 年 6 月底），实现土地出让价款 1.04 亿元，村集体分享土地增值收益 4263.55 万元，农村土地潜在价值持续激活显化。[③]同时，宁夏出台节约集约用地 10 条措施，制定具体量化 13 项评价指标，积极推动新兴材料、清洁能源等企业入园入区，促进产业集聚发展，建设用地新增指标 70% 以上用于保障"六新六特六优""六大提升行动"等重点项目。通过盘活低效闲置土地、创新供地方式，有效提高了土地集约节约利用水平，实现了经济、社会和环境效益的协调与共赢。

3. 生态环境显著改善

宁夏积极探索推动土地综合整治与生态保护修复相衔接，并按照山水林田湖草沙系统治理的要求进行有序规划和实施。在农村人居环境整治方面，宁夏通过农村土地综合整治，合理规划布局农业生产区、生态保护区和人居环境区，优化了农村用地结构，提升了农村居民的居住条件和生活品质。在生态保护和修复方面，宁夏突出对贺兰山、罗山、六盘山区域的重点整治和治理。截至 2024 年 10 月底，宁夏"三山"生态区域内完成矿

---

① 《宁夏土地权改革精打细算提升土地利用效益》，http：//nx.people.com. cn/n2/2024/0717/c192482-40914448.html，访问日期：2024 年 12 月 17 日。

② 《宁夏"六权"改革成绩单公布！》，http：//nx.people.com.cn/n2/2024/0718/ c410805-40916351.html，访问日期：2024 年 12 月 17 日。

③ 《宁夏土地权改革精打细算提升土地利用效益》，《宁夏日报》2024 年 7 月 17 日。

山修复和国土整治 56.48 万亩，营造林 425.3 万亩，治理荒漠化土地 270 万亩，治理退化草原 72.07 万亩，保护修复湿地 66.7 万亩，新增水土流失治理面积 2909 平方公里①。

二、宁夏全域土地综合整治存在的主要问题

近几年，宁夏在全域土地综合整治方面做出了较大努力，取得了显著成效，但是也存在指标类项目市场活跃度较低、土地整治与农业产业有效衔接不足、政策协同难度较大等现实问题。因此，全面提升空间利用价值仍然任重道远。

（一）指标类项目市场活跃度较低

2024 年，自然资源部印发《关于学习运用"千万工程"经验深入推进全域土地综合整治工作的意见》中明确提出加强与耕地占补平衡、城乡建设用地增减挂钩、集体经营性建设用地入市等相关政策衔接，完善各类指标交易规则，为全域土地综合整治提供资金支持，因此如何提高新增耕地、建设用地增减挂钩与入市等市场收益价值是推动全域土地综合整治的关键。具体表现在以下两点。一是市场需求不足。许多企业对耕地指标的需求主要集中在特定项目上，而这些项目的数量有限，导致耕地指标的市场交易活跃度较低。同时，由于农业的投资回报周期较长，许多企业在考虑耕地指标的获取时，往往持谨慎态度，进一步制约了市场的活跃性。二是土地指标交易规则与机制不完善。由于建设用地增减挂钩政策实施过程中，宁夏面临拆迁难度大、耕地占补平衡难等问题，这可能导致土地整治项目进展缓慢，影响土地指标的有效供给和市场交易。总的来看，市场交易属性指标和市场活跃度不足不仅降低土地资源的有效利用，还在一定程度上制约农业产业的持续发展。

（二）土地整治与农业产业有效衔接不足

提高土地利用效率、促进农业可持续发展、推进乡村全面振兴是全域

---

① 李锦、裴云云、张唯：《"一河三山"绘新景》，《宁夏日报》2024 年 10 月 22 日。

土地综合整治的目标要求。但从宁夏全域土地综合整治的实际进展来看，土地整治与农业产业有效衔接不足。主要原因如下。一是土地资源的碎片化。宁夏土地资源分散且碎片化严重，不利于统一规划和整合，导致很难形成规模化的农业生产。二是传统农业生产方式阻碍了土地整治与农业产业的有效衔接。宁夏一些地区仍然保持着传统的农业种植方式，缺乏现代化的管理和技术支持，这导致农业产业无法与土地整治的现代化发展相适应，造成了资源的浪费和产业发展水平的滞后。因此，真正从土地要素形成资源、资本、农民多种要素共同获益的利益机制还需进一步探索和实践。

（三）政策协同难度较大

全域土地综合整治过程中政策协同难度较大，这不仅影响了整治效果，也制约了相关政策的有效落实。具体来看，一是部门间协调的复杂性。由于全域土地综合整治涉及多个部门和层级，包括自然资源、农业、环境保护、水利、林业等诸多部门，可能存在治理冲突，"九龙治水""各自为政"问题仍然存在，难以形成合力。二是信息共享机制不健全。各部门之间信息数据共享存在不畅和滞后的问题，导致各部门在政策执行过程中缺乏必要的数据支持与参考，使得决策和执行的有效性大打折扣。

三、宁夏全域土地综合整治的几点建议

全域土地综合整治是深化土地改革的重要平台，更是保障粮食安全、推进乡村全面振兴、促进生态文明建设的有力抓手。运用好该平台可以进一步优化国土空间布局，提升耕地质量与土地生态效益，推进乡村高质量发展。

（一）多途径提高市场交易属性指标的活跃度

宁夏在全域综合整治过程中应针对不同市场交易属性指标拓展不同的市场交易主体，完善新兴市场机制和政策激励机制。一是引导企业多元化投资，发展多项目集成模式。政府可以鼓励企业将目光放在更广泛的农业领域，如现代农业、生态农业等，增加耕地指标需求。推动耕地指标的集中交易，形成多个项目的联动效应。例如，可以将耕地指标与农产品加工、农业观光等项目结合，形成综合开发项目，增加企业的投入感知，从而提

升市场活跃度。二是建立健全市场交易机制。在符合国土空间规划和用途管制要求前提下，推动不同产业用地类型合理转换，探索增加混合产业用地供给。积极探索实施农村集体经营性建设用地入市制度，加快推进城乡统一的建设用地市场建设，统一交易规则和交易平台。整合各类资源交易平台和产权交易平台，建立要素进场交易部门沟通协调机制，积极开展土地二级市场改革、农村产权交易市场多元化服务改革工作。三是完善市场监管机制。建立政府主导、部门协同、上下联动、公众参与的全过程市场监管机制，同时依托国土资源监管系统，建设土地整治规划数据库，将土地整治规划成果数据及时入库进行信息化管理，加强土地整治规划实施进展监管。

（二）多方式促进土地整治与农业产业有效衔接

宁夏在全域土地综合整治过程中应积极探索土地整治与农业产业有效衔接的方法与路径。一是推动土地资源整合与农业适度规模化经营相衔接。政府应加强对土地资源的统筹规划，通过摸清土地现状、合理划分区域功能，统筹整合碎片化的土地资源，持续推进农业产业化、规模化经营。通过合理的补贴或者税收优惠政策，提升土地流转的积极性，进而促进农业生产的规模化和集约化发展。二是完善土地合作机制，建立集体土地托管模式。在土地整治过程中，建立村集体、农民和政府之间的利益协调机制，鼓励村集体将集体土地进行托管，由专业农业经营者负责管理，提高土地集约利用水平。三是推广现代农业技术，建立产学研合作机制。通过引入先进的现代农业技术和管理模式，如数字农业、精准农业等，提高农业生产的科技含量。组织现代农业技术培训，提升农民的农业技能，使其能够适应现代化的生产要求。鼓励高等院校和科研机构与农业企业的合作，开展农业科技创新研究，促进科技成果的转化应用。

（三）健全多部门协同机制

一是建立跨部门协同机制。高位建设协调机构，建立自然资源、农业、生态环境、水利等各部门定期会商机制，多部门共同推进土地综合整治。同时，政府应制定全域土地综合整治的统一政策框架，明确各部门在整治过程中的具体职责和任务，减少部门间的职责重叠和利益冲突。二是建立信息共享平台。不断完善政府信息共享平台，整合各部门的数据资源，确保信息的及时更新与共享。通过大数据、云计算等现代信息技术，将土地利用、环境现状、农作物产量等信息统筹监管，提升数据的统计与分析能力，实现实时数据追踪和反馈，使各部门能在政策实施过程中更有效地决策和调整措施。

健全打好黄河"几字弯"攻坚战体制机制对策研究

景耀春　王会奇　李新志

深入学习贯彻党的二十届三中全会精神和习近平总书记考察宁夏重要讲话精神，探索林草领域进一步全面深化改革的实践路径，聚焦健全打好"三北"工程黄河"几字弯"攻坚战体制机制创新，确保在深入调研的基础上，提出有效的对策建议。

一、基本情况

黄河"几字弯"攻坚战是"三北"工程三大标志性战役之一，涉及晋蒙陕甘宁 5 个省区。宁夏是唯一全境纳入黄河"几字弯"攻坚战的省区。自治区党委政府高位谋划、全力推动，召开党委全委会专题研究部署，规划"三北"工程黄河"几字弯"攻坚战治理总任务 820 万亩，到 2027 年在全国率先提前 3 年完成攻坚战任务。截至 2024 年 11 月，已累计完成攻坚战治理面积 300 万亩，占总任务的 36.6%。

（一）建立健全体系化保障机制

编制完成区、市国土空间规划，印发《关于优化国土空间开发保护格

作者简介　景耀春，宁夏回族自治区林业和草原局生态修复处处长；王会奇，宁夏生态林业基金管理站综合科科长；李新志，宁夏回族自治区林业和草原局生态修复处副处长。

局的实施意见》《关于加强生态保护红线管理的实施意见》，坚守生态保护红线，强化自然生态空间保护修复。坚持全方位布局、系统化构建、多层次推进，出台生态建设"1+4"系列文件，编制《宁夏防沙治沙规划（2021—2030年)》，修订《宁夏三北工程总体规划》等，印发《宁夏回族自治区科学绿化试点示范区建设实施方案》，结合高标准农田建设、土地综合整治、盐碱地改良推进农田防护林网建设，全面构建目标明确、分工合理、措施有力的政策制度体系。

（二）建立健全统筹协调工作机制

区、市、县三级均成立由党委、政府主要领导任双组长的领导小组和政府分管领导为组长的工作专班，全面设立区、市、县、乡、村五级林长，建立林长制组织体系、制度体系、责任体系和考核体系，将黄河"几字弯"攻坚战纳入地方党政领导班子和领导干部政绩考核内容，全面压紧压实"三北"工程黄河"几字弯"攻坚战责任。在全国率先将省级林草部门升格为政府直属机构，2市11县（区）独立设置林草机构，全面充实林草基层力量。

（三）建立政策激励支持机制

按照"政府主导、多元投入、市场配置、社会参与"的原则，出台《关于加强财政支持生态文明建设办法》《鼓励和支持社会资本参与生态保护修复的实施意见》《宁夏回族自治区深化集体林权制度改革实施方案》等，完善政策机制，拓宽投资渠道，构建以中央和自治区财政为主、市县区财政配套为辅、社会资本参与的多元化投入机制，谋划申报"三北"工程等重点项目26个。

（四）建立健全协同合作机制

与国家林草局三北局建立局省联合包抓工作、陕甘宁蒙4省（区）5市签署联防联治框架合作协议，强化区域联防联治。建立林草资源行政执法与检察监督协作机制，形成行政执法和检察监督保护合力，以"检察蓝"护航"林草绿"。发挥人民楷模王有德、全国防沙治沙先进个人唐希明示范带动作用和治沙团队技术优势，建设人民楷模示范林，带动防沙治沙工作再上新台阶。

（五）建立健全水资源节约利用机制

在全国率先开展"四水四定"先行先试，出台"四水四定"实施方案、制定节水评价技术导则、实现跨省域水权交易，成为黄河流域第一个与上下游省区建立生态补偿机制的省区。印发《关于加强水资源节约保护的实施意见》，充分考虑水资源时空分布和承载能力，根据不同区域水资源条件，科学确定营造林和防沙治沙模式，做到以水定绿，稳步推进雨养林业。

（六）建立健全科学修复模式

坚持新时代科学治沙要求，统筹森林、草原、湿地、荒漠生态保护修复，打造腾格里沙漠锁边固沙和毛乌素沙地综合治理"2个示范工程"，在全国首次大面积推广刷状网绳草方格治沙、蓝藻沙结皮技术，大范围推广高效植苗实用技术，探索实施"林光互补""草光互补""藤灌结合"生态修复产业模式，建成一批沙漠创意文旅项目，走出了一条沙海"淘金"的新路子。宁夏被列入林草湿荒普查工作试点省区，贺兰县、盐池县列入林草湿荒普查工作试点县，为进一步加强生态保护与利用提供有力支撑。

（七）推广"光伏+"治沙模式

出台《宁夏光伏产业规划（2021—2030年)》，按照国家支持光伏产业发展有关规定，梳理可用于新能源产业用地，充分利用宁夏沙漠土地资源和光热优势，积极推动"光伏+"融合发展，大力实施"光伏+生态"治沙，引进国能集团在宁东、灵武、沙坡头等县区实施"光伏+麦草方格生态修复"等治理模式，通过"板上发电、板间种植、板下修复"，推动光伏开发与沙漠综合治理有机融合，实现区域生态、经济和社会协调发展。

二、存在问题

（一）荒漠化治理面临挑战

宁夏地处干旱半干旱气候区，受水分条件制约，区域植被盖度提升空间在2%左右，最高能达57%左右，无法达到国家70%的非荒漠化标准。宁夏荒漠化及沙化区域受地理环境、自然条件和气候等因素影响，天然植被自然恢复慢，人工植绿成本高，成活率和保存率低，目前中央资金仅支持新造林，无造林后续管护资金，而宁夏地方财力十分有限，造林后续管护资金跟不上，已修复治理成果再次退化风险很高，荒漠化综合治理成果不稳定。

（二）荒漠化区域"光伏＋生态修复"发展不足

一是用地空间制约光伏新能源项目开发。2022年国土变更调查数据显示，宁夏林地面积1473万亩，草地面积2985万亩。根据宁夏林草资源分布现状，结合国土空间规划，按照光伏、风电项目用地限制性因素类型，目前可用于新能源项目林地草地面积不足。二是光伏项目对生态影响机理还缺乏系统研究。宁夏光伏电站对生态环境的影响研究还处于空白，光伏电站区域的生态修复技术和模式处于探索阶段，光伏方阵对生态的影响还需进一步研究。

（三）区域生态环境大保护大治理机制有待完善

一是腾格里沙漠尚未建立区域联防联治机制。腾格里沙漠被内蒙古阿拉善盟、甘肃武威市、宁夏中卫市等三市（盟）行政管辖，受各地治理理念、治理侧重点不同，上下风口联防联治区域行动不同步，影响治沙成效。二是国家公园创建要求高、任务重，环节多、审查严，特别是跨省区创建的贺兰山、六盘山国家公园难度更大，需要联合创建省区密切协作、合力推进机制。三是贺兰山雪豹、六盘山华北豹栖息地"破碎化""孤岛化"，栖息地环境承载力仍比较低，生态廊道沿线森林植被盖度低，贺兰山雪豹种群数量尚未达到雪豹区域性自然生存最低种群数量。

三、对策建议

（一）强化山水林田湖草沙一体化保护和系统治理

1. 牢固树立山水林田湖草沙生命共同体理念

打好"三北"工程黄河"几字弯"攻坚战，必须坚持系统观念，加强山水林田湖草沙一体化保护和系统治理。以"一河三山"生态保护修复为基准线，坚持以水定绿、科学绿化，宜林则林、宜草则草、宜沙则沙、宜荒则荒，实行全方位管理、全要素协调，统筹考虑各方面各要素情况，统筹布局综合治理项目，采取综合措施，实行治沙、治水、治山相结合，着力培育健康稳定、功能完备的森林、草原、湿地、荒漠生态系统，让"塞上江南"越来越秀美。

2. 巩固营造林和防沙治沙成果

加强生态修复成果后期巩固，推动建立生态修复成果管护保障机制，对已建成的年均降水量400毫米以下区域的乔木防护林、已治理相对稳定的半流动沙地，给予专项资金支持。

3. 科学配置生态建设用水

统筹安排"三北"工程黄河"几字弯"攻坚战区域生态用水，在腾格里锁边固沙系统治理示范工程和引黄灌区高标准农田防护林建设配置适量生态用水指标。河流凌期、汛期用于生态建设的用水不计入用水指标。

4. 合理预留农田防护林建设用地

引黄灌区各市、县（区）结合全域土地综合整治、高标准农田建设、盐碱地改良等农田整治项目，通过适当调整土地利用类型和优化用地布局，规划农田防护林建设用地，全面实施农田防护林建设。

5. 探索开展林草融合发展

支持采用"乔灌结合、藤草间作"的生态修复模式，把发展葡萄酒产业同加强生态恢复结合起来，开展贺兰山东麓草原荒漠化治理结合产业发展试点，探索防风固沙、草原改良和培育富民产业融合发展的新路子。

（二）建立健全"沙戈荒"开发利用机制

1. 科学统筹光伏项目布局

一是将光伏项目作为发展新质生产力的重要措施，按照国家支持光伏产业发展有关规定，结合区内光伏新能源资源分布，统筹各地各产业用地需求，完善用地保障，拓展光伏新能源发展空间。二是根据宁夏林草资源分布现状，结合国土空间规划，梳理可用于光伏项目新增使用林地草地，按照自治区光伏发展规划布局，推动吴忠、中卫地区光伏新能源规模化、集中式开发，用好宁东基地、石嘴山采煤沉陷区和区属国企荒地，因地制宜推进分布式光伏发展。

2. 积极探索光伏治沙融合发展路径

坚持生态优先、因害设防、因地制宜的原则，出台相关标准和规程，探索适合宁夏地区的光伏治沙治理模式和措施，开展"林光互补""草光互补"生态修复，推进"板上发电、板间种植（养殖）、板下修复"，进一步促进光伏治沙项目的融合发展。

3. 健全光伏建设环境保护评价机制

加强规划和建设项目环境影响评价等论证工作，采取有针对性的生态环境保护措施，强化对工程规划、设计、建设、管理全过程的监督，采用对地表扰动较小的施工工艺和工程设备，防止加剧风沙危害，最大程度地减少对环境的影响，利用第三方评估机构开展环境保护评价，完成目标的给予奖励，未达标的适当惩处。

（三）建立健全跨省区大保护大治理机制

1. 建立腾格里沙漠跨省区联防联治机制

开展宁夏中卫与内蒙古阿拉善盟、甘肃省武威市联合治沙，建立跨区域合作机制。以腾格里沙漠东南缘宁蒙边界的中卫市沙坡头区和内蒙古阿拉善盟以及沿黄上下游地区为重点，实施退化林改造提升、"光伏+治沙"等，构筑腾格里沙漠宁蒙界"防风阻沙带"。

2. 全面实施毛乌素沙地区域联防联治

按照陕甘宁蒙4省区5市联防联治框架合作协议，实施毛乌素沙地综合治理巩固提升，开展流动沙地治理、半固定沙地巩固提升、草原系统修复治理及生态功能提升，形成协同治沙、管沙、用沙的工作新局面。

3. 协同推进自然保护地体系建设

一是协同推进宁夏与内蒙古、甘肃共同创建贺兰山、六盘山国家公园，加强对贺兰山、六盘山国家公园规划建设的组织领导、统筹谋划、实施建设和保护管理，开展本底调查、保护修复、监测监管等重点任务，形成共同推进国家公园创建和生态保护的工作合力。二是实施宁夏与内蒙古、甘肃雪豹、华北豹种群保护恢复及栖息地生态廊道建设重大项目，从组织领导、科研监测、队伍建设、应急处置、资金保障、国内国际合作六个方面，加快推进雪豹种群恢复保护工作，共同构建雪豹、华北豹栖息地生态廊道，促进我国雪豹、华北豹种群及栖息地发展壮大。

2024 年宁夏大气生态状况分析报告

王林伶

2024 年，宁夏坚决践行绿水青山就是金山银山的理念，以构建清洁能源体系和新型电力系统为主攻方向，持续推动产业结构、能源结构、交通运输结构绿色转型，推动宁夏空气环境质量持续改善，建设天蓝、地绿、水美的美丽新宁夏。

一、宁夏大气生态治理举措及环境空气质量

宁夏以实现减污降碳协同增效为总抓手，以改善生态环境质量为核心，以精准治污、科学治污、依法治污为工作方针，统筹污染治理、生态保护，应对气候变化，保持力度、延伸深度、拓宽广度，以更高标准持续打好蓝天、碧水、净土保卫战，以高水平保护推动高质量发展。

（一）宁夏大气生态治理举措

持续推进大气污染防治攻坚行动，强化"四尘"同治，"五废"联控联治联防，有效应对重污染天气。从加强顶层设计，出台生态修复规划，多方争取政策资金，做大项目资金"盘子"，以"三山"生态修复"回头看"等方面推动环境空气质量提升。

作者简介　王林伶，宁夏社会科学院综合经济研究所所长，研究员。

1. 加强顶层设计，出台生态修复规划

通过贺兰山、六盘山、罗山自然生态修复，系统性推动生态功能逐步增强，绿廊、绿带、绿网接续联通。编制《宁夏回族自治区国土空间生态修复规划》，指导各市、县（区）加快编制市县级修复规划。编制《关于推进六盘山生态保护修复的实施方案》，优化六盘山生态功能区整体布局，加快推动各类自然公园保护、西华山国家级草原自然公园建设等具体任务措施。全境纳入黄河"几字弯"攻坚战，巩固贺兰山生态治理修复成效，统筹推进整体性保护、系统性修复、融合性发展、多样性维护，提升防风固沙、水源涵养、生物固碳功能①。

2. 多方争取政策资金，做大项目资金"盘子"

成功申报六盘山山水林田湖草沙一体化保护和修复工程，获得中央 20 亿元专项资金支持，目前 73 个项目已开工建设，开工率 70.87%，完成投资 9.78 亿元。指导银川、石嘴山、吴忠市联合申报黄河上游风沙区（宁夏中北部）历史遗留废弃矿山生态修复工程，获得国家 3 亿元支持，自治区及市县配套 2.04 亿元，实施 18 个子项目。同时，持续探索社会化治理修复路径，构建多元化资金投入机制，促使生态保护修复与生态产业发展有机融合，推动绿水青山不断向金山银山转化。

3. 以"三山"生态修复"回头看"推动环境空气质量提升

宁夏生态环境厅及相关部门组织行业专家和技术人员，深入一线，对贺兰山、六盘山、罗山等生态保护修复项目进行"回头看"，逐项督导核实重点项目实施情况，就生态修复工程建设、矿山生态修复以及砂石土矿生态修复等工程进行复查，致力于构建项目全生命周期管理机制。②通过全过程监管促进工程实施及资金支付进度，指导相关市、县解决项目实施过程中疑难问题，督促进展滞后项目准确查找原因、解决问题；督促项目建设单位在确保安全和质量的基础上，提高工作效率、加快实施进度，以实绩

---

① 张唯：《系统"疗法"提升六盘山生态功能》，《宁夏日报》2023 年 11 月 3 日。
② 张唯：《宁夏生态保护修复重大项目建设提速冲刺》，《宁夏日报》2024 年 11 月 13 日。

实效持续推进生态保护修复重大项目建设，确保治理区域植绿复绿，以提高环境空气质量。

（二）宁夏五市环境空气质量综合指数与排名

宁夏积极采取多种措施来降低污染物排放总量与强度，确保实现年度目标任务，在空气质量治理上取得了阶段性成效。从2024年1—10月环境空气质量监测、环境空气质量综合指数、优良天数比例和各个月份综合排名情况可以看出，宁夏（不含宁东基地）环境空气质量综合指数为3.64，空气质量同比得到了改善，改善率为0.3%。从区域分布来看，在宁夏5市中固原市空气环境质量最好，已经连续多年排在第一位，其次是中卫市，吴忠市排名第三，银川市排名第四，石嘴山市排名第五（见表1）。

表1　2024年1—10月宁夏五市环境空气质量综合指数与排名

月份	指标		全区	银川市	石嘴山市	吴忠市	固原市	中卫市
10月	平均浓度（ug/m³）	可吸入颗粒物	55	62	60	62	32	60
		细颗粒物	27	33	31	28	17	27
		二氧化硫	10	10	16	12	5	9
		二氧化氮	28	35	32	29	18	28
		一氧化碳	0.9	1.0	1.4	0.8	0.6	0.6
		臭氧	105	104	104	111	103	104
	环境空气质量综合指数		3.31	3.78	3.82	3.50	2.27	3.28
	优良天数比例(%)		99.4	100.0	96.8	100.0	100.0	100.0
	综合排名		—	4	5	3	1	2
9月	平均浓度（ug/m³）	可吸入颗粒物	47	50	47	48	29	60
		细颗粒物	23	29	26	19	16	23
		二氧化硫	8	7	12	10	6	7
		二氧化氮	17	20	20	17	10	16
		一氧化碳	1.0	1.1	1.4	0.8	0.7	0.8
		臭氧	125	133	135	122	112	124
	环境空气质量综合指数		2.91	3.27	3.30	2.78	2.10	3.02
	优良天数比例(%)		98.7	100.0	100.0	100.0	100.0	93.3
	综合排名		—	4	5	2	1	3
8月	平均浓度（ug/m³）	可吸入颗粒物	48	45	41	48	40	68
		细颗粒物	20	24	19	18	17	23

续表

月份	指标		全区	银川市	石嘴山市	吴忠市	固原市	中卫市
8月	平均浓度（ug/m³）	二氧化硫	9	8	14	11	6	6
		二氧化氮	15	16	17	14	11	15
		一氧化碳	0.6	0.7	0.8	0.6	0.5	0.6
		臭氧	150	151	156	164	133	145
	环境空气质量综合指数		2.88	2.98	2.96	2.90	2.39	3.17
	优良天数比例(%)		89.0	96.8	87.1	80.6	93.5	87.1
	综合排名		—	4	3	2	1	5
7月	平均浓度（ug/m³）	可吸入颗粒物	75	79	84	83	46	84
		细颗粒物	29	34	32	29	20	31
		二氧化硫	10	11	17	11	6	5
		二氧化氮	17	20	21	15	13	18
		一氧化碳	0.6	0.6	0.8	0.6	0.6	0.5
		臭氧	171	187	184	176	150	156
	环境空气质量综合指数		3.71	4.10	4.26	3.83	2.74	3.72
	优良天数比例(%)		65.2	48.4	45.2	54.8	93.5	83.9
	综合排名		—	4	5	3	1	2
6月	平均浓度（ug/m³）	可吸入颗粒物	64	77	72	73	30	68
		细颗粒物	24	30	29	26	13	24
		二氧化硫	10	11	16	10	5	7
		二氧化氮	19	21	24	19	13	18
		一氧化碳	0.6	0.6	1.0	0.5	0.4	0.5
		臭氧	167	167	182	180	148	160
	环境空气质量综合指数		3.44	3.85	4.12	3.67	2.22	3.35
	优良天数比例(%)		74.6	73.3	53.3	63.3	100.0	83.3
	综合排名		—	4	5	3	1	2
5月	平均浓度（ug/m³）	可吸入颗粒物	84	83	93	87	52	105
		细颗粒物	31	32	32	31	20	39
		二氧化硫	9	11	14	10	4	8
		二氧化氮	19	23	23	18	15	17
		一氧化碳	0.6	0.6	0.9	0.5	0.4	0.4
		臭氧	168	180	188	162	159	152
	环境空气质量综合指数		3.92	4.13	4.45	3.88	2.85	4.21
	优良天数比例(%)		74.2	64.5	58.1	77.4	90.3	80.6
	综合排名		—	3	5	2	1	4

续表

月份	指标		全区	银川市	石嘴山市	吴忠市	固原市	中卫市
4月	平均浓度（ug/m³）	可吸入颗粒物	152	112	168	128	127	227
		细颗粒物	46	37	47	42	39	67
		二氧化硫	10	12	16	10	5	7
		二氧化氮	22	26	25	22	16	20
		一氧化碳	0.6	0.7	0.8	0.5	0.5	0.4
		臭氧	134	140	138	134	132	128
	环境空气质量综合指数		5.19	4.57	5.69	4.71	4.34	6.67
	优良天数比例(%)		74.0	80.0	76.7	73.3	73.3	66.7
	综合排名		—	2	4	3	1	5
3月	平均浓度（ug/m³）	可吸入颗粒物	122	100	113	126	106	163
		细颗粒物	37	34	33	39	31	47
		二氧化硫	12	14	20	12	7	8
		二氧化氮	25	31	27	23	18	25
		一氧化碳	0.8	1.0	1.1	0.8	0.6	0.6
		臭氧	114	111	117	117	117	110
	环境空气质量综合指数		4.53	4.35	4.57	4.62	3.85	5.24
	优良天数比例(%)		78.1	87.1	80.6	77.4	83.9	61.3
	综合排名		—	2	3	4	1	5
2月	平均浓度（ug/m³）	可吸入颗粒物	152	156	152	174	114	166
		细颗粒物	60	59	63	62	49	68
		二氧化硫	11	11	21	10	6	8
		二氧化氮	22	25	23	21	17	22
		一氧化碳	1.1	1.2	1.2	1.1	1.1	1.0
		臭氧	92	92	94	96	89	88
	环境空气质量综合指数		5.47	5.60	5.79	5.83	4.39	5.79
	优良天数比例(%)		64.8	65.5	69.0	62.1	72.4	55.2
	综合排名		—	2	4	5	1	3
1月	平均浓度（ug/m³）	可吸入颗粒物	95	101	106	91	67	111
		细颗粒物	50	57	61	46	34	54
		二氧化硫	21	25	41	19	7	15
		二氧化氮	39	48	44	37	26	38
		一氧化碳	1.7	2.0	2.5	1.6	1.1	1.2
		臭氧	80	74	76	83	86	80
	环境空气质量综合指数		5.04	5.65	6.13	4.77	3.52	5.13

续表

月份	指标	全区	银川市	石嘴山市	吴忠市	固原市	中卫市
1月	优良天数比例(%)	80.0	77.4	74.2	83.9	96.8	67.7
	综合排名	—	4	5	2	1	3

资料来源：宁夏回族自治区生态环境厅网站及银川市、石嘴山市、吴忠市、固原市、中卫市生态环境局网站相关资料整理所得。

说明：1. 环境空气质量自动监测项目为二氧化硫（SO_2）、二氧化氮（NO_2）、可吸入颗粒物（PM_{10}）、细颗粒物（$PM_{2.5}$）、一氧化碳（CO）、臭氧（O_3）；2. 综合排名采用环境空气质量综合指数和优良天数比例两种方法相结合，环境空气质量综合指数越小，表示环境空气质量越好，优良天数比例越高表示环境空气质量越好。

二、当前宁夏空气质量提升面临的问题和挑战

宁夏在大气治理与生态环境保护工作上取得了一定成效，但还存在大气污染治理成效不稳固、空气优良天数同比下降、重点领域环境治理水平和能力有待提高、山水林田湖草沙生态保护修复的协同效应不够，还需持续关注，科学应对。

（一）多因素影响，空气优良天数下降

环境空气质量受沙尘、静稳、高湿等气象条件影响明显，持续多雾天气增多，空气扩散缓慢。颗粒物存在较大反弹，春季和冬季 PM_{10} 和 $PM_{2.5}$ 浓度同比增高，臭氧污染明显加重。大气污染受外源影响较大，协同治理力度不够。2024 年 1 月至 9 月，宁夏共发生污染天数 61.2 天，优良天数比率 77.6%，同比减少，但与国家下达目标仍有差距，环境质量持续改善压力大。

2024 年 1—10 月，从环境空气质量综合指数看，宁夏（不含宁东基地）环境空气质量改善不明显，主要污染物为 $PM_{2.5}$、浓度为 29 毫克/立方米，同比上升了 7.4%，表现为 $PM_{2.5}$ 浓度升高。从 5 市及宁东基地环境空气质量综合指数看，固原市、中卫市两市环境空气质量变差，银川市、吴忠市、石嘴山市、宁东基地环境空气质量有所改善，主要污染物为 $PM_{2.5}$，浓度同比均上升，说明空气环境变差。

具体分析：银川市环境空气质量综合指数为 4.08，空气质量与上年同期相比得到了明显改善，改善率为 3.1%，主要污染物为 $PM_{2.5}$，浓度为 34

毫克/立方米，同比上升了13.3%，表现为PM$_{2.5}$浓度变差。石嘴山市环境空气质量综合指数为4.13，空气质量同比得到了改善，改善率为2.6%，主要污染物为PM$_{2.5}$，浓度为31毫克/立方米，同比上升了3.3%，表现为PM$_{2.5}$浓度变差。吴忠市环境空气质量综合指数为3.62，空气质量同比得到了改善，改善率为0.5%，主要污染物为PM$_{2.5}$，浓度为28毫克/立方米，与上年同期相比，PM$_{2.5}$浓度持平。固原市环境空气质量综合指数为2.80，空气质量同比变差，首次上升了1.1%，主要污染物为PM$_{2.5}$，浓度为21毫克/立方米，同比上升了5.0%，表现为PM$_{2.5}$浓度变差。中卫市环境空气质量综合指数为3.55，空气质量同比变差，上升了4.1%，上升的幅度变大，治理的压力增大，主要污染物为PM$_{2.5}$，浓度为30毫克/立方米，同比上升了11.1%，表现为PM$_{2.5}$浓度变差。宁东基地环境空气质量综合指数为3.52，空气质量同比得到了改善，改善率为1.7%，主要污染物为PM$_{2.5}$，浓度为23毫克/立方米，同比上升了9.5%，表现为PM$_{2.5}$浓度变差。

（二）重点领域环境治理水平和能力有待提高

宁夏一些行业（如煤炭、电力等）在生产过程中产生的粉煤灰等固体废弃物数量庞大，但这些废弃物的利用率相对较低，不仅造成了资源的浪费，也对环境造成了潜在的污染风险。此外，建筑垃圾的处置和利用能力也存在不足，在一定程度上限制了城市可持续发展的进程。部分工业园区在规划和运营过程中缺乏循环经济的理念，导致资源型、原料型产业以及初级产品的比重较大，而高附加值、高技术含量的产品比重较小。这种产业结构的不平衡，不仅影响了宁夏经济的转型升级，也降低了资源及"三废"（废水、废气、固体废弃物）的综合利用效率。

（三）山水林田湖草沙生态保护修复的协同效应不够

在生态保护修复领域，尤其是山水林田湖草沙一体化保护和系统治理，协同效应尚显不足。以六盘山"山水工程"项目为例，当前的修复工作还未能充分体现系统观念。项目在实施过程中，往往重视地表植被的恢复，而忽视了生态系统结构的完整性和复杂性。这种修复手段和目标的单一性，导致了山水林田湖草沙各生态要素之间的相互作用和衔接不足，未能全面体现生态修复的整体性、系统性、关联性。修复中需要深入研究水资源、土壤结构、适生植物等关键生态要素，并探索要素之间的互补作用。同时，生态修复的新技术和新路径探索有待深化。水资源的合理配置和利用，对于维持生态系统的水循环和生物多样性至关重要；土壤结构的改善，直接关系到植物生长和土壤碳储存能力；适生植物的选择和配置能够优化生态系统服务功能，提高生态修复的效率和效果。

三、2025 年宁夏环境空气质量预测与建议

（一）2025 年宁夏环境空气质量预测

根据 2024 年 1—10 月环境空气质量监测数据和优良天数变化趋势，预计 2025 年宁夏 5 市平均优良天数比例范围将在 45% 至 100% 之间。预测优良天数比例能达到 90% 至 100% 的城市为固原市，优良天数比例在 60% 至 90% 之间的城市分别是中卫市、吴忠市、银川市和石嘴山市（见图 1）。

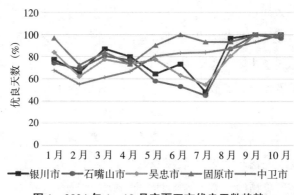

图 1　2024 年 1—10 月宁夏五市优良天数趋势

资料来源：宁夏回族自治区生态环境厅网站及银川市、石嘴山市、吴忠市、固原市、中卫市。

（二）对策建议

以黄河流域生态保护和高质量发展先行区建设以及构建绿色生态屏障为目标，以改善环境质量为核心，强化工业污染物排放管控，打好绿色低碳转型整体战，厚植高质量发展生态底色，推进环境空气质量改善。

1. 加强技术手段和联防联治，持续打赢蓝天保卫战

在大气污染防治上下功夫，聚焦污染物和污染源，提高预报预警水平和精细化管控水平，综合运用卫星遥感、热点网格、高空瞭望、在线监控、

走航监测、遥感监测等科技手段，扎实开展城市建成区黑臭水体排查治理，深入推进工业废水源头治理，确保实现工业废水零排放，严厉打击生态环境违法行为，降低水污染对大气环境带来的影响。构建生态环境和资源保护协同共治机制，强化信息资源共享，确保相关指标在地区间、行业间和领域间实现统一或者互认，增进联合执法一致性。持续推进散煤治理、燃气锅炉综合整治，推动精准减排，推动大气污染治理提档升级。加快与宁夏周边市县地区建立联席会议制度，完善上下游、左右岸、各地区、各区域协同共治机制，确保打赢蓝天、碧水保卫战。

2. 强化工业领域节能改造升级，推进资源能源循环利用

实施重点行业节能降碳工程，在钢铁、铁合金、电解铝、水泥、电石等重点领域开展新一轮节能降碳技术改造，提高粉煤灰、脱硫石膏等大宗固废的资源化利用率，实现减污降碳协同增效。通过研发新技术、新工艺，"变废为宝"，如建材、肥料等，从而减少大气环境污染，实现资源的循环利用。选择一批基础较好、代表性较强的企业实施绿色改造，加强先进节能节水环保低碳技术、工艺、装备推广运用，建设绿色供应链，创建绿色工厂，开展绿色设计示范试点，促进传统产业绿色低碳转型，从源头降低污染物排放量。推动工业园区向循环经济转型，通过政策引导和技术支持，鼓励工业园区内的企业采用清洁生产技术，提高资源利用效率，减少废弃物的产生，建立园区内企业间的资源共享和循环利用机制，形成闭环产业链。同时优化产业结构，减少资源型、原料型产业的比重，增加高附加值、高技术含量产品的比重，促进产业升级，提高区域经济的整体竞争力。

3. 强化山水林田湖草沙一体化保护和系统治理，拓展绿水青山转化为金山银山的实现路径

从宁夏实施的"山水工程"项目建设实践来看，生态环境的系统修复既符合自然规律，也更具实际效果，因此必须把"山、水、林、田、湖、草、沙"各个生态要素充分考虑到整个项目体系中，系统规划、深度融合、整体推进，宜林则林、宜草则草、宜沙则沙、宜荒则荒，打通生态安全节点、生物迁徙通道堵点、绿色廊道建设难点，及时总结贺兰山"山水工程"项目实施的成功经验，运用于六盘山"山水工程"项目建设中，积极探索

和研究"山水工程"建设的新技术、新模式、新路径。同时积极拓展绿水青山转化为金山银山的实现路径，将"山水工程"项目治理成果充分运用和体现在产业发展中，推动生态保护与产业发展深度融合，促进生态产业化、产业生态化，培育推广生态产品走向市场。继续深化"六权"改革，支持出让、转让、抵押、入股等市场交易，建立碳汇交易平台、丰富交易品种，逐步实现碳产品交易。完善鼓励社会资本参与生态保护修复政策措施，开展部分自然资源特许经营试点，引导创造生态产业新业态、新模式、新经济。

绿色低碳篇

LÜSE DITAN PIAN

加快建设国家农业绿色发展先行区研究

周　婷　李晓明

绿色，是高质量发展的底色，更是农业的本色。农业绿色发展，是推动乡村全面振兴的必然要求，是我国农业可持续发展的必由之路。习近平总书记指出，"让美丽乡村成为现代化强国的标志、美丽中国的底色""中国要美，农村必须美"，而农业则必须实现绿色发展。党的十八大以来，我国农业绿色发展的体制机制不断完善，成效显著，不仅提升了农业生产效率，更促进了生态环境的保护与改善。宁夏坚决践行习近平总书记关于"三农"工作的重要论述，贯彻党中央决策部署，聚焦粮食安全和"六特"产业高质量发展，从农业绿色发展模式集成、绿色产业体系打造、绿色政策机制构建上先行先试，大力推广绿色技术、总结绿色发展典型模式，着力推进建设国家农业绿色发展先行区，取得了显著成效[①]。

一、农业绿色发展研究综述

推动农业绿色发展，是全面贯彻落实绿水青山就是金山银山理念的主战场，是促进农业高质量发展的根本要求，也是建设美丽中国的重要任务，

作者简介　周婷，宁夏农村经济经营管理站农业经济师；李晓明，宁夏社会科学院农村经济研究所（生态文明研究所）助理研究员。

①马军：《我区扎实推进国家农业绿色发展先行区建设》，《华兴时报》2023年12月25日。

对推进中国式现代化建设、实现中华民族永续发展意义重大。目前我国农业绿色发展理论性研究主要有以下几个方面：

（一）农业绿色发展的模式及困境

区域农业绿色发展的路径或模式从现实困境和理论背景上来看，有其必要性和紧迫性。我国社会经济发展水平已经到达实施农业生态转型的拐点，采取适当技术和管理措施，克服面临的各种挑战，积极推进生态农业建设，进一步发挥我国传统农业和政府主导的优势，将有利于我国顺利完成农业的生态转型[1]。专家学者通过对国内外生物质涉农企业经营领域的实证研究，明确基于生物经济的新型农业体系能够作为农业绿色转型的"革命性未来农业"目标模式，优化生物技术平台、实验基础设施共享平台、投融资服务平台、成果转化平台等综合平台建设，为生物技术产品系统集成化创新与产业化发展，特别是源头技术创新提供长期稳定的基础保障与必要的支撑条件[2]。

（二）农业绿色发展与资源环境的关系

农业绿色发展的基本内涵是以绿色发展理念为引领，以优质农产品和农业生态产品持续供给为目标，以资源节约型、环境友好型和生态保育型技术、装备为支撑，逐步建立生产生活生态相协调的多功能农业生态体系的发展过程。在"双碳"目标下，农业低碳发展问题成为要解决的重要问题[3]。面对现阶段我国智慧农业绿色发展现状及存在的农业生产组织模式分散、市场驱动力不足、技术设备创新能力不强、科技人才储备不足等问题，专家学者从规模经营、发展机制、技术创新和人才四个维度提出了相应对策建议[4]。通过分析我国农业绿色低碳发展的时空变化，从"降碳、减污、

---

①骆世明：《农业生态转型态势与中国生态农业建设路径》，《中国生态农业学报》2017年第1期。

②邓心安：《基于生物经济的产业融合与绿色转型》，《人民论坛》2022年第17期。

③余亮：《湖南农业绿色发展及其影响因素分析》，博士毕业论文，湖南农业大学，2021年。

④史絮：《"双碳"目标下智慧农业绿色发展问题研究》，《农业经济》2024年第9期。

扩绿、增长"四个维度构建指标体系，提出利用西部地区的自然资源优势，发展特色农业和生态农业提高产品的附加值[①]，为制定地区发展策略和推动农业绿色低碳转型提供依据。

（三）农业绿色发展的支持政策

强化农业绿色发展政策的支持，可以促进和保障农业产业结构向绿色化、低碳化发展。一是政府补贴政策方面。专家学者认为应做好农业绿色发展的整体规划、实施重点突出的差异化区域财政政策，优化财政支持农业绿色发展的制度设计、发挥财政政策导向作用，拓宽融资渠道，建立多元化投入机制，加大对农业绿色发展的财政支持力度，重点扶持农业龙头企业，强化绿色农产品生产的保障措施[②]。在农业绿色发展政策激励机制下，政府通过教育、补贴和法律法规等政策激励方式有效促进农户对农业绿色生产方式的采纳，倾向于选择农业绿色发展。二是农业绿色发展技术推广方面。农业绿色发展技术推广对提升耕地地力和提高粮食单产水平有积极影响。促进农产品的循环利用、高值利用和梯次利用，建立农业绿色创新系统，推进农业绿色技术与信息技术的结合，推动农业生产过程全程精细化管理，提高资源利用效率，促进技术、标准、数字体系与产业、经营、政策的结合，提升农业现代化发展水平[③]。三是绿色金融政策支持方面。农业绿色转型升级的过程需要大量资金的投入，所以亟需绿色金融的介入[④]；发展绿色金融能为农业绿色发展的相关企业提供资金保障，助力农业绿色发展项目拓展，进而扩大农村农业绿色发展规模[⑤]。

---

①刘桉志、杨树果：《中国农业绿色低碳发展的时空特征、区域差异及影响因素》，《农业资源与环境学报》2024年第5期。

②胡舜、余华等：《推进湖南农业绿色发展的财政政策优化研究》，《湖南财政经济学院学报》2019年第1期。

③王欣、宋燕平、陈天宇等：《中国农业绿色技术的发展现状与趋势——基于CiteSpace的知识图谱分析》，《中国生态农业学报》2022年第9期。

④杨世伟：《绿色金融支持乡村振兴：内在逻辑、现实境遇与实践理路》，《农业经济与管理》2019年第5期。

⑤陈燕燕：《绿色金融对农村企业绿色发展的影响研究》，《农业经济》2021年第12期。

二、宁夏建设国家农业绿色发展先行区的经验做法及主要成效

宁夏建设国家农业绿色发展先行区，是由农业农村部、国家发改委等8部委于2020年12月批复建设的，是全国3个整省域创建的农业绿色发展先行区之一（浙江省2017年批复，海南省2019年批复），建设成效显著。

（一）农业绿色发展的制度保障不断健全

宁夏第十二次党代会明确提出要"大力实施生态立区战略"，第十三次党代会提出"实施生态优先战略、打造绿色生态宝地"，先后制定《关于进一步加强生物多样性保护的实施意见》《宁夏回族自治区自然资源保护和利用"十四五"规划》《关于建设黄河流域生态保护和高质量发展先行区的实施意见》以及自治区党委十三届五次全会对新征程全面加强生态环境保护、推进美丽宁夏建设作出全面部署，印发自治区生态文明建设"1+4"系列文件①等政策方案，宁夏建设国家农业绿色发展先行区的制度保障进一步健全。

（二）农业资源集约利用水平稳步提升

宁夏积极创建全国现代高效节水农业示范区，加快创建全国整省域高标准农田示范区，始终把提高农业综合生产能力摆在突出位置，持续推动高效节水农业和高标准农田建设量质齐增。一是强化耕地资源管理监督。常态化开展耕地保护管理督导检查，坚决遏制耕地"非农化"，防止"非粮化"，为夯实国家粮食安全根基打牢基础。印发《宁夏耕地质量监测与保护提升规划（2021—2030年)》，进一步明确耕地保护与质量提升目标任务、技术路径、工程措施，为推进农业农村高质量发展奠定了坚实基础。二是强化耕地质量提升。积极推进山水林田湖草沙一体化保护和系统治理，持续推进高标准农田建设。截至2023年底，累计建成高标准农田1035万亩，

---

①说明："1+4"系列文件指《关于深入学习贯彻习近平总书记重要讲话精神、全面推进新征程生态文明建设、加快建设美丽宁夏的意见》及环境整治、生态修复、绿色发展、组织保障4类专项文件。

占 1805 万亩耕地面积的 57.4%、1424 万亩永久基本农田面积的 72.7%。建立耕地质量长期定位监测点 47 个，持续开展高标准农田耕地质量监测。三是强化水资源高效利用。扎实推动"三个百万亩"现代高效节水工程建设，大力推进高效节水设施建设和推广水肥一体化高效节水技术。截至 2023 年底，累计发展高效节水农业 564 万亩，占 1057 万亩灌溉面积的 53.3%，农田灌溉水有效利用系数达到 0.579。

（三）农业农村环境保护力度不断增强

坚持源头管控、过程监督、末端利用，扎实推进农业农村环境保护，推动宜居宜业和美乡村建设。一是扎实推进化肥农药减量行动。利用项目带动，大力推广化肥减量增效技术 1590 万亩次，大力推广农作物病虫害专业化统防统治及绿色防控技术，化肥、农药利用率分别提高到 41.5% 和 41.8%，化肥农药使用强度分别下降到 22.1 公斤/亩和 0.05 公斤/亩。二是扎实推进农业废弃物资源化利用。建立"农户（作业公司）+回收网点+加工（处理）企业"的残膜回收利用处理模式，残膜回收利用率达 88% 以上。持续推进农作物秸秆综合利用，推动建立秸秆利用与财政支持挂钩的激励机制，示范推广秸秆综合利用关键技术，秸秆综合利用率达到 90%，5 个试点县实现秸秆全量化利用。以标准化规模养殖场建设为抓手，持续推进畜禽粪污、渔业尾水资源化、无害化循环利用，全面推广种养结合、清洁回用、达标排放等 9 种资源化利用模式，水产生态健康养殖场达到 72 个，畜禽粪污资源化利用率达到 90%。三是扎实做好农业资源环境监测保护。全区布设农产品产地土壤及农产品重金属协同监测点 314 个、黄河流域监测断面 75 个，完成 156 亩受污染耕地重金属防治样板示范区建设，耕地土壤安全利用率达到 100%。

（四）绿色农业产业体系初具规模

按照全产业链开发、全价值链提升的思路，深入实施特色农业提质计划，全力保障粮食生产安全和"六特"产业绿色发展。一是持续抓好绿色农产品提质增效。聚焦粮食生产和"六特"产业绿色高质量发展，大力实施产业提质计划、产业体系升级行动。截至 2023 年底，酿酒葡萄、枸杞种植面积分别达到 60.2 万亩、32.5 万亩；奶牛存栏达到 92 万头，同比增长

9.9%，生鲜乳产量 430.6 万吨、居全国第 3 位；肉牛、滩羊饲养量分别达到 242.4 万头、1563.8 万只，分别增长 8.1%、10.7%；冷凉蔬菜种植面积达 296.7 万亩，总产量 794.8 万吨，有效保障了绿色农产品的供给。二是突出抓好绿色农产品精深加工。按照全产业链开发、全价值链提升思路，抢抓预制菜产业发展机遇，突出抓好绿色农产品精深加工，农产品加工转化率达 72.5%，"六特"产业产值占农林牧渔业总产值的比重达 73.5%，农业特色产业质量效益和竞争力进一步增强。三是着力抓好绿色农产品品牌建设。大力实施质量兴农、品牌强农战略，累计培育特色农业品牌 647 个、区域公用品牌 20 个，在全国授牌建设宁夏农产品品牌店 95 家，贺兰山东麓葡萄酒、中宁枸杞、盐池滩羊品牌价值由 2021 年的第 9、第 15、第 43 位分别上升到 2024 年的第 7、第 13 和第 30 位。7 个产品品牌进入中国农业品牌目录，"原字号""老字号""宁字号"绿色农产品品牌溢价能力实现了明显提升。

（五）生态空间修复治理成效显著

聚焦打造生态宝地，依托北部绿色发展区防护林、中部防沙治沙、南部水源涵养等重点生态工程，不断提升林草湿碳汇增量。启动科学绿化示范项目建设，推进森林可持续经营试点工作，组织实施退化草原修复、种草改良等工程，开展全区草原禁牧封育成效综合评价。

三、面临的问题和挑战

宁夏经济发展相对落后，水土资源约束趋紧，生态保护重任在肩，特别是在农业发展方式转型的关键时期，农业绿色发展仍面临发展动力不足和提升发展质量的双重挑战。

（一）农业资源禀赋不优

宁夏地处西北内陆，是全国水资源最为匮乏的地区之一，人均占有水量 197 立方米，仅为全国平均值的 1/12，干旱指数达 4.3，受水资源条件限制，优质耕地少、低产旱地多，水浇地占比不高。耕地质量整体不高且可开发利用的耕地后备资源不足，没有一到四等的高产田，耕地质量平均为 6.85 等，与全国 4.76 等的平均等级差距较大，旱耕地占耕地总量的 55%，超过全国平均水平的 1/3，中度和重度盐碱地占 40.9%。

（二）农业绿色生产水平不高

产业小、散、弱等问题仍然存在。如，奶牛标准化养殖场比例已达 90%以上，但肉牛、肉羊散养户多，标准化水平低，影响整体畜禽标准化养殖比例指标。农业"三品一标"建设仍然滞后，覆盖农业生产全过程的种植、加工、运输等环境标准化体系不健全，产业链延伸不够，大部分农产品以原料生产或还停留在"粮去壳""菜去帮""牛变肉"的初加工阶段，农产品加工转化率仅为 71%。品牌影响力和价值还不够高，缺少品牌知名度高的产品，绿色优质的特色和优势还没有充分显示出来，溢价水平和附加值有待进一步提升。

（三）科技支撑能力不强

影响农业绿色发展的关键技术攻关不够，盐碱地改良、耐旱耐盐碱品种育种创新水平不高，设施农业、葡萄和枸杞采摘等机械化率还需持续提升。农业科研院校主要从单项关键技术开展研究，未聚焦产前、产中、产后全过程开展技术集成研究，绿色技术系统化不够，全产业链绿色技术模式成果少。

（四）农业面源及环境污染亟待治理

在农业生产过程中，宁夏化肥、农药、农膜等投入依然较高。黄河灌溉农业区化肥农药减量增效任务依然艰巨，瓜菜生产集中区尤为突出，亩均施用量均高于全国平均水平。加之养殖业发展快速，产生的大量畜禽粪便及农业废弃物等还未完全实现循环利用，对农业生态环境产生不良影响。经过几年农村人居环境整治，宁夏农村人居环境明显提升，但农村生活垃圾、污水、厕所等设施建设仍然不健全，管理不完善。截至 2023 年，仍有 13%的农用残膜不能回收利用，农村生活污水处理率仅为 29%。粪污资源化利用还不平衡，没有形成成熟模式，还田利用水平有待提高，农用残膜回收利用率还需进一步提升。

（五）农业绿色发展保障体系仍需完善

农业绿色发展多元投入机制尚不健全，引导性项目少、资金缺口大。如农村污水治理资金来源单一，宁夏补助比例较低，县区财力有限，社会资本参与较少。支持农业绿色发展的科技支撑不足，创新要素聚集吸引力不强，关键技术研发和创新集成不够，现有绿色技术推广应用缓慢，农业绿色生产人才依然短缺。

四、加快建设国家农业绿色发展先行区的对策建议

国家支持宁夏建设黄河流域生态保护和高质量发展先行区，赋予宁夏推动绿色发展新使命，对加快建设国家农业绿色发展先行区提出了更高要求，要准确把握农业绿色发展的新任务、新要求，整体统筹、科学施策，提升农业发展质效。

（一）着力加强农业资源保护利用

一是加强耕地保护与建设。严格耕地用途管制，落实永久基本农田特殊保护制度，全面压实党政耕地保护责任。不断完善耕地动态监测监管机制，严格耕地占补平衡和进出平衡。加快推进高标准农田建设，持续培肥耕地地力，开展耕地质量监测评价，加大盐碱地改良技术应用。二是高效利用农业用水。加强农田水利基础设施建设，加快推进引黄现代化生态灌区建设。坚持"以水定地、以水定产、量水而行"的原则，强化水资源刚性约束机制，推广农业高效节水技术、旱作农业，压减高耗水农作物种植面积。完善水权分配机制，实施"水权到户、定额管理、计量到口、管理到户"的精准管水用水机制。严格落实水资源超载地区新增用水项目和取水许可"双限批"制度与用水总量和强度"双控行动"，加快构建市场化水权交易机制。三是加强农业生物资源保护。系统开展农作物种质、畜禽遗传、水产种质资源普查和保护，加强农业生物多样性保护和外来物种风险监测与防控。建好酿酒葡萄、枸杞、奶牛等13个良种繁育基地。

（二）着力强化农业面源污染防治

一是科学使用农业投入品。实施化肥、农药减量增效行动，大力推广有机肥替代化肥，推广应用生物肥等高效新型肥料，提高肥料利用率。严格实行农药生产准入、农药经营许可制度，提升施农药器械装备水平，提高农药利用率；积极推广绿色防控技术，推广高效低毒低残留农药和生物农药，减少用药次数和用药量。二是加强农业废弃物资源化利用。发展种

养结合的生态循环养殖模式，变废为宝提升农业资源循环利用水平；大力实施秸秆粉碎深翻还田和压块打捆收储加工技术，加强农作物秸秆综合利用；推广使用可降解农膜，推进农药包装废弃物无害化处置。三是防控城镇污染向农村转移。调整优化农村工业布局，依法严禁未达标的工业城镇污染物排向农业区域，建立完善农田污染物监测体系，严格监管防控对耕地土壤的污染。

（三）着力加大农业生态环境保护

一是保护修复农田生态系统。推动用地与养地相结合，引黄灌区重点开展耕地轮作，生态移民迁出区及中部干旱带实施压砂地有序退出措施，南部山区土层瘠薄、水资源匮乏区域实施免耕少耕、深松浅翻、粮豆轮作等保护性耕作制度，提升农田生态功能。建立农业生态环境保护监测制度，巩固退耕还林还草成果。二是统筹推进山水林田湖草沙一体化保护和系统治理，切实改善农业生态环境。建设绿色农田生态系统，推广稻渔生态种养模式，加强山水林田湖草沙综合治理。保护修复水生生态系统，科学开展水生生物增殖放流，建立湿地保护和修复体系，保护"母亲河"水域生态。保护修复草原生态系统，严格落实草原禁牧休牧、草畜平衡和基本草原保护制度，强化草原生物灾害防治，不断改善草原生态。探索开展农业生态产品价值评估，积极开发生态产品，有效转化生态产品价值。三是加强黄河流域农村河湖整治。开展黄河宁夏段河道治理、入黄支流综合治理和流域水土流失治理工程，加强湖泊湿地生态保护与修复，综合整治黄河干支流入黄排水沟和农田退水污染。

（四）着力推进农业生产方式绿色转型

一是优化产业种养结构。因地制宜布局发展具有地方特色，绿色高质、效益突出的产业，南部山区突出生态保护和水源涵养，加强肉牛、冷凉蔬菜、小杂粮等无污染、高品质旱作生态农业；中部干旱带重点发展以肉牛、滩羊养殖和特色种植为主的旱作高效节水农业体系；北部引黄灌区建设优质粮食、奶产业、瓜菜、枸杞产业带，积极推进规模化、集约化、高效化生产。二是推动农业绿色全产业链建设。围绕"六特"产业，建立全产业链农业绿色发展标准体系，加强绿色农产品质量安全全过程追溯体系建设，打造绿色产业链、供应链，推动形成功能齐全、布局合理的绿色产业发展格局，着力提升生态农产品品质。实施农业品牌提升行动，加强绿色有机农产品认证保护，加快创建"中国特色农产品优势区"。三是发展绿色低碳循环农业。通过以种带养、以养促种、种养结合等生态循环模式，大力发展"农光互补"型低碳农业。扩大太阳能、沼气等清洁能源在农业生产中的应用。

（五）着力推动农村生活方式绿色化

一是全力推进农村厕所革命。因地制宜科学推进农村改厕，强化农村改厕全过程监管。加强厕所粪污无害化处理，探索资源化利用长效机制。二是强化农村生活污水、垃圾处理。加大对黄河流域（宁夏段）干支流沿线村庄人居环境治理，优先保护水源保护区，建立健全农村生活污水项目管理运营监管监测制度。加强农村生活垃圾和农业生产废弃物的利用，优化完善农村生活垃圾收运处置体系，合理布局垃圾焚烧填埋场，推进垃圾分类减量与利用。三是有效整治村容村貌。加快推进绿色村庄建设，推进人畜禽分离；提升农村村容村貌管护水平，优化村庄生产生活生态空间，改善村庄公共环境，持续开展村庄清洁提升行动。加快构建以清洁电力和天然气为主体、可再生能源为补充的清洁能源体系。加大宣传力度，引导农民践行绿色消费、绿色出行、绿色居住等生活方式，提升生态环境素养和绿色发展意识。

（六）着力建立和完善农业绿色技术支撑体系

一是创新推广农业绿色技术。集成推广新品种及高效节水、集约节肥、绿色防控等高质高效技术。加强关键技术攻关，研发应用抗旱保墒丰产、多源肥料综合利用、绿色精准植保等关键技术。建设绿色农业技术生产示范基地，示范推广清洁养殖工艺和绿色技术。推进农业数字化转型，加快建设绿色农业大数据平台，提升农业科技服务信息化水平。二是构建绿色农业科技支撑体系。强化农业绿色技术科技推广，健全基层农技推广机构。加快培育绿色主体，鼓励龙头企业、农民合作社等主体牵头建设生态农场，增加绿色农产品供给。大力推广"服务主体+农村集体经济组织+农户"等组织形式，积极培育绿色社会化服务组织。创新绿色技术人才培养模式，加强基层农业绿色生产适用技术培训，增强绿色发展技能。

（七）着力完善农业绿色发展保障

一是加大投入保障。加强对优质绿色农产品的财政支持，落实生态导向的农业补贴政策，鼓励老旧农机更新，支持社会资本参与农业项目，创新农业绿色信贷服务，探索农业碳汇交易机制和生态补偿机制。二是强化依法推动。重点围绕农业资源环境保护、农业投入品监管、农产品质量安全等领域开展专项执法行动和质量抽检，探索建立农业绿色发展监管约束机制。三是建立市场价格调节机制。完善和落实农业资源有偿使用制度，推进绿色优质农产品优质优价，探索开展农业生态产品价值评估。培育绿色农业交易市场，探索开展农业排污权、水权等交易，建立生态环境损害赔偿制度，制定农业绿色发展高效规范的标准体系。

（八）着力加强国家农业绿色发展先行区建设效果评估

围绕加快建设国家农业绿色发展先行区，建立健全政策制度、资金投入、监测监管、综合评价、改革创新等保障机制，全面检视存在的问题短板，强化国家农业绿色发展先行区建设的效果评估。将国家农业绿色发展先行区建设情况纳入各部门和地方效能目标管理考核体系，研究制定农业绿色发展考核指标，以考核提效能，精准推动年度重点目标指标全面完成。

（九）着力提升国家农业绿色发展先行区建设保障能力水平

加强国家农业绿色发展先行区基础理论研究和基础设施建设，尤其是农业绿色发展信息化建设，大力提升数字化、智能化管护能力和水平，让科技赋能建设国家农业绿色发展先行区工作。加大对国家农业绿色发展先行区人才队伍建设支持力度，发挥"三支一扶"和选调生政策优势，鼓励大学生投身农业绿色发展。发挥政府主导作用，统筹各级财政资金，建立多元投入主体和生态补偿体制机制，保障国家农业绿色发展先行区建设有充足的资金、人才、科技等要素投入。全面推进农业绿色发展的行政执法和法治建设工作，加快构建和完善行政执法体系，提升法治能力和执法水平，以法治管理促进治理能力提升，为建设国家农业绿色发展先行区提供法治保障，为建设黄河流域生态保护和高质量发展先行区贡献力量。

关于打造宁夏盐碱地综合利用与特色产业高地的对策建议

王学琴　许　兴　王　彬

土壤盐碱化是宁夏面临的主要生态环境问题之一，也是制约宁夏引黄灌区农业生产发展的主要障碍因素。据统计，宁夏盐碱化耕地面积约264.96万亩，其中银北地区最为严重，盐碱地面积占引黄灌区盐碱地总面积的64.6%。2023年9月，中共中央办公厅、国务院办公厅联合印发《关于推动盐碱地综合利用的意见》，对我国盐碱地综合利用提出了明确的目标任务和要求。2024年6月19日，习近平总书记在宁夏考察时强调，打好黄河"几字弯"攻坚战，统筹推进森林、草原、湿地、荒漠生态保护修复和盐碱地综合治理，让"塞上江南"越来越秀美。面对新形势、新任务、新要求，大力推进盐碱地综合利用和特色产业发展对于宁夏黄河流域生态保护和高质量发展先行区建设以及国家农业绿色发展试验示范区建设均具有重要意义。

一、宁夏盐碱地治理与特色产业发展现状

（一）持续多年攻关，盐碱地改良利用能力有所提升

近20年来，宁夏在盐碱地改良利用人才队伍建设方面成效显著。宁夏

作者简介　王学琴，宁夏科技发展战略和信息研究所副研究员；许兴，宁夏大学教授；王彬，宁夏大学教授。

基金项目　本文为中国工程院院地合作项目（项目编号：2023NXZD6）阶段性成果。

大学、宁夏农林科学院建立了盐碱地改良团队，北方民族大学逐步涉及盐碱地改良方面的研究。依托宁夏大学建立的"盐碱地改良利用关键技术研究"创新团队拥有土壤、栽培和水利等各类专业人才，被自治区科技厅多次评为优秀科技创新团队。经过多年攻关，改良利用技术取得新突破。研发了区域和田间精准水盐调控技术①、脱硫石膏施用技术②、专用功能性改良剂③、快速定向培肥技术、耐盐先锋植物格局配置与生物改良等技术④。建立轻中度盐碱地"稻旱轮作"和"多熟制"模式，解决了插花及槽型洼地盐碱地水土资源利用率低、产能不高等问题，在宁夏青铜峡、贺兰、平罗等县（市、区）大面积推广。

盐碱地改良利用理论研究取得新成果，实现了重大突破。应用实测光谱、遥感影像诊断和大数据平台分析等方法，揭示了不同地形环境下盐碱障碍生态调控机制与治理方向⑤，完善和创新了宁夏盐碱地分类与水—土—生物资源高效利用的治理理论。宁夏大学与中国科学院遗传与发育生物学研究所合作，以高粱为材料首次发现了主效耐碱调控基因 AT1 及其作用机制，大田实验证明该基因可显著提升高粱、水稻、谷子和玉米等耐盐碱作物种质产量⑥。针对宁夏紫花苜蓿育种中存在的抗逆评价体系不完善、耐盐机理研究不足等问题，构建了紫花苜蓿种质资源鉴定评价技术体系；解决了基因编辑易脱靶、筛选效率和遗传转化效率低的技术难点，建立了紫花

---

① 李福祥、王少丽、方树星等：《宁夏银北干旱半干旱地区水盐动态和调控措施》，《灌溉排水》2001年第3期。

② 王静、许兴、肖国举：《脱硫石膏改良宁夏典型龟裂碱土效果及其安全性评价》，《农业工程学报》2016年第2期。

③ 李文勤、薛彩霞、蒙静等：《宁夏引黄灌区盐碱地土壤调理剂改良效果评价》，《宁夏农林科技》2018年第12期。

④ 许兴、康跃虎、李彦等：《典型盐碱地改良技术与工程示范》，《科技成果管理与研究》2018年第2期。

⑤ 贾萍萍：《基于多源遥感的宁夏银北地区干湿季土壤盐碱化反演研究》，硕士学位论文，宁夏大学，2021年。

⑥ 马越、何婉蓉：《发现作物主效耐碱基因及其作用机制 宁夏大学助力盐碱地"改头换面"》，《宁夏日报》2024年2月23日。

苜蓿 CRISPR/Cas9 基因组编辑体系；搭建了紫花苜蓿转录组学数据库，揭示了 SOS 和 COMT 耐盐基因的作用机理①。

（二）持续多年治理，盐碱地改良利用成效明显

自 20 世纪 50 年代开始，宁夏开展了大规模灌区开发建设、土壤盐渍化成因规律及改良利用的研究示范。20 世纪 50—60 年代，主要采取明沟为主的灌排改良盐碱土技术；20 世纪 70—80 年代，主要利用竖井强制抽排技术改良盐碱地；1990 年代以后主要采取明沟为主，同时辅以竖井与暗沟为特征的综合水利工程改良技术②，逐渐形成了"排（开沟排水）、稻（种稻洗盐）、淤（放淤改良）、平（平整土地）、洗（冲洗改良）、灌（合理灌溉）、轮（稻旱轮作）、肥（施有机肥）、翻（伏秋翻晒）、松（及时松土）、种（耐盐品种）、换（铺沙换土）"十二字盐碱地改良技术方针，形成了"灌、排、剂、肥、种、耕"六位一体的盐碱地综合改良技术体系，在宁夏灌区不同类型盐碱地大面积示范推广。

近 20 年来，宁夏党委和政府高度重视盐碱地改良利用，先后启动实施了"银北百万亩盐碱地改良利用""宁夏高标准农田建设"和"高效节水灌溉"等工程项目，通过暗管明沟、井渠结合、快速培肥、深松覆膜和耐盐植物种植等关键技术实施，土壤盐渍化程度趋减，宁夏盐碱地改良利用取得了显著成效③。盐碱地是葡萄、枸杞、盐池滩羊的主要生境，2023 年，宁夏酿酒葡萄总面积达 60.2 万亩，综合产值 400 亿元以上。枸杞种植保有面积 32.5 万亩，鲜果产量 32 万吨、加工转化率 35%，枸杞规上企业达到 30 家，精深加工产品有 10 大类 120 余种，全产业链综合产值达 290 亿元。滩羊饲养量 1563.8 万只，屠宰加工比例达到 55%，精深加工比例达 20% 以上，加工产值超过 2 亿元。

---

①赵丽娟：《紫花苜蓿（Medicago sativa L.）高效遗传转化与基因组编辑体系的建立与优化》，硕士学位论文，宁夏大学，2022 年。

②陆阳、王乐：《宁夏灌区土壤盐渍化治理实践与成效》，《南方农业》2023 年第 5 期。

③张朝阳、李斌、张小晓等：《宁夏引黄灌区稻渔综合种养产业分析和发展研究》，《中国水产》2016 年第 6 期。

（三）规划与政策引导，农业种植结构不断优化

为贯彻落实"乡村全面振兴""黄河流域生态保护和高质量发展"等国家战略，宁夏党委、政府提出打造"六新六特六优+N"现代产业体系，通过大力发展奶牛、肉牛及肉羊产业，适当压减粮食作物种植面积，扩大粮饲兼用、青贮玉米、饲草等种植面积，产业布局不断优化，农业结构开始从粮、经、饲三元结构向粮、经、饲、草四元结构转变，与2010年相比，2022年宁夏粮食作物占比降低了16.20%，经济作物占比降低了25.05%，饲草饲料占比提高了10.19%。

石嘴山市是宁夏盐渍化耕地面积占比最大的城市，约70%耕地存在不同程度盐渍化。2019—2022年，石嘴山市水稻的种植面积占全市农作物播种面积的比重由17.6%下降至9.7%，玉米的播种面积占比从33.67%上升至42.2%，青饲料种植面积占比从5.7%上升至16.8%，油葵种植面积占比从5.26%下降至2.2%，枸杞种植面积占比从6.19%下降至0.7%，其中耐盐碱饲草种植面积逐步增加，可见，盐碱地农业种植结构不断优化。①

（四）政产学研用协同，奠定盐碱地特色产业发展基础

近年来，政府引导高校、科研院所、企业紧密合作，围绕盐碱地治理和特色产业发展，初步建立"企业+合作社或农户+市场"特色盐碱地产业共赢机制，结合"支部共建、村企联建"，加大农村土地流转力度，吸引企业参与规模化经营，打造了盐碱地农牧生态园、家庭农牧场、田园综合体等特色农业，盐碱地产业发展初具雏形，三产融合成效初显。打造了盐碱地"沙湖大米""苦水枸杞""盐池滩羊""千叶青苜蓿""稻田蟹""连湖西红柿""螺旋藻"等一批优质特色农业产业品牌，初步形成了盐碱地特色农产品种植、养殖、加工、销售、旅游一体化的产业链条，有力支撑了宁夏盐碱地特色产业的发展。

建立并示范推广"稻—渔"循环种养、"草—畜"种养循环、"鱼菜

---

①由于宁夏灌区盐碱地作物种植结构无统计数据，因此将石嘴山市作物种植结构作为盐碱地作物种植结构数据进行参考。

共生"生态种养，特色林果生态种植以及特色设施农业等不同类型盐碱地综合利用模式，生态、经济、社会效益显著。其中，"草—畜"种养循环模式可解决中重度碱化土壤、碱化盐土等盐碱地土壤结构差、肥力低、产能不高等问题，该模式主要在宁夏盐池、红寺堡、平罗大面积推广，打造了碱地生态修复与产业发展示范样板①。示范区耕层土壤 pH 值下降 0.2—0.4 个单位，全盐含量降低 0.28—0.49 个百分点，玉米产量提高 9.42%以上；粪污综合利用率达 90%以上，节肥 704.12 吨，新增产值 10165.17 万元。"特色设施农业"模式解决了重度盐碱地及盐碱荒地耕层土壤盐分过高、水土生态功能退化等问题。2023 年底，石嘴山市设施农业面积 2.33 万亩，近 6 成分布在不同类型盐碱地上，以产业发展持续改善盐碱地环境质量，促进宁夏灌区盐碱地综合利用与特色产业高地建设。

二、宁夏盐碱地综合利用与特色产业发展存在的问题

（一）盐碱地资源化利用率较低，农业结构布局有待进一步优化

宁夏盐碱地具有空间变异大、易反复和碱化特征明显等特点。据报道，宁夏耕地盐渍化问题依旧较重，其中石嘴山市 160 多万亩耕地中有 65%左右存在不同程度的盐渍化问题。目前，宁夏盐碱地治理存在着重改良轻利用、重粮经轻林草、重效益轻生态等问题。具体表现在以下方面。一是盐碱耕地水土资源利用率较低。与灌区高标准农田相较，盐碱耕地灌溉水利用系数、肥料利用率、作物产量和投入产出比分别低 10%、20%、25%和 30%左右，耕地地力低 1—2 个等级。二是种植结构合理性不够。产业发展需求与土地供给不足的矛盾十分突出，粮食种植面积比重过大。截至 2023 年底，宁夏粮食种植面积 1038.45 万亩，经济作物 450.86 万亩，青饲料 294.93 万亩，枸杞面积 39.26 万亩，葡萄面积 47.19 万亩，受国家耕地非粮化政策限制，预计新增的葡萄、枸杞和牧草种植都需要开发利用盐碱地。夏季作物占比 9.5%、秋季作物占比 90.5%，夏秋作物结构严重失衡。上半

---

① 李茜、孙兆军、秦萍：《宁夏盐碱地现状及改良措施综述》，《安徽农业科学》2007 年第 33 期。

年灌溉用水量少、下半年灌溉用水量增多且集中，对渠道供水、机械耕作、土地轮作都会带来一系列不利影响。

（二）节水控盐难度大，盐碱地产能提升模式与示范推广有待加强

随着黄河引水的减少，盐碱土壤盐分的控制难度加大，现有盐碱地综合利用模式有待优化，农业综合生产能力有待提升。一是水资源约束下的盐碱地绿色高效种植模式欠缺。土壤改良体系不完整，还未突破基于资源配置、过程管控和田间节灌的多尺度、全要素节水控盐关键技术。现有节水控盐模式多为单目标的节水或控盐，尚不能实现节水与控盐的统一，规模化节水条件下农田水盐过程与节水的互联互馈及其平衡点仍有待突破。二是产能提升模式与生态效益结合不够紧密。现有盐碱地治理模式在经济效益与生态效益的兼顾方面仍有不足，特别是与区域资源条件相匹配的产业模式水平较低，未实现盐碱地节水治理、障碍消减、功能提升和产能扩增的协调统一。三是盐碱地产能提升模式推广机制有待创新，社会化参与程度较低。长期以来宁夏盐碱地治理以政府投入为主，企业和社会化成本参与较低。

（三）改种基础薄弱，核心技术攻关能力有待提高

经过多年探索，宁夏形成了以物理改良、化学改良和生物改良措施为主的盐碱地改良技术模式，短期效果显著。但是，改良后的盐碱地稳定性差，存在返盐返碱风险。另外，耐盐育种技术仍需提高，耐盐作物需要适应高盐环境，其复杂性和相互关联增加了耐盐育种的难度；杂交育种、选择育种等传统的育种方法需要较长的育种周期和大量的试验材料，短期内难以精确筛选出适应宁夏灌区盐碱地环境的作物品种；不同作物之间的耐盐性，甚至同一作物的不同品种之间的差异，进一步增加了耐盐育种的复杂性。但是，宁夏在盐碱地育种方面支持力度不够，缺乏稳定的资金支持，高水平的育种团队，强大的育种企业，特别是种业企业力量薄弱，研发能力弱，科研与产业"两张皮"的问题尚未得到根本解决，导致现代育种技术在盐碱地育种中应用不足。

（四）盐碱地特色产业有待深挖

一是综合利用成效不显著。盐碱地是一种特殊的土地资源，将盐碱地产业作为一个特色产业发展对于缓解土地资源紧张、保障粮食安全意义重大。如山东的盐碱地藜麦产业、湖南的盐碱地稻米产业等。但是，宁夏盐碱地产业体系尚未形成，相关加工企业数量缺乏，三产融合度不够。二是产业链条短，精深加工能力不足。农业现代化程度低、缺乏人才支持及有效的产业融合机制等原因，宁夏盐碱地特色产业链条短，精深加工能力不足，缺乏市场竞争力。2023年，滩羊精深加工比例仅为20%，精深加工水平有待提高；枸杞鲜果加工转化率仅为35%，主要以干果形式出售。三是标准化体系建设缺乏。标准化是产业高质量发展的关键，目前，因缺乏统一的加工标准和质量控制体系、统一的品牌建设和营销策略，盐碱地特色产业农产品附加值和市场竞争力都较低。如枸杞产业标准主要集中在种植生产环节，缺少行业协会自律的团体标准、市场流通规范以及生产经营主体诚信经营的企业标准，严重制约了枸杞产业高质量发展。

三、对策建议

针对上述问题，迫切需要从黄河流域生态保护和高质量发展先行区建设以及国家农业绿色发展示范区建设的高度统筹规划，按照"以种适地"与"以地适种"相结合要求，应用新理念、新方法和新机制实现宁夏灌区盐碱地综合利用。

（一）统筹山水林田湖草沙一体化保护和系统治理，制定盐碱地系统解决方案

盐碱地综合利用与山水林田湖草沙一体化治理密不可分，应基于水量平衡、水盐平衡、水沙平衡、水养平衡等科学依据，把改良盐碱地与治水、治山、治林、治湖、治草、治沙结合起来，统筹实施山水林田湖草沙一体化保护和系统治理，提升盐碱地水土肥力，逐步改善宁夏灌区生态环境质量，维护灌区绿洲生态安全。遵循水盐运动科学原理，运用整体思维，制定流域和县域系统解决方案，做到从农田尺度到流域尺度上对土壤、土地水盐平衡进行科学调控。在农田尺度上，应通过灌排体系的建设与运行对水的运动进行调控，保证盐碱土壤剖面上的盐分平衡或脱盐。在流域尺度上，保障局部与灌溉区下游排水（排盐）畅通的排水工程体系，在灌排条

件完备下，针对不同类型盐碱地施用盐碱地专用改良剂和功能性肥料有效提升地力水平。

（二）大力推广高精尖技术，实现盐碱地多元开发利用

分区分类，大力推广节水控盐产能提升综合利用模式集成现代工程、生物技术和农业生产等高精尖技术，以盐碱地梯次利用为目的，重点推广盐碱地"稻旱轮作""草畜一体化""生态林果"等模式。其中，在红寺堡次生盐渍地推广精量灌排协同抑盐产能提升模式，在兴庆沙质盐碱地推广精准渗滤节灌抑盐产能提升模式，在贺兰低洼内排盐渍地推广稻鱼综合利用产能提升模式，在平罗插花盐渍地推广稻旱轮作节水控盐产能提升模式，在农垦槽型洼地盐碱地推广稻田立体种养循环产能提升模式，在惠农河水顶托次生盐渍地推广排水控盐产能提升模式，在盐碱荒地推广设施农业"高效利用"模式，实现宁夏盐碱地多元化开发利用。

（三）优化耐盐作物布局，加快盐碱地农业结构调整

依据作物耐盐机理、盐碱与品质的关系、耐盐作物分布格局及盐碱地特色产业发展方向，充分发挥"水—土—盐—热—作"资源匹配优势，按照"南压北稳，兼顾生态"的原则，银北地区重点围绕节水控盐与产能提升，优化布局耐盐碱优质水稻、玉米、苜蓿、枸杞、瓜菜等适生作物及其新品种；银南地区重点围绕易盐碱化区域控盐保育，优化布局耐盐碱优质玉米、枸杞、瓜菜、小麦等特色作物及优新品种；扬黄灌区重点围绕节水控盐增效，优化布局耐盐碱牧草、优质枸杞、酿酒葡萄、玉米、黄花菜等适生作物及新品种；后备耕地重点围绕重度盐碱地开发利用，优化布局耐盐碱优质枸杞、酿酒葡萄、牧草、淡水鱼（虾）、食用菌、藻类等特色作物与水产适生品种。

（四）多措并举，打造盐碱地特色产业高地

坚持规模化、标准化、绿色化方向，着力破解三产融合发展难题，大力发展盐碱地特色农产品深加工、仓储物流、品牌营销，深入挖掘宁夏灌区盐碱地特色产业文化符号，积极探索"盐碱地+文旅"融合路径，构建全产业链条。加快培育盐碱地农产品公用品牌、特色品牌，加强绿色农产品、有机农产品和地理标志农产品宣传，健全盐碱地农产品标准体系。培育盐碱地治理内生动力，聚焦盐碱地比较集中的地区，积极培育集盐碱地开发、良种研发推广、农产品加工销售于一体的特色农业龙头企业，推动投融资、开发、管理、运营一体化发展，发挥其带动和示范作用。支持符合条件的盐碱地特色农业龙头企业上市融资，促进企业做大做强，更好发挥盐碱地综合利用主体作用。

（五）提高认识，加强核心科技力量支撑

与国家盐碱地综合利用创新发展面临的新形势、新任务和新要求相比，宁夏在盐碱地综合利用的认识上有待进一步深化和提升。宁夏应紧扣盐碱地多元化利用科技创新需求，推进"项目—基地—人才—平台"一体化建设，加快培育盐碱地开发利用核心科技力量。充分发挥宁夏大学、宁夏农林科学院、北方民族大学等单位的学科、人才和技术等优势，重点围绕生物育种、土壤改良、逆境栽培、水盐监测与调控等领域，布局建设一批宁夏重点实验室、野外科学观测研究站和科研基地，精心做好盐碱地综合利用工作，为宁夏灌区经济社会发展、粮食安全生产大局作出应有的贡献。

宁夏推进"无废城市"建设的研究

任培军　马　岚　马继仁

"无废城市"是以创新、协调、绿色、开放、共享的新发展理念为引领，最大程度实现固体废物减量化、资源化、无害化处理，推动城市绿色转型，发挥减污降碳协同增效，以实现城市固废产生量最小化、循环利用资源化、处理处置安全化为目标的城市发展模式。自 2021 年党中央部署"无废城市"建设工作以来，宁夏各级党委、政府及相关部门积极行动、稳步推进，聚焦固体废物污染防治难点痛点，全面推行绿色发展和绿色生活方式变革，不断激活"无废细胞"，对固体废物减量化、资源化、无害化利用进行有益探索，固体废物污染治理现代化水平得到有效提升。

一、宁夏推进"无废城市"建设的实践和成效

"无废城市"建设部署以来，自治区党委、政府站在推进新时代生态文明建设、加快美丽宁夏建设的政治高度，组织有关部门认真落实党中央、国务院关于开展"无废城市"建设的决策部署，指导银川市、石嘴山市扎实推进"无废城市"建设各项工作，经过近两年的努力，"无废城市"建

作者简介　任培军，自治区生态环境厅固体废物与化学品处处长；马岚，自治区生态环境厅生态环境监测处副处长；马继仁，自治区生态环境厅办公室（宣传教育处）副主任（副处长）。

设成效初步显现。截至 2023 年底，全区固体废物总体呈现"一增一减两降两个 100%"，即全区一般工业固体废物综合利用率增长了 16.7 个百分点，一般工业固体废物填埋量减少 1300 余万吨，一般工业固体废物产生量增长幅度下降 14 个百分点，工业炉渣产生量下降近 40 个百分点，危险废物安全利用处置率达到 100%，县级以上城市建成区医疗废物无害化处置率达到 100%。生活垃圾、建筑垃圾和农业固体废物回收利用率不断提高。

一是坚持高位推动。自治区党委、政府深入学习贯彻习近平生态文明思想，对新时代全面加强生态环境保护、推进美丽宁夏建设作出全面部署，为宁夏生态环境保护工作指明了方向、注入了动力。制定出台"1+4"系列文件，明确提出"持续推进'无废城市'建设，在高质量推进银川市、石嘴山市'无废城市'建设基础上，扩大'无废城市'建设范围"。宁夏多次召开党委常委会、中心组学习会、专题会和政府常委会会议，及时传达学习习近平总书记重要讲话精神和党中央关于生态环境保护工作重大决策部署，不断深化对生态环境保护工作重要性、艰巨性、紧迫性的认识，持续提升打好污染防治攻坚战、推动解决生态环境突出问题的工作能力。成立宁夏"无废城市"建设协调推进领导小组和专家库，积极落实会商调度、督导帮扶、宣贯评估等工作机制，不断完善"无废城市"建设体系，探索形成固废减量化、资源化、无害化、低碳化综合治理的"宁夏模式"。每年制定下发工作要点，研究制定实施方案、工作台账和项目清单，自治区生态环境厅安排 4300 万元生态环保专项资金，有力保障了银川市、石嘴山市一批典型示范项目的落地和建设，打造并发布了一批可复制、可推广、可持续的典型案例，为扎实推进"无废城市"建设提供了有益借鉴和参照。

二是注重典型引领。银川市、石嘴山市是宁夏"无废城市"建设的排头兵，两市市委、市政府高度重视此项工作，聚焦固体废物污染防治难点痛点，不断提升固体废物综合治理能力，推动"无废城市"建设工作取得新突破。坚持政策先行。银川市着力强化顶层设计，健全长效机制，先后制定出台了《产业园区综合考核评价办法》《城市（县城）生活垃圾分类工作指南（试行）》《关于进一步加强建筑垃圾管理的实施方案》，针对重点领域、重要环节提出切实可行的管控措施；石嘴山市统筹协调各方资源，制定《石嘴山市"十四五"时期"无废城市"建设实施方案》《工业固废污染防治规划》《县（区）畜禽养殖污染防治规划》等地方性法规或政策性文件24个，出台《2023年生活垃圾分类重点工作计划》《关于进一步加强塑料污染治理实施方案》，制度体系逐步完善，为推进"无废城市"建设提供了坚实的制度保障。坚持项目引领。按照减量化、资源化、无害化原则，以项目建设为龙头，持续提升固体废物治理能力和治理水平，统筹城市发展和固体废物综合管理改革，据各地市和宁东地区不完全统计，两年来，全区共实施工业、农业、建筑、生活等领域固体废物减量化、资源化项目79个。银川市积极争取1700万元自治区专项资金支持，培育了以中盛建材、洁境科技为代表的一批设备及技术先进、利废创新能力强、区域辐射带动明显的工业固废综合利用项目，充分发挥了政策性资金的支持引导作用；石嘴山市累计投资29亿元，洁达生活垃圾综合处置产业园、益瑞生态、乌玛高速大宗工业固废综合利用等一批项目相继建成投产，一般工业固废综合利用率得到有效提升。坚持底线思维，银川市坚决守牢危险废物安全底线，开展医疗废物专项执法检查，对56家危险废物经营单位、重点产废单位及其他产废单位开展自查评估，整改危险废物领域风险隐患110个；石嘴山市严厉查处违法违规贮存、处置固体废物行为，2023年共立案工业固体废物、危险废物违法行为15起，处罚金额385.15万元，固体废物执法监管能力有效提升。坚持绿色创建，银川市将"无废"理念融入社会生活各个方面，在机关、学校、饭店、景区等重点领域建成"无废细胞"100个；石嘴山市实施产业链绿色化改造，建设节约型机关188个、国家级绿色工厂11家、自治区级绿色工厂23家，初步形成党政全员落实、政企全面联动、群众全员参与的全民创建格局。

三是坚持汇聚合力。"无废城市"建设，涵盖农业、工业、城建、服务业、居民生活等经济社会生活各领域，宁夏各相关部门、单位以减量化、资源化、无害化目标为引领，出台政策文件，协同推动"无废城市"建设提质增效。宁夏工信部门牵头出台工作方案，推进工业固体废物综合治理利用，大力开展国家和自治区级绿色工厂创建工作，不断促进一般工业固废转化为生产原料，通过水泥、混凝土、砖瓦行业消纳利用废物量达到

1500 万吨，宁夏一般工业固体废物综合利用率达 63.50%。自治区住建部门不断夯实生活垃圾分类及资源化利用根基，全区城市生活垃圾无害化处理率和污泥无害化处置处理率均稳定保持在 100%，农村生活垃圾得到治理的村达 95% 以上，新建绿色建筑面积 991.95 万平方米。宁夏农业农村部门坚持政策与技术"双轮驱动"，出台《宁夏畜禽养殖污染防治管理办法》《加快推进畜禽养殖废弃物资源化利用工作方案》，将农作物秸秆和畜禽粪污资源化利用纳入对市县实施乡村振兴战略综合考评指标，压紧压实工作责任，累计布设监测点 380 个，实现 193 个乡镇全覆盖，形成面源污染监测数据"一张网"，宁夏化肥利用率、农药利用率实现"双提升"，畜禽粪污资源化利用率、秸秆综合利用率均达到 90%，农用残膜回收率达到 88%。自治区生态环境部门持续推动清洁生产审核工作，开展强制性清洁生产审核企业49 家。全区危险废物利用处置能力达到 600 万吨/年，综合利用率达到76.67%，安全利用处置率保持在 100%。通过各类媒体广泛宣传，引领践行"无废城市"建设的绿色发展理念。自治区邮政管理部门加快推进快递包装绿色化、减量化、循环化，电商快件不再二次包装率达到 95.22%，使用可循环快递包装的邮件快件达到 110.58 万件。自治区发改、财政、商务、交通运输、文化旅游、卫生健康、市场监管等部门统筹发力、纵深推进，以全面提高资源利用效率为目标，以推动资源综合利用，产业绿色发展为核心，为银川、石嘴山市持续推进固废源头减量和资源化利用提供政策、资金、技术指导服务，积极推动"无废城市"绿色转型发展。

二、宁夏"无废城市"建设存在的问题

"无废城市"建设是一项系统性、综合性工作，需要协力推进，优化集成相关资源配置。对照国家和自治区部署要求，宁夏在"无废城市"建设提质扩面，统筹政策、技术、市场、监管等要素集成以及构建固体废物污染环境防治新发展格局等方面还存在较大差距。

（一）齐抓共管格局尚未形成

一是部门合力尚未形成。按照国家发布的《"无废城市"建设指标体系(2021 年版)》，"无废城市"建设涵盖 5 个一级指标、17 个二级指标和 58

个三级指标，涉及城市规划、基础设施建设、产业转型升级、科学技术创新等多个领域，职责覆盖工信、自然资源、生态环境、农业农村、住建等多个部门，需各部门各领域齐抓共管、共同推进。当前，不同部门和主体之间的协调合作机制尚不完善，难以实现齐抓共建、综合集成的效果，制约了"无废城市"的推进。二是成效评估和激励政策有待建立健全。成效评估方面，国家在《"十四五"时期"无废城市"建设实施方案》中提出了一套指标体系，但评估主体和标准等问题一直未明确，很难定量综合评价各地"无废城市"建设成效。激励方面，国家及自治区在政策、资金、项目、税收、土地、投融资等方面均缺乏激励政策，难以有效调动全社会各层面齐抓共管"无废城市"建设的积极性。

（二）社会共识有待凝聚

一是宣传引导力度不够。各级政府对"无废城市"建设的宣传与推广力度不足，引导公众参与的方法渠道不多，全社会对"无废城市"建设的概念、意义、目标、路径等缺乏全面深入的理解，"无废城市"建设理念还不够深入人心，社会公众对践行绿色低碳生产生活方式意愿不强、行动不够，"无废城市"建设还单纯依靠政府层面推动。二是生产消费习惯尚未改变。"无废城市"建设虽然具有长远的社会效益和环境效益，但短期内无法带来明显的经济收益，企业和个人因缺乏利益驱动，参与"无废城市"建设的积极性和主动性不强，绿色生产和消费习惯尚未改变。三是固体废弃物非法倾倒问题突出。宁夏各类固废非法倾倒、乱堆乱放问题还相当普遍，包括建筑垃圾、生活垃圾和工业固体废弃物等，涉及占用耕地、林地、草地等，此类问题如不强化监管，极易反弹回潮。

（三）源头减量不容乐观

从各地"无废城市"建设推进情况来看，各级政府和企业偏重固废的后端治理，对源头减量研究不足、投入不够、办法不多，固废总量仍然呈逐年递增趋势。一是固体废物面广量大。全区 2023 年固体废弃物产生量13564.06 万吨，其中，一般工业固体废物产生量 8176.76 万吨/年，占比60.28%；农业废弃物、畜禽粪污、秸秆及农膜 4556.67 万吨/年，占比33.59%；建筑垃圾、生活垃圾 685.41 万吨/年，占比 5.05%；危险废物

145.22 万吨/年，占比 1.07%。二是增长趋势短期难以改变。2023 年宁夏一般工业固体废弃物产生量 8176.76 万吨，其中，粉煤灰、煤矸石、炉渣、冶炼废渣、化工废渣、脱硫石膏等大宗固废填埋仍是重要处置方式，综合利用总体处于"旧账未还，又欠新账"的"赤字"状况，历史堆存量仍在"滚雪球"式增加。

（四）资源化利用存在短板

一是市场需求不足。大宗工业固废的高值化利用技术、创新性技术应用不足，固废转化产品"低端化"问题突出，市场接受度低，产品销售困难，行业经济效益不高，企业生产动力不足。二是财政投入保障不足。国家层面尚未设立固体废物治理或"无废城市"建设专项资金库，仅仅在土壤污染防治专项资金中支持固体废物污染防治，但仅支持无主历史遗留固体废物、废渣等污染源调查整治项目，对"无废城市"建设中的一般工业固废、危险废物、医疗废物等源头减量、综合利用等示范工程均不支持。

三、推进宁夏"无废城市"建设的对策建议

（一）坚持统筹兼顾，形成齐抓共管大格局

以创新、协调、绿色、开放、共享的新发展理念为引领，紧抓黄河流域生态保护和高质量发展先行区建设机遇，推动形成党委领导、政府主导、企业主体、社会组织和公众共同参与的"无废城市"建设工作格局。一是强化顶层设计，从城市整体发展角度出发，综合考虑人口、产业、资源环境承载力等因素，制定符合实际的"无废城市"建设方案和实施计划，持续优化城市治理体系，全面提升城市精细化管理和生态保护治理能力。二是统筹做好规划衔接，将"无废城市"建设与城市温室气体减排、生态环境保护、城市综合管理水平提升、城乡环境综合整治等工作协同推进，整合各类规划目标和建设任务，确保协调一致。建立健全"无废城市"考核评价体系，对年度任务完成情况、公众满意度等进行考核。三是构建工作大格局，打破条块分割和地区壁垒，注重跨部门、跨领域的协同合作，针对宁夏当前固体废物管理的空白点、薄弱点、关键点，建立部门责任清单，明确各类固体废物产生、收集、转移、利用、处置等各环节的部门职责边

界，形成分工明确、权责清晰、协同增效、信息共享的部门协调机制，实现对固体废物的全过程监管。

（二）激活"无废细胞"，树牢共建共享新理念

"无废细胞"是推动固体废物源头减量、资源化利用以及安全处置的最小单元，要以点带面形成多元参与、良性互动的"无废城市"建设全民行动体系。一是加强"无废"文化宣传，通过编印科普读本、拍摄公益广告、设计特色标志、发布宣传歌曲、建设"无废"主题展厅等群众喜闻乐见的方式，在融媒体平台尤其是环境日、地球日、国际零废物日等节点加大"无废城市"宣传力度，提高全社会对"无废城市"建设的认识和理解，推动形成简约适度、绿色低碳、文明健康的生活方式和消费模式。二是集中培育一批"无废细胞"，聚焦重点领域和薄弱环节，选择基础条件好、代表性强的机关单位、景区、社区、商场、学校等，探索"无废细胞"建设模式，及时总结、凝练和推广先进经验，让"无废城市"逐渐细分为人们日常触手可及的微小单元，走进百姓生活。

（三）坚持源头减量，形成绿色生产生活新格局

源头减量是推进"无废城市"建设的关键。宁夏要推动形成绿色低碳生产方式，需进一步优化产业布局和资源配置，淘汰落后产能，构建绿色循环产业供应链。一是推进工业绿色发展，依法实施"双超双有高耗能"企业强制性清洁生产审核，加快探索重点行业工业固体废物减量化的路径模式，鼓励企业开展绿色设计，选择绿色材料，培育一批绿色设计示范企业、绿色工厂、绿色园区和绿色供应链管理企业。二是带动农业绿色转型，构建农业资源节约体系，大力发展生态种植、生态养殖，建立农业循环经济发展模式，加大畜禽粪污治理力度，实现节水、节肥、节药，降低农业面源污染。定期开展农作物秸秆禁烧和资源化利用、农药包装废弃物、废旧农膜及畜禽养殖废弃物回收利用的宣传教育工作，提高农业固废回收利用率。三是践行绿色生活方式，建立完善城乡垃圾分类体系，推动公共机构实现生活垃圾分类全覆盖，以点带面，推动住宅小区、学校超市、商场宾馆等开展垃圾分类示范片区建设。扎实推进塑料污染全生命周期治理，推广快递业绿色包装应用和快递包装回收利用，实现"减废降碳"双赢。

（四）坚持创新驱动，点燃"无废城市"建设主引擎

"无废城市"建设是一项创新性工作，必须以改革创新的勇气和智慧全力推动。一是强化制度创新，探索实施固体废物分级分类管理、生产者责任延伸、跨区域处置生态补偿等制度，对固体废物综合处理利用项目在土地资源、污染物总量、能源指标等方面给予支持，推动"无废城市"建设与经济社会发展良性互动。二是加大技术创新，加强与高校和科研机构的合作，设立"无废城市"建设重大科研攻关项目，突破一批量大面广、难利用、低价值、高风险固体废物利用处置技术。三是探索市场创新，政府牵线帮扶企业开拓循环材料产品市场，学习广东、海南等先进省区在工程建筑等领域出台循环材料利用政策，规定循环材料使用比例，明确国有投资的房屋市政、交通、水利等建设项目优先使用固废综合利用再生产品。四是推动监管创新，利用大数据、人工智能技术赋能"无废城市"建设监督管理，通过建立统一的大数据平台，绘制各类固体废物产、收、运、用、处"一张网"，实现固体废物的全过程监管和信息化溯源。五是畅通金融创新，加大财政多元投入力度，通过设置专项资金、绿色金融信贷、绿色保险等方式，推行第三方治理或政府和社会资本合作（PPP）、特许经营等模式，吸引社会资本和社会力量投入。

宁夏农村人居环境整治提升路径探析

宋春玲

实施乡村振兴战略是乡村高质量发展的必然之路，生态振兴是重要支撑和内在要求，为农业生产方式的转型、美丽乡村的建设、农民幸福感的提升提供着启示和指引。推动乡村生态振兴，促进农民农村共同富裕的关键是践行绿水青山就是金山银山理念，重要基础是提升农村人居环境。农村人居环境整治工作是乡村生态振兴的重要抓手，是绿水青山就是金山银山理念的生动实践。推进人居环境整治工作，有利于提升乡村发展的内生动力，改善乡村生态环境，增加农民收入。在乡村全面振兴的要求与实践下，不断唤醒村民的生态意识，践行人与自然生态和谐观，才能实现乡村绿色发展。

一、宁夏农村人居环境整治工作背景

农村人居环境整治既是常规动作也是民生工程，既是乡村振兴的基础也是重要抓手。2022 年 1 月，生态环境部等五部委联合印发《农业农村污染治理攻坚战行动方案（2021—2025 年)》，要求到 2025 年，农村环境整治水平要显著提升，并且规定了如农村生活污水治理率达到 40%、化肥、农药利用率均达到 43% 等具体的指标数值。2022 年 5 月，中共中央办公

作者简介　宋春玲，宁夏社会科学院农村经济研究所（生态文明研究所）助理研究员。

厅、国务院办公厅印发的《乡村建设行动实施方案》中要求各省实施农村人居环境整治提升五年行动，明确了人居环境整治的各项工作及任务。2023年7月，习近平总书记出席全国生态环境保护大会并发表重要讲话，强调今后五年要推动城乡人居环境明显改善。2023年底，中共中央、国务院发布了《关于全面推进美丽中国建设的意见》，第十九条建设美丽乡村中提到，要学习"千万工程"经验，统筹推动乡村生态振兴和农村人居环境整治。要求利用农业绿色科技对农业面源污染、农业废弃物、农村"三污"进行治理，继续推进厕所革命，同时建立监管与评价机制。2024年1月，《中共中央　国务院关于学习运用"千村示范、万村整治"工程经验有力有效推进乡村全面振兴的意见》要求深入实施农村人居环境整治提升行动。

二、宁夏农村人居环境整治提升工作现状

随着乡村振兴战略的深入实施，农村人居环境整治成为提升农民生活质量、推动农村经济社会全面发展的重要举措。宁夏农村人居环境整治工作具有显著的地域特色和实际需求。2022年7月，自治区党委办公厅、人民政府办公厅印发《宁夏乡村建设行动实施方案》，部署了包括村庄建设、规划管理、道路提升、饮水安全、基础设施建设、清洁能源建设、物流体系建设、房屋安全提升、数字乡村建设、综合服务、人居环境提升、基础公共服务提升、基层组织建设、精神文明建设等14个重点任务。同时印发了《宁夏农村人居环境整治提升五年行动实施方案（2021—2025年)》，布置了6项18条重点任务，要求深入学习"千万工程"经验，到2025年显著提升宁夏农村人居环境。6月，生态环境厅等5部门联合印发《宁夏回族自治区农业农村污染治理攻坚战行动方案（2021—2025年)》，目标到2025年，宁夏农村环境整治水平显著提升，具体规定了污水治理率达到40%，化肥、农药利用率达到43%，残膜回收率达90%以上等具体指标数值。2024年4月，印发《自治区全面推进美丽宁夏建设的实施方案》，其中第21条统筹推动乡村生态振兴中规定，以县为单位整体推进农村人居环境整治工作，强调因地制宜，统筹推进。

农村人居环境提升工作最重要的五个环节：一是农业面源污染防治，

二是农村生活污水处理，三是农村垃圾处理，四是农村厕所问题，五是包括道路、房屋、绿化等基础设施建设问题。宁夏农村人居环境整治工作就是要解决好这五大问题，全面提升农村生活品质，打造生态宜居的和美乡村。

近年来，宁夏加大农村基础设施建设的投入力度，农村道路、供水、供电、通信等基础设施条件得到显著改善，村民环保意识有所提升。加强了农村生活污水治理，建设了一批污水处理设施，提高了农村生活污水处理率。重视农村垃圾处理工作，推广垃圾分类和回收利用，提高了农村垃圾处理效率。积极推进农村厕所革命，大力推广无害化卫生厕所，提高了农村厕所的卫生水平和使用便利性，探索农户自愿按标准改厕、政府验收合格后补助到户的奖补模式。扎实推进化肥农药减量增效、农作物秸秆综合利用、畜禽粪污治理及资源化利用等8项重点工程，培育一批生态农场，秸秆利用率、化肥农药利用率均为上升状态，畜禽粪污资源化利用率连续几年均达到90%。积极开展全域土地综合整治，优化生产、生活、生态空间布局。从宁夏近3年部分农村生态环境指标汇总表（见表1）中可以看出，宁夏农村再生资源回收利用网络不断完善，农业面源污染治理水平显著增强，地膜科学使用与回收利用能力明显提升，残膜回收率逐年提高，农村人居环境明显改善，持续向好。截至2024年9月，宁夏农村生活污水治理率达到38%，农村生活垃圾分类和资源化利用覆盖面达32%以上，改造农村户厕1.35万座，农村卫生厕所普及率达到69%，农药利用率达到42%，化肥利用率达到41.8%，畜禽粪污资源化利用率达90%以上，秸秆

表1 2021—2023年宁夏农村生态环境部分指标汇总

指标（单位）	2021年	2022年	2023年
畜禽粪污资源化利用率(%)	90	90	90
秸秆利用率(%)	88.6	91.2	90
化肥利用率(%)	40.5	41.2	41.5
农药利用率(%)	41.1	41.5	41.8
残膜回收率(%)	86	87.5	88

数据来源：《2021年宁夏生态环境状况公报》《2022年宁夏回族自治区环境状况公报》《2023年宁夏回族自治区环境状况公报》和宁夏回族自治区生态环境厅官网。

利用率90%以上。

三、宁夏农村人居环境整治提升工作面临的问题及挑战

虽然宁夏农村人居环境整治工作取得了显著成效，但也面临诸多挑战。村庄清洁不彻底，商铺乱堆乱放，私搭乱建，污水管网监管不力，基础设施落后，等等，这些问题不仅影响农民的生活质量，也制约了农村的发展。经过实地调研发现，宁夏农村人居环境整治提升还存在以下问题。

（一）农业面源污染问题

由于地理位置和气候条件的限制，宁夏在农业规模和农产品总量上并不占优势。近年来，随着农业生产结构调整步伐的加快和农业生产水平的不断提高，宁夏的农业面源污染问题逐渐显现。农业面源污染主要来自农业废弃物的污染，农业废弃物主要包括农药、化肥、农膜、禽畜粪便、秸秆等。农业面源污染不但破坏农村生态环境，还会带来水污染、土壤污染、空气污染、食品安全等具体问题。宁夏虽然持续推进化肥农药的减量增效，但是粗放的种植方式导致依然有大量化肥和农药在有限的耕地上残留，形成了较为严重的扩散污染。截至2024年9月，宁夏化肥利用率已经达到41.8%，农药利用率达到42%，尽管利用率有所提升，但整体使用量依然庞大。随着畜禽养殖业的快速发展，未经处理直接排放的畜禽粪便也有所增加，对周边环境和农田造成了严重污染。同时未经妥善处理的农作物秸秆、农用残膜和农药包装废弃物对土壤和水体也会造成污染。

（二）农村生活污水问题

根据《宁夏回族自治区水生态环境保护"十四五"规划》，到2025年，宁夏农村生活污水治理率需达到40%，但目前为止农村生活污水治理率为38%，仍存在差距。当前农村生活污水处理设施运维管理方面资金保障不足是主要原因之一，由于农村地区面积大、人口分散，污水治理设施建设成本高，运维费用大。而当前资金来源主要依靠政府的财政支持，资金缺口较大，导致设施运维管理难以持续。同时污水处理设施设计规模与实际处理量不匹配、处理设施智能化水平不高也是运维管理中的一大挑战。部分设施在设计时未能充分考虑实际处理需求，导致建成后闲置或运行效率

低下。设施智能化水平不高，缺乏远程监控和数据分析能力，影响了运维管理的效率和质量。

(三) 农村垃圾处理问题

第一，部分村庄仍存在具有安全隐患的土坯房、残垣断壁和土堆等，仍有建筑垃圾和非正规垃圾随意堆放的问题。第二，对生活垃圾未做到无害化集中处理全覆盖，仍有随意倾倒、堆放现象，不仅破坏了水源，对农作物造成污染，而且容易滋生蝇虫蚊蠓，极易传播传染病，给周围民众的健康及公共卫生安全带来极大隐患。第三，村民环保意识的强弱直接影响农村人居环境整治工作的成效。当前，部分村民环保意识不强，给农村人居环境整治工作带来一定困难。

(四) 农村厕所问题

在厕所革命中，宁夏积极探索了多种技术模式，以适应不同地区和农户的需求，但仍存在一些问题。第一，资金短缺、技术缺乏导致一些地区改厕进度缓慢、改厕质量不高。第二，尽管宁夏各地积极采取措施鼓励群众参与改厕和运维，部分群众参与度仍然不高。农户对改厕的便捷性、重要性认识不足，缺乏参与改厕的积极性和主动性。第三，部分地区的改厕模式与当地地理环境或群众生活习惯不相适应，导致改厕效果不佳。第四，部分地区的改厕模式缺乏创新性和可持续性，难以长期保持。

(五) 基础设施建设问题

第一，"四好农村路"需要进一步普及，农村公路管理及养护机制仍需完善，公共交通运输能力有待提升。部分道路不畅通，如通往承包地、林场、经济林的沟壑、悬崖、渡槽等地带未架设辅道及桥梁，小型机械车辆不能通行，影响了农作物的收割、运载、销售。第二，部分乡村电信互联网信号不稳定，亟需增容扩量。第三，村庄规划有待完善，虽然"多规合一"减少部分工作量，但实用性强、质量高的村庄规划并不多，大多束之高阁。

四、宁夏农村人居环境整治提升工作路径

宁夏农村人居环境整治工作已取得初步成效，但仍存在基础设施薄弱、

生态环境保护压力大、村民环保意识不强等问题。针对这些问题，提出了包括促进农业废弃物综合利用、推进农村基础设施建设、加强生态环境保护、提高村民环保意识及构建长效管护机制等在内的多项提升路径。

（一）促进农业废弃物综合利用

第一，推广化肥机械深施、种肥同播、水肥一体化等高效施肥技术，提高化肥利用率。加大有机肥替代化肥的力度，鼓励农民使用有机肥，减少化肥使用量。第二，推广应用高效、无污染或低风险的农药和高效施药机械，提高农药利用效率。同时加强对农药市场的监管，从源头上降低农药对环境和农产品的污染。第三，规范规模养殖企业，中小型养殖户配套完善粪污处理设施装备，因地制宜推广资源化利用模式和技术，促进畜禽粪肥就地就近还田利用。鼓励建设第三方农业废弃物集中收储处理中心，开展资源化利用和再生清洁能源的开发和使用。第四，进一步提高秸秆回收利用的经济效益，加快饲料化技术与基质化技术等高精尖技术应用，持续提高秸秆的综合利用率。第五，高度重视农业科技创新，依托高校和科研院所，开展农业关键核心技术攻关和重点科技成果转化，建立农业绿色发展专家顾问制度，为农业面源污染治理提供技术支持和决策咨询。

（二）因地制宜创新农村污水处理模式

目前农村污水处理模式大致分三种：一是纳管式处理，适用于距离市政污水管网或者城镇污水处理厂较近的乡村，便于接入主管网；二是集中式处理，需要配套建设污水处理设施，适用于集中连片区；三是分散式处理，需要建设净化槽或人工湿地或渗水井，适用于比较分散、地形复杂的村庄。三种方式各有利弊，要根据自身条件选择污水处理模式，不断创新农村污水处理模式，打造高效、便民、快捷、无污染的农村污水处理服务平台。

针对资金保障不足的问题，要拓宽资金筹措渠道，强化污水处理设施运维保障。首先要最大程度地争取国家资金支持；其次在综合考虑农民承受能力、污水治理和设施运行成本的情况下，探索建立农村生活污水处理收费制度；再次是鼓励社会各界参与农村生活污水治理工作，引导社会资本进入农村污水治理领域。

针对当前污水处理设施设计规模与实际处理量不匹配的问题，应充分考虑建设、运维成本和地理、气候、村民生活习惯等因素，统筹规划已建成的和计划新建的污水处理设施及管网。制定农村生活污水处理设施建设标准和技术规范，确保设施建设的科学性和规范性。建立健全农村生活污水处理设施建设和运维管理的监管机制，定期对设施建设和运维情况进行评估和检查。建立农村生活污水处理与资源化利用智能化监管平台，积极推进设施智能化改造，提升监管能力和效率。

（三）提升农村垃圾处理能力

加大农村垃圾处理设施建设和改造力度，提升垃圾处理能力。第一，可以增建垃圾分类收集站、转运站和垃圾处理场等基础设施，完善垃圾处理体系。第二，加强对已建成设施的运行维护和管理，确保设施正常运行，发挥应有的作用。第三，加强村民环保宣传教育，提高村民环保意识，通过举办环保讲座、发放宣传资料、开展环保实践活动等方式，引导村民养成良好的环保习惯，积极参与农村人居环境整治工作。

（四）持续推进农村厕所革命

首先，加大对偏远和贫困地区厕所改建资金和技术支持力度，确保改厕工作的顺利推进。其次，建立健全农村卫生厕所运维管护责任机制，明确运维人员的职责和范围。加强对运维人员的培训和管理，提高其专业水平和服务质量。加强对运维设备的更新和维护，确保其正常运行。再次，加强对农民群众的宣传教育，提高其对改厕重要性的认识。通过奖励机制、示范引领等方式，鼓励群众积极参与到改厕和运维中来。同时加强与群众的沟通和交流，了解其需求和意见，不断改进和完善改厕工作。

（五）持续加强基础设施建设

按照"缺什么补什么"原则，在道路、交通、网络等基础设施建设上加大政策投入，优先农村公共资源配置。借鉴全域土地综合整治的成功经验，进一步优化国土空间布局，推动农村生产、生活、生态空间协调发展。通过土地整治、村庄规划等手段，优化农村空间结构，提高土地利用效率，为农村人居环境整治提供有力支撑。做好绿化美化工作，对村部、学校、村道、农户房前屋后等空地开展美化绿化，结合地方实际种植经济苗木，既美化环境又能提高村集体收入。

　　未来，宁夏将继续加大农村人居环境整治力度，通过制定相关政策法规、完善考核评价机制、加强社会监督等方式，确保农村人居环境整治工作持续推进，取得实效。同时积极探索适合宁夏地区实际的农村人居环境整治模式，为全国农村人居环境整治提供可借鉴的经验和启示。

宁夏以能源清洁高效利用推动产业绿色转型的对策研究

王宇恒

生态文明建设是关系中华民族永续发展根本大计，是推进中国式现代化建设的重要内容。习近平总书记在全国生态环境保护大会上发表重要讲话，指出要加快推动发展方式绿色低碳转型，坚持把绿色低碳发展作为解决生态环境问题的治本之策，加快形成绿色生产方式和生活方式，厚植高质量发展的绿色底色。深入学习贯彻习近平生态文明思想和习近平总书记考察宁夏重要讲话精神，宁夏坚持把生态环境保护作为谋划发展、推动高质量发展的红线底线，聚焦能源清洁高效利用，积极打好绿色转型整体战，精耕细作，久久为功，协同推进降碳、减污、扩绿、增长，生态环境质量明显改善，经济发展水平显著提升。

一、宁夏能源利用问题分析

当前，宁夏生态文明建设进入了以降碳为重点战略方向、推动减污降碳协同增效、促进经济社会发展全面绿色转型、实现生态文明建设由量变到质变的关键时期。以能源清洁高效利用推动绿色发展方式和生活方式转型是当前宁夏生态文明建设的重中之重和必然选择。近年来，宁夏以新能

作者简介　王宇恒，宁夏社会科学院助理研究员。

源综合示范区建设为契机，加大风电、光电、氢能等清洁能源开发利用，新能源相关产业发展势头强劲，成为首个新能源发出电力超过用电负荷的省区。此外，在减污降碳、控制能耗碳耗、污染防治等方面均取得了良好成绩。但不容忽视的是，作为我国重要的能源化工基地和火电基地，却生态本底脆弱，国家能源战略储备和"西电东送"挑战艰巨。产业结构偏重、能源结构偏煤、能耗碳耗偏高、用水资源偏紧、资源利用效率偏低等问题依然存在，经济社会发展绿色转型内生动力不足，产业转型升级任务重，生态环保领域问题依然突出，结构性、根源性、趋势性压力尚未根本缓解。

（一）能源结构不合理

宁夏的能源结构以煤炭为主，清洁能源和可再生能源的开发和利用相对不足。受产业结构影响，宁夏是全国碳排放强度最高的省区，非化石能源占能源消费总量比重始终低于全国平均水平。虽然能源消费结构持续优化（见表1、图1），但整体上煤炭占比仍然过高，"倚能倚煤"情况仍然存在。如2022年，全区能源消费总量为8679万吨标准煤，其中煤炭占比达79.4%。宁夏拥有丰富的风力、水力和地热等新能源资源，然而由于技术水平和经济成本等因素的限制，新能源的开发和利用受到一定制约。2022年全区发电装机容量中，火电占比仍然超过50%（见表2、图2）；可再生能源发电量513.97亿千瓦时，在全部发电量中所占比重仅为23%（见表3）。2024年1—10月，全区工业发电量1930.10亿千瓦时，其中，火力发电量1396.22亿千瓦时，水电、风电、太阳能等可再生能源发电量仅539.89亿千瓦时[①]。

这种能源结构不仅导致碳排放强度高，还易引发一系列环境问题，如空气污染、水污染等，不利于应对气候变化和实现可持续发展。同时，宁夏的重工业比重较高，化工、钢铁、有色金属等工业领域能耗较高、占比较大，且部分设备老化严重、制造工艺水平落后，能耗高、能源利用效率低，加剧了能源浪费和环境污染。

---

① 数据来源：宁夏统计局官方网站。

表1 2013—2022年宁夏能源消费总量和构成

年份 (年)	能源消费总量 (万吨标准煤)	占能源消费总量的比重(%)			
		煤炭	石油	天然气	一次电力及其他能源
2013	4780.5	81.6	7.1	5.2	6.1
2014	4962.7	82.4	6.0	4.5	7.1
2015	5437.9	81.2	6.4	4.7	7.7
2016	5591.3	79.4	6.1	5.0	9.5
2017	6460.8	81.0	4.8	3.8	10.4
2018	7100.0	82.0	3.3	3.5	11.2
2019	7648.0	81.4	3.8	4.0	10.8
2020	7933.0	81.7	3.6	4.3	10.4
2021	8047.9	80.4	3.5	4.0	12.1
2022	8679.0	79.4	4.0	3.4	13.2

注：能源消费量按照发电煤耗计算法计算得出。数据来源：《宁夏统计年鉴2023》。

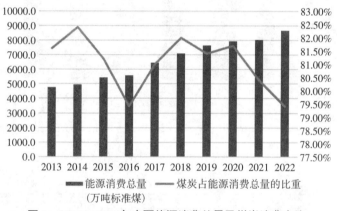

图1 2013—2022年宁夏能源消费总量及煤炭消费占比

表2 2013—2022年宁夏发电装机容量

单位：万千瓦

年份 (年)	总量	火电			水电		风电		太阳能发电	
		容量	占比	其中生物质能发电	容量	占比	容量	占比	容量	占比
2013	2230.8	1731.3	77.61%	—	42.6	1.91%	301.8	13.53%	155.1	6.95%
2014	2423.8	1790.0	73.85%	2.4	42.6	1.76%	417.8	17.24%	173.7	7.17%
2015	3157.4	1983.9	62.83%	2.4	42.6	1.35%	822.1	26.04%	308.8	9.78%
2016	3674.8	2164.7	58.91%	7.4	42.6	1.16%	941.6	25.62%	526.0	14.31%
2017	4187.6	2583.2	61.69%	8.4	42.6	1.02%	941.6	22.49%	620.2	14.81%
2018	4714.8	2844.7	60.34%	9.6	42.6	0.90%	1011.1	21.45%	816.4	17.32%

续表

年份（年）	总量	火电			水电		风电		太阳能发电	
		容量	占比	其中生物质能发电	容量	占比	容量	占比	容量	占比
2019	5295.9	3219.1	60.78%	9.7	42.6	0.80%	1116.1	21.07%	918.1	17.34%
2020	5942.7	3326.4	55.97%	9.7	42.6	0.72%	1376.6	23.16%	1197.1	20.14%
2021	6214.3	3333.0	53.63%	12.7	42.6	0.69%	1454.8	23.41%	1384.0	22.27%
2022	6474.5	3303.8	51.03%	15.4	42.6	0.66%	1456.7	22.50%	1583.7	24.46%

注：其他为生物质能发电，是火电的其中项；2022年发电装机容量包含储能装机容量。数据来源：《宁夏统计年鉴2023》。

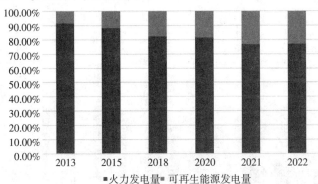

图2　2013—2022年宁夏火力发电量及可再生能源发电量比较

表3　2013—2022年宁夏发电量及构成

单位：亿千瓦时

年份（年）	总发电量	火力		可再生能源				
		发电量	占比	发电量	占比	水力	风力	太阳能
2013	1104.76	1011.60	91.57%	93.16	8.43%	18.76	65.23	9.17
2014	1156.57	1041.60	90.06%	114.97	9.94%	17.46	70.87	26.64
2015	1154.74	1017.94	88.15%	136.79	11.85%	15.52	80.50	40.77
2016	1144.38	953.56	83.33%	190.83	16.68%	14.02	125.47	51.34
2017	1380.94	1144.39	82.87%	236.56	17.13%	15.45	149.32	71.79
2018	1662.64	1367.77	82.26%	294.88	17.74%	19.76	180.55	94.57
2019	1765.93	1443.87	81.76%	322.07	18.24%	21.87	185.50	114.70
2020	1882.36	1529.99	81.28%	352.37	18.72%	22.50	194.20	135.67
2021	2082.89	1597.68	76.70%	485.21	23.30%	20.72	281.16	183.33
2022	2235.13	1721.16	77.00%	513.97	23.00%	18.45	274.75	220.77

数据来源：《宁夏统计年鉴2023》。

（二）能源利用效能较低

宁夏作为国家重点能源基地和煤化工基地，单位地区生产总值能耗高，能源集约节约利用水平低。例如，2022年全区平均每万元地区生产总值能源消费量为1.97吨标准煤/万元，较2021年增加3.6%，平均每万元地区生产总值煤炭消费量为3.83吨/万元，较2021年增加4.3%，均不降反升（见表4）。大量消耗、大量排放的能源利用方式是造成生态环境问题、影响绿色低碳转型的根本症结之一。而这种能源利用方式追根溯源是产业结构偏重、产业发展水平不高等粗放型发展方式造成的。部分产业链条短，多为原料生产、初级加工等，处于产业链供应链的初级、低端阶段，又面临科技创新力量不足、核心技术缺乏和自主创新能力较弱等的制约，产创融合度较低，绿色溢价高。

表4　宁夏2020—2022年平均每万元地区生产总值能源消费量

年份（年）	万元地区生产总值能源消费量（吨标准煤/万元）	万元地区生产总值煤炭消费量（吨/万元）	万元地区生产总值焦炭消费量（吨/万元）	万元地区生产总值石油消费量（吨/万元）	万元地区生产总值原油消费量（吨/万元）	万元地区生产总值汽油消费量（千克/万元）	万元地区生产总值柴油消费量（千克/万元）	万元地区生产总值天然气消费量（立方米/万元）	万元地区生产总值电力消费量（千瓦小时/万元）
2020	2.01	3.70	0.19	0.11	0.10	5.28	29.30	74.28	2914.35
2021	1.90	3.67	0.19	0.10	0.11	4.98	28.74	67.11	2955.69
2022	1.97	3.83	0.19	0.10	0.10	4.29	26.19	60.68	3097.46

注：地区生产总值按照2020年可比价格计算。

（三）能源使用末端固废处理压力较大

宁夏火电及重工业在经济发展中占比较高，工业固废处理利用不容忽视。2022年宁夏一般工业固体废物产生量为7888.45万吨，综合利用量为4597.74万吨，综合利用率仅为58.28%[①]，显著低于北京、上海、江苏等发达地区。在宁夏产生的各类工业固废中，粉煤灰约占三分之一。粉煤灰可供建筑行业资源化利用，但近年全国建筑市场整体疲软，粉煤灰需求大幅

① 数据来源：《宁夏统计年鉴2023》。

下降，2023 年宁夏粉煤灰资源化外销量仅 30 余万吨。随着产业发展，全区固废产生量或将持续增长，固废处置与回收利用形势严峻，压力较大。

二、以能源清洁高效利用推动产业绿色转型的对策建议

习近平总书记在中央财经委员会第九次会议上指出，要以经济社会发展全面绿色转型为引领，以能源绿色低碳发展为关键，加快形成节约资源和保护环境的产业结构、生产方式、生活方式、空间格局，坚定不移走生态优先、绿色低碳的高质量发展道路。推动能源清洁高效利用是一场涉及经济社会发展方方面面的综合性战役，要始终把"人与自然和谐共生的现代化"放在"全面建设社会主义现代化美丽新宁夏"的战略目标中来把握，锚定主要目标，树牢和践行绿水青山就是金山银山的理念，把生态环境保护作为高质量发展的基准线，协同推进降碳、减污、扩绿、增长，努力实现经济高质量发展的目标。

（一）推动构建绿色清洁安全高效能源体系

打造绿色生态宝地，落实国家"双碳"目标，能源转型发展是关键之举。要全面贯彻绿色发展理念，统筹发展和减排、长远和当前、政府和市场，紧紧围绕中央下达的"双碳""双控"目标，立足以煤为主的区情，坚持先立后破、通盘谋划，有计划地分步实施碳达峰行动，大抓绿能开发，大抓节能增效，加快构建新型能源供给消纳体系，推动能源结构绿色低碳转型。

一是科学统筹开发格局。围绕国家新能源综合示范区建设，抓好新旧能源有序替代，增加清洁能源的比重，推动形成能源生产清洁主导、能源使用电能主导的绿色低碳发展格局，推动能源清洁低碳转型，推进绿能开发、绿氢生产、绿色发展，持续推进新能源装机建设，重点加快规划建设沙漠、戈壁、荒漠地区大型风电光伏基地项目，进一步减少对煤炭等化石能源的依赖，逐步降低碳排放强度，实现能源结构的绿色转型。

二是创新优化空间布局。进一步统筹好开发利用和生态保护的关系，优化绿色能源产业发展布局，合理评估各地能源开发承载能力，鼓励在风能资源适宜、靠近负荷中心的工业园区、经济开发区周边发展分散式风电，

实现所发电力在配电系统平衡调节、就近消纳，促进新能源有序开发、协同发展，避免出现盲目建设、恶性竞争、产能过剩的现象。

三是加快构建以新能源为主的新型电力系统。围绕国家"沙戈荒""宁湘直流"配套等大型光伏基地项目，大力推动煤电节能降碳改造、灵活性改造、供热改造"三改联动"，全面深入拓展电能替代，提升终端用能低碳化、电气化水平。加快推动新型储能发展，开展源网荷储一体化和多能互补示范，规范储能日均"一充一放"调用，提升电力需求侧响应能力，推动清洁能源高比例发展与传统能源加速替代，尤其是要加大优质生物质能的生产、供给并提高其能效，推动清洁能源、可再生能源方面的技术创新，着力夯实能源供应基础，有效保障能源安全。

（二）优化升级绿色智能高端现代产业体系

大力发展绿色低碳循环产业体系，统筹发展与绿色低碳转型，坚持以转型升级和降碳增效为核心，以减污降碳协同增效为总抓手，着力打造绿色制造体系，加快产业结构优化升级，从根本上解决大排放、高能耗的能源利用问题。

一是坚持产业调整升级。深入实施存量项目节能降碳改造，全力保障绿色低碳产业能耗指标，严格执行绿色低碳生产强制性标准，对电石、铁合金、煤化工等产能已饱和的行业，落实"减量替代"措施，压减低端低效产能，对煤制油、煤化工等高耗能行业，落实"以能定产"措施。培育壮大战略性新兴产业，重点推进新型材料、清洁能源、装备制造、数字信息、现代化工、轻工纺织"六新"产业发展，围绕新能源全产业链加大产业招商、精准招商，加快淘汰落后产能、化解过剩产能，倒逼传统产业升级改造。鼓励企业向精深加工发展，延伸产业链，提高附加值。

二是实施全面节约战略。把好项目准入关，完善能耗"双控"与碳排放控制制度，严格落实"两高"项目管理目录，坚决遏制高耗能、高排放、低水平项目盲目发展，有效控制能耗强度。大抓煤炭清洁高效利用，加强对高耗能、高排放行业的监管，推动企业实施清洁生产技术改造。

三是推广绿色技术应用。广泛运用绿色环保新技术、节能降耗新工艺，提升全产业链清洁化程度。着力构建绿色技术体系，鼓励企业实施技术改造、智能改造、绿色改造"三大改造"，促进产业数字化智能化同绿色化的深度融合，推动传统产业优化升级和绿色赋能，增强主导产业引领带动作用，加速推动产业迈向中高端。瞄准低碳产业技术发展趋势，引导电力、供热、冶金、有色、建材、煤化工等重点高耗能企业有序开展节能降碳技术改造、智能改造、绿色改造，推广绿色设计、绿色生产和绿色管理，持续推进工艺、技术、装备升级，提高产品能效和资源利用率，推动大数据、人工智能、5G 等新兴技术与绿色低碳产业深度融合，加快形成科技含量高、资源消耗低、环境污染少的产业结构，全力提升环保水平。

（三）推进多层次多领域创新协同治理工作

加快推进资源节约和循环利用，推动工业固废"变废为宝"，解决能源使用末端的固废处置问题，推动能源全流程清洁、绿色、高效利用，发展循环经济。

一是借力新修订的《关于优化国土空间开发保护格局的实施意见》，在国土空间开发保护新格局的基础上，坚持污染减排和生态扩容两手发力，以多领域、全方位、深层次的综合治理，改善能源布局，提升利用效能，扩充新能源发展空间，系统推进降碳、减污、扩绿、增长。

二是实现资源循环利用和废物减量化、无害化处理，提高产业循环经济发展水平。建设多个循环经济园区，推进工业园区余热余压回收、再生水回用、废渣资源绿色化改造，推动企业间废弃物交换利用和能量梯级利用。推进粉煤灰等固废多元化处理和资源化外运，严格过剩产能和落后产能行业用水总量控制和定额管理，在化工、电力、冶金等七大高耗能行业实施水循环利用、重复利用等节水技术改造，严格控制高耗水项目审批，稳步提升工业用水效率。拓展资源利用空间，不断推进余热余压回收、再生水回用、废渣资源绿色化改造。发展循环经济，推动可再生资源清洁回收、规模化利用和集聚化发展。

三是深入推进环境污染防治，持续改善生态环境质量，从源头上解决能源使用末端的污废处置问题。针对不同污染源分类施策，持续深入推进"六废"联治、"五水"共治，针对建筑垃圾、生活垃圾、危险废物、畜禽粪污、工业固废、电子废弃物实行具体治理策略。在水污染防治方面，巩固提升水环境治理成效，加快推进企业管网全覆盖、污水全收集、集中全处理。

（四）以人才科技金融助力绿色转型发展

发挥人才、科技、金融等多维度助力绿色转型发展的优势力量，多维度高质量推进绿色转型整体布局与实施。

一是建立完善的绿色科技创新体系。紧紧围绕建设黄河流域生态保护和高质量发展先行区，实现碳达峰碳中和目标重大科技需求，制定各领域绿色低碳科技创新的中长期发展规划，明确科技创新的目标、重点领域和优先方向，积极对接国家重大科技专项和重点研发项目。加快关键核心技术攻关，引导和支持企业、高校和科研机构开展绿色低碳技术的研发和攻关，面向全国征集技术解决方案，重点突破可再生能源、节能环保、碳捕集与利用等关键技术，对绿色低碳技术优先推广应用、对绿色低碳项目优先予以支持，加快推进绿色低碳技术的研发和高效应用。加强科技创新与产业发展的衔接，通过政策引导和市场机制，推动企业采用绿色低碳技术和工艺，加强绿色低碳技术的宣传和培训，提高企业和公众的环保意识和参与度，推动绿色低碳科技成果的转化和应用。

二是培养和引进绿色低碳科技创新人才。加强绿色低碳科技人才的培养和引进，加强专业技能人才队伍建设。建立完善的人才评价和激励机制。鼓励企业加强与高校和科研机构的合作，共同培养和输送优秀的科技人才。加大对绿色低碳技术转移转化、推广应用有突出贡献的一线科技人员和科技服务人员的表彰奖励力度。通过政策引导和资金支持，吸引和培养更多的绿色低碳科技人才，为宁夏的绿色低碳发展提供人才保障。促进产学研深度融合，鼓励区内企业、高校、科研院所与国家大院大所、发达地区创新主体深入开展交流合作，加强与国内外先进技术机构的合作和交流，引进、消化、吸收先进技术。引导企业、高校、科研单位建设一批国家和自治区级绿色低碳科技创新平台，培育一批绿色创新型示范企业，利用东西部科技合作机制，强化应对气候变化、新污染物治理等生态环境重点领域重点问题的技术攻关和成果转化。

三是加大绿色金融支持力度。以"金融服务实体经济"为宗旨，鼓励金融机构大力发展绿色贷款、绿色股权、绿色债券、绿色保险、绿色基金等业务，创新金融产品，加大对能源科技、能源转型、产业升级等的绿色经济发展的支撑力度。开发以碳汇、碳排放额等为核心的金融产品，扩大绿色信贷投放，完善信贷管理政策，优化信贷审批流程，通过调整内部资金转移定价等方式引进资金配置，合理降低企业绿色发展项目融资综合成本。对工业绿色发展项目给予重点支持。积极探索发展专业化的政府性绿色融资担保业务，促进投资、信贷、担保等业务协同。发挥金融科技作用，鼓励金融机构对工业企业、项目进行绿色数字画像和自动化评估，根据重点行业碳达峰路线图，加强对上下游小微企业的金融服务。推动建立跨部门、多维度、高价值绿色数据对接机制，整合企业排放信息等"非财务"数据，对接动产融资统一登记公示系统，保障融资交易安全。

（五）宣传推广节能降碳的绿色生产方式

大力推广绿色发展理念，继续加强生态文明宣传教育，推动形成绿色生产理念，助力转型。

一是加强能源转型与绿色生产消费理念引导，完善绿色低碳政策管理体系。广泛开展绿色低碳宣传教育、普及法律法规知识，倡导简约适度、绿色低碳、文明健康的生活方式，引导群众增强节能环保意识、绿色低碳意识，制定并落实促进绿色生产、绿色消费的政策举措。强化依法治理，把生态文明建设纳入法治化、制度化轨道，健全源头防控、过程控制、损害赔偿、责任追究的生态保护体系，以法治理念、法治方式推进生态文明建设。

二是全面推动绿色生产生活行动。坚持创新驱动，提高技术水平，优先增加绿色产品和服务供给，降低产品碳耗、能耗，降低产品全生命周期中的碳排放。优先增加绿色产品和服务的供给，提高能源利用效率，推进产品创新，做好再利用、再循环工作。引导人们转变消费理念，更新升级老旧家电，购买使用能效等级高的环保产品，以消费倒逼生产转型。

三是加快城乡建设领域绿色低碳转型。以银川、石嘴山入选"无废城市"为契机，打造生态型城市、绿色城市、海绵城市、森林城市，降低城市能源消耗。统筹老城改造和新城建设，推动建立以绿色低碳为导向的城乡规划建设管理机制，实施城市生态修复和功能完善工程，制定建筑拆除管理办法，杜绝大拆大建。持续推动老旧供热管网等市政基础设施节能降碳改造，减少城市碳排放，提高碳吸收能力。推广绿色低碳建材和绿色建造方式，加快推进新型建筑工业化，推动建材循环利用，强化绿色设计和绿色施工管理。加快更新建筑节能标准，提高节能降碳要求，推动适宜宁夏气候特征的超低能耗建筑、低碳建筑规模化发展。推进农村建设和用能低碳转型，推进绿色农房建设和节能改造，持续推进农村地区清洁取暖，加强农村电网建设，提升农村用能电气化水平。

宁夏新能源产业高质量发展研究

景文博

党的二十届三中全会提出，"健全绿色低碳发展机制"。这是基于加快发展方式绿色转变、建设人与自然和谐共生的中国式现代化作出的重大部署，也是推动实现碳达峰碳中和目标的实践路径和重要任务。自治区党委十三届九次全会提出，"加快推进绿色低碳转型"。这是立足宁夏新能源资源禀赋作出的决策部署。为贯彻落实党的二十届三中全会、自治区党委十三届九次全会精神，围绕新能源产业高质量发展，坚持问题导向，深入分析研究，提出宁夏新能源产业高质量发展的对策建议。

一、宁夏新能源产业发展现状

宁夏具有独特丰富的新能源资源，具备发展新能源产业的优质资源基础。其中，硅石已探明储量为 50 亿吨，位列全国第一位；全区主要以荒漠或荒漠草原为主，纬度适中、云雾稀少，具有日照时数多、太阳辐射强的特点，年平均太阳总辐射量为 4950—6100 兆焦/平方米，年日照时数达2250—3100 小时，是我国太阳能资源最富集的地区之一；拥有贺兰山脉等三大风带，风能资源丰富，各地年平均风速为 2.0—7.0 米/秒，部分地区年利用小时数可达 3000 小时以上。

作者简介　景文博，宁夏回族自治区党委政研室社会研究处一级主任科员。

近年来，自治区党委和政府坚决贯彻落实党中央关于国家能源安全新战略决策部署，以（宁夏）新能源综合示范区为主要抓手，大力发展清洁能源，加快发展风电和太阳能发电，统筹水电开发和生态保护，科学有序发展氢能等新能源，推动传统能源向"绿"转型，清洁能源向"绿"拓展，加快构建"绿色低碳、安全可靠、科学高效、智慧协同"的新型能源体系。

（一）新能源装机发电稳步增加

全区已建成光伏发电项目占地面积 73.32 万亩，其中灵武市 19.52 万亩、沙坡头区 21.5 万亩、盐池县 7.34 万亩、中宁县和红寺堡区各 6.7 万亩。在建光伏发电项目 15.34 万亩，其中灵武市 9.93 万亩、沙坡头区 2.69 万亩、盐池县 0.75 万亩、兴庆区 1.97 万亩。全区风电项目已建成用地面积 609.65 万亩，主要分布在灵武、沙坡头、盐池、中宁等地。截至 2023 年底，全区新能源装机达 3600 万千瓦，占全网电力装机达 51.7%。其中，风电装机 1464 万千瓦（全国第十一），光伏装机 2136 万千瓦（全国第十五），储能装机 286.5 万千瓦（全国第五）。新能源发电利用率达 97.11%，位居西北第一。2023 年，光伏、风电发电量分别为 282 亿千瓦时和 293 亿千瓦时，新能源外送电量达 137 亿千瓦时，占全区外送电量的 15.6%，新能源已经成为外送电量的主力电源之一。

（二）新能源产业加快发展

加快推进国家新能源综合示范区建设，新能源装机快速增长至 3918 万千瓦，占总装机 53.8%。新能源发电量占总发电量的 26%，比全国平均水平高 10 个百分点，新能源利用率连续 6 年超过 97%。新能源电力消费从 202 万吨标准煤增长到 974 万吨标准煤，增长 380%，占比从 4.5% 大幅提升到 12.1%。新能源产业链不断延伸，隆基、中环等头部企业先后落户，具备了 137GW 单晶硅棒、85GW 硅片、15GW 电池、18 万吨多晶硅产能。2023 年清洁能源产业实现产值 846 亿元，同比增长 6.8%。已建成隆基硅片到电池片项目、中环 50GW 单晶硅材料项目，正在建设贝盛绿能 5GW 光伏组件项目、龙祥 80 万吨光伏支架项目及晶钰 10000 万千米金刚线项目等，初步建立从"原料硅"到"光伏组件"的光伏产业链。推动建设中车"低碳循环"智能装备产业园，建立从"零部件"到"整机组装"的风机产业链；开工建设江苏百川电池材料等项目，建立从电池材料到系统集成及电站建设的储能产业链；建立以宁东基地为主的氢生产、储运及应用为一体的氢能产业链，初步形成以风光储氢为主的新能源产业制造集群。2023年，全区光伏投资增长46.3%，风电投资增长47%，风光储等清洁能源制造业完成产值840亿元，占全区生产总值的16%。

（三）"绿电东送"电网通道成绩斐然

宁夏电网是"西电东送"北通道的重要组成部分。截至2023年底，全区已形成750千伏全覆盖的坚强双环网电网结构，通过4回750千伏线路与西北主网联网运行；已建成银东±660千伏直流线路和灵绍±800千伏直流线路，形成两条特高压直流外送通道，分别给山东和浙江等省份送电。全区累计外送电量达7000亿千瓦时，其中，新能源外送电量达800亿千瓦时，占比达11.4%。正推动建设"宁电入湘"特高压直流外送通道，提升新能源外送能力。该直流工程建成后，全区年外送电量将超过1000亿千瓦时。大力推进风光火打捆外送，自2010年至今已累计外送电量超过7400亿千瓦时，绿电占比由2013年的2%上升到2023年的17.25%，实现了"输煤"向"输电"再到"输绿电"的转变和提升。

（四）新能源资源配置机制逐步完善

优化新能源开发管理机制。依托第三次国土调查、新能源资源禀赋产业布局，建立重点产业项目滚动项目库，分年度制定光伏项目建设开发方案。制定新能源与产业协同发展政策，优化新能源项目布局、建设时序。落实并联审批政策，合力推进项目用地、环评、林草、电网接入等前期手续，为新能源项目建设提供了有利条件。探索新能源消纳新机制。加快"绿电园区"建设，按照园区负荷增长配置绿电资源，促进就地消纳。鼓励拓展绿电及制氢、制氨、制醇等消纳新路径，与煤化工、天然化工、煤电、新能源制造耦合发展。探索建立绿电绿证与能耗双控等衔接机制，提升用户侧消费绿色电力积极性。优化外送消纳机制，在强化与浙江、山东、湖南等省区送受电合作的基础上，拓展跨省绿电交易市场，实现外送规模、绿电电量"双提升"。全区新能源利用率97%，消纳占比32.7%，外送新能源电量占比20%。全区每用3度电就有1度电是绿电，每发5度电有2度是外送，每送 5 度电就有 1 度是绿电。

二、宁夏新能源产业发展存在的主要问题

（一）扶持政策有待完善

一是土地租赁费用等非技术成本上升。区内各市县土地租赁成本标准不统一，部分地区高达 648 元/亩，加上耕地占用税、植被恢复费等，整体非技术成本占总投资的 8%—10%，影响新能源项目总体收益，企业开发积极性及热情降低。二是土地空间不足。宁夏土地面积相对较小，地形相对复杂，除少数荒漠外，能用于新能源的土地已使用殆尽。建设风电光伏项目需要大面积占用土地，千亩以上可用于发展绿电的集中连片土地较少，可用土地资源已所剩无几，光伏选址受限。随着大型工业企业增多，企业绿电需求与发展清洁能源土地条件限制的矛盾将日益凸显，有待相关土地政策支持。三是补贴推延问题。新能源存量项目补贴不能及时到位，补贴滞后时间较长，通常达到 2—3 年，大量挤占企业资金，推高企业资金成本，严重影响企业经营及后续发展。

（二）制造业发展较为滞后

一是产业链不完整，配套尚不完善。新能源相关企业生产所需的电石、晶硅、石墨等大量原材料需要从湖北、辽宁等地获取。本地无法满足企业生产所需，加大企业生产负荷，降低企业生产利润。以锂电池产业链为例，全区以低附加值、高能耗的负极材料石墨化为主，所需主辅材均由外地企业供给。瑞鼎新材料负极石墨化料均需依托深圳贝特瑞公司提供，瑞鼎新材料加工后形成的产品并不能直接供终端使用，需要供给至国内负极材料生产的龙头企业，经再次深加工后形成真正的负极材料产品。产业链下游生产附加值高、科技含量高、拉动作用强的三电系统和新能源汽车领域尚为空白。惠农区新能源产业链仍以原材料生产加工为主，面临前端多后端少、低端多高端少、上游多下游少的问题，产品的附加值与企业的核心竞争力不够高。调研发现，近十年来，全区用工成本逐年平稳上升，年均上升 5%左右，成本优势下降，而且可用劳动力不足，工人流失较快，企业培养成本较高，整体竞争力下降。二是技术创新能力不足。现有人才资源与

市场需求之间存在结构性矛盾，新能源基础研发缺乏高素质人才。宁夏新能源企业多为生产制造型企业，相关研发、创新机构少，研发人员力量不足，并且主要研发力量不在宁夏，与区内外高校和科研院所的联合研发不够活跃，无法解决企业生产中的微创新问题，影响企业产品迭代及改进效率，降低相关竞争力。另外，在关键原材料、关键技术等领域的自主研发、设计和制造能力不足，核心基础零部件、核心元器件、核心基础材料、核心工艺技术等方面对外依存度较高，易受市场波动的影响和冲击。三是产品市场空间不足。2023 年，全区新能源新增装机约 5.6GW，约占全国 2%，本地市场空间相对有限，无法满足本地产品销售需求，本地产品多需外售，加上物流成本等因素，产品外售的竞争力下降，企业扩张意愿降低。一些招商引资政策缺乏延续性，影响企业投资。

（三）新型电网建设还有差距

一是源网建设不同步影响接入。新能源项目建设周期短，一般半年到 1 年可完成本体工程建设；330 千伏以上电网工程前期及建设周期长，特别是 750 千伏电网工程需纳入国家规划，才能核准开工，建设周期一般在 3 年左右，两者相差 2 年时间，若新能源项目建设过快，可能会出现接网困难。二是调峰资源有限。目前宁夏煤电综合最小出力已达 32%，进一步提升空间有限；自备电厂富余调峰能力有限（总规模 576 万千瓦，其中 232 万千瓦统调自备具备改造条件）。受气源、气价等因素影响，已建 70 万千瓦燃气发电项目处于停发状态，新增燃气机组建设积极性不高。三是安全稳定面临新挑战。新型电力系统"双高"（高比例新能源、高占比电力电子）特征更加明显，多回直流与交流电网联系紧密，分布式新能源、充电桩、虚拟电厂等新业态大规模接入，电网协同控制难度增大，对电网安全运行提出新的挑战。目前，全区 3 条外送通道（含在建的宁湘线）均有明确的外送电源，外送负荷满员，其他新增的新能源已无外送份额。

（四）清洁能源消纳有待突破

一是重点产业发展绿电消费存在障碍。按照国家有关规定，数据中心绿电配比要达到 65%（2025 年提高到 80%）；高耗能企业实行可再生能源强制消费，绿电配比逐年提高（2024 年宁夏电解铝配比要达到 34.3%）；晶硅等出口型产品面临欧美高额碳关税，需要高比例配置绿电应对。但这些产业负荷特性与新能源匹配性差，对调峰要求高，高比例消纳新能源面临技术性、经济性障碍。二是绿氢应用场景有待突破。宁东能源化工基地年用氢量 260 万吨以上，目前绿氢成本（22 元/千克）是灰氢的 2 倍，且受新能源波动性、间歇性、随机性影响，绿氢供应不稳定、存储成本高，与煤化工耦合难度大。

（五）电力供给存在结构矛盾

一是时段电力供应短缺。随着新能源装机占比提升，若煤电、储能支撑不足，在极热无风、夜晚无光情况下，将出现电力缺口。二是新能源电量日间富余。随着新能源投产规模扩大，日间光伏规模超过用电负荷，火电调峰利用效率降低，电量持续盈余。三是区域供电存在卡口。石嘴山市现有平均电力负荷 357.6 万千瓦，随着润阳硅材料、东方希望等大型硅材料龙头企业，冠能 BDO、英力特化工、鹏程新材料等一批传统产业延链补链项目的推动，将形成新增电力负荷约 200 万千瓦，新增负荷占据现有负荷 56%，将会带来电力供应的挑战。北部银川市、石嘴山市火电装机少、新增负荷多，由于区域间 750 千伏主网连接存在断面约束，南部地区富余电源支援存在卡口。

三、宁夏新能源产业高质量发展的对策建议

面对产业发展过程中出现的问题，宁夏应顺应国家发展战略，以新能源综合示范区建设为契机，着力解决困扰全区新能源产业长期健康可持续发展的土地、人才等核心问题，发展壮大新能源制造业，培育发展特色优势产业，建立长效发展机制，推动新能源产业健康可持续发展。

（一）抢抓战略机遇，完善相关政策措施

宁夏地处"一带一路"重要节点，也是西部大开发、黄河流域生态保护和高质量发展的重要地区，应积极融入，争取推动设立央地、区域绿色发展基金或西部大开发基金，争取金融、保险等机构加大对西部先进光伏、新型储能企业出口信用保险和进出口信贷支持倾斜政策。推动建立支持西部发展人才库和人才培养计划，在子女教育、晋升及国内外重点研发资金

获取方面给予适度倾斜。争取设立陆地港保税区等示范区，给予区内企业更多的金融支持如进出口退税等，便利企业进出口。

（二）深化体制改革，构建良好营商环境

一是建立政策定期巡检制度，定期清理、修改完善不适合新能源产业长期发展的制度及政策，及时将好政策、好经验制度化、法治化，确保政策长期性、可持续性和可预期性。二是提升服务水平，建立智能化、便利化服务体系，建立运行全区新能源产业线上综合服务平台，为新能源产业重点项目招引落地、优质企业培育壮大、龙头企业及重要产业链企业投资落地等提供精准服务。三是改革政企考核体系，推动建立以碳排放为核心的考核体系，推动经济绿色高质量发展转型，建立优质的新能源产业发展环境。强化监督执法机制，确保政策不折不扣执行到位，创建新能源产业发展的良好法治环境。四是创新工作方式方法。强化服务意识，加强政企联动，有效推动本区制造产品落地应用，扩大市场规模和占有率。加强地方与电网联动，强化规划联动，合理确定新能源开发规模及时序，提升其与电网建设容量及时序的匹配度，提升新能源消纳能力，推动产业高质量发展。

（三）发挥资源优势，积极培育新兴产业

一是培育发展新能源回收产业。以循环经济发展为契机，以新能源综合示范区建设为抓手，抓住"三北"地区光伏风电设备建设有利时机，培育发展新能源回收循环利用产业，培育相关回收龙头企业，建立回收相关标准体系和作业流程体系，推动建立国家级、省部级新能源回收循环利用产业园、示范区、创新中心和工程中心，打造宁夏特色、西北领先、国家一流的新能源产业回收基地，补齐新能源产业制造短板，锻造长板。二是发展绿色算力产业。以"东数西算"国家算力网络中心枢纽节点建设为契机，研究推动绿色算力网络示范基地建设，研究探索新能源电力用于绿色算力网络建设的价格机制，研究建立新能源与算力网络融合发展机制、标准体系和作业流程体系，占领绿色算力网络体系高地，打造宁夏特色新能源与算力的融合产业体系。三是发展氢能物流产业。申请设立中欧班列物流节点，大力发展氢能物流，打造西北区域绿色物流中心，推动新能源产业制造业降本增效，推动建设立足宁夏、辐射西北及中亚等地的氢能制造高地。

（四）转变发展方式，提高资源利用效率

一是以建设黄河流域生态保护和高质量发展先行区为契机，推动建立区域协调发展机制，实现区域优势互补、取长补短，实现产业区域一体化、协调化发展，突破全区土地空间限制。二是从全局出发，结合区内各市县优势，重新布局发展新能源产业，推动产业区内一体化、协同化发展。三是鼓励推动新能源产业与农业、畜牧业、数字经济、工商业等产业、企业融合化发展，实现产业绿色转型升级，推动新能源的就地消纳。四是鼓励推动风光、风储、光储、风光储、风光储氢、风光水储氢等产业融合一体化发展，提高土地效能，节约土地资源。

（五）创新工作机制，补齐人才短板难题

一是创新人才育留机制。改革人才培养机制，推动宁夏大学及各地职业技术学校加强人才培养和新能源相关专业学科建设，增设、优化新能源相关学科专业点，为产业高质量发展提供高素质专业化技术人才支撑。以宁夏高等研究院建设为契机，充分利用国内外高等院校和研究机构资源，探索建立多方合作培养机制，培养高水平研发型人才。充分利用宁夏职业技术学校资源，创建政府、企业与职业技术学校三方合作培养机制，建立企业实践基地，强化学校与企业联动，随需调整培养课程、方式及方向，产学紧密联动，培养适合产业需求的高水平产业技术人才。优化人才留宁机制，优化工作环境，强化住房、教育、医疗、职称等奖补措施，建设绿色晋升通道，多留、留好、用好优秀人才，补齐人才短板。二是创新科研模式。充分利用"飞地"模式，与北京市、上海市、深圳市等国内外先进地市合作，推动建立北京昌平未来科学城宁夏基地、北京怀荣科学城宁夏基地、上海张江长三角科技城宁夏基地、深圳光明科学城宁夏基地，借助当地人才资源，打破宁夏人才瓶颈，提升新能源产业科技创新水平。

（六）发挥自身优势，培育特色发展模式

依托资源禀赋，大力发展清洁能源，推动吴忠、中卫地区新能源规模化、集中式开发，用好宁东基地、石嘴山采煤沉陷区和区属国企荒地，支持区属国企加大新能源项目建设力度，推广风光同场开发模式。加快老旧风电场"以大代小"改造，因地制宜推进分布式光伏、分散式风电发展。根据煤化工、煤制油产业耦合绿氢需求，推动配套新能源制度。充分挖掘宁夏全区、各地的新能源资源优势，制定良性互动的资源带动产业制造的招商引资模式，确定相应标准并制度化，促进全区新能源产业健康发展。充分发挥宁夏农牧业优势，制定新能源产业与农牧业多产融合发展的标准体系、政策支持体系和监督保障体系，有效促进农牧业绿色转型升级。借鉴安徽的产投模式，推动建立西部、宁夏新能源产业投资引导基金、种子基金等，投资培育发展关键产业、核心产业链，做大做强新能源产业。

（七）优化资源配置，提升能源治理效能

一是统筹全局和局部，科学规划新能源开发用地。实施"国土空间规划、第三次全国国土调查、主干网架、产业布局"四图合一，规范负荷项目用地管理，建立用地用林用草联审机制，统筹做好新能源开发与用地衔接。加强项目用地研判，推动自治区、市、县三级发展改革、自然资源（林草）部门"同图作业"，动态调整新能源可用土地。二是统筹发展和安全，保障特色优势产业发展用能。打破市、县（区）各自为政的发展模式，整合宁东采煤沉陷区、盐池集中连片土地资源，统筹布局现代煤化工产业和光伏项目建设，推动形成高效集约、绿色低碳的产业链和产业集群。深化宁蒙新能源合作，开展与阿拉善盟共同开发沙漠、戈壁、荒漠资源，储备充足新能源用地，增强现代化工、新材料、大数据等产业绿色用能保障。三是统筹政府和市场，推动区属国企做强做优做大。支持区属能源企业以控股、参股等方式参与新能源项目开发建设，鼓励区属能源企业通过新建煤电机组、煤电机组灵活改造获得新能源开发规模，引导区属能源企业与重点产业企业开展投资、要素入股等合作，提升区属能源企业发展规模和实力。

改革发展篇

GAIGE FAZHAN PIAN

深化资源环境要素市场化配置改革
助推经济社会绿色低碳发展

近年来，宁夏紧紧抓住水、地、林、污、能、碳6个关键性资源要素，着力推动用水权、土地权、山林权、排污权、用能权、碳排放权市场化配置改革，坚决破除体制机制障碍，加快打通政策制度堵点，基本构建起资源要素确权到位、权能有效、定价合理、入市有序的市场体系，以资源优化配置撬动供给结构改革，集中优势要素资源发展高效产业、保障高质产能，引领发展理念转变，带动发展方式变革，为美丽新宁夏建设注入强劲动力。

一、"六权"改革的主要做法和成效

用水权、土地权、山林权、排污权改革于2021年4月启动，用能权、碳排放权改革于2022年6月启动，"六权"改革经历了破题开局到全面推进，再到积厚成势，自治区党委精心谋划、高位推动，全区上下解放思想、探索创新，坚决破除体制机制障碍，打通政策制度堵点，带动发展方式变革，不仅在各领域取得了改革成果、制度成果，而且在全领域的面上积累了思想成果、发展成果。

作者简介　孙涛，宁夏回族自治区党委政研室改革协调处副处长。

（一）抓用水权改革促"节水增效"

牢牢把握先行区建设核心在水、关键在水、难点在水的定位，全面落实"四水四定"原则，以水资源供给侧结构性改革为主线，以强化水资源刚性约束为重点，以节水增效、集约高效为目标，建立市场主导、政府调控的节水用水治水兴水体制机制，推动水资源利用由粗放低效向节约高效转变。2023 年 11 月，在水利部黄河水利委员会的指导下，宁东能源化工基地管理委员会以每年 500 万方、1.2 元/方的价格，与四川阿坝藏族羌族自治州交易用水指标 1500 万方，水利部给予充分肯定，指出"宁夏持续深化用水权改革，与四川完成跨省域水权交易全国第一单，是足以写入中国治水史的"。一是从严管住总量。坚持"有多少汤泡多少馍"，严格执行"八七分水"方案，率先在黄河流域编制并实施"四水四定"，打破沿用十多年的用水分配格局，实行总量管控、指标到县、分区管理，将黄河水、地下水、地表水、非常规水等水资源优化分配到各市县，严格落实水资源消耗总量和强度"双控"、水资源超载地区新增用水项目和取水许可"双限批"制度，建立起总量控制、指标到县、分区管理、空间均衡的配水体系，目前用水权已精准核定到企到户。二是全面优化结构。坚持把有限的水资源用到"刀刃"上，优化生产、生活、生态三大空间配水格局，实行用途管控、定额管理，农业适水种植、减少总量，工业量水生产、节水增效，水稻等高耗水作物种植规模控制在 40 万亩左右，压减 65%，累计实施高效节灌面积 581 万亩，占比达到 54%。2023 年农业取水总量 52.97 亿立方米，亩均用水量 515 立方米，分别比 2020 年降低了 9.67% 和 12.86%，高效用水的空间格局不断优化。三是大幅提升效益。配套水价、水资源税改革，建立阶梯水价、农业灌溉定额内优惠水价、超定额累进加价等制度，形成政策有效引导、市场有力倒逼的节约高效用水机制，破解了资源无价、用水无偿、交易无市问题。近 3 年，全区万元 GDP 水耗降幅达 15.2%、高效节灌面积提高 1.7%，用水效能在黄河流域达到领先水平。

（二）抓土地权改革促"盘活增值"

针对土地闲置资源多、产出水平低、增值潜力大的实际，在严守生态保护红线、永久基本农田、城镇开发边界 3 条控制线的前提下，加快推进土地要素市场化配置改革，做好确权、盘活、交易、供地"四篇文章"，促进用地方式由粗放低效向集约高效转变，万元 GDP 建设用地面积下降 8.7%，腾出了地、厚植了绿、换来了钱。一是抓实确权。围绕农村承包地、农村宅基地、国有农用地、农村集体建设用地"四块地"，一村一梳理、一地一确认，探索创新国有农用地确权登记路径，着力化解纠纷、理清权属、登记颁证，农村承包地、宅基地确权率分别达到 96.1%、67.5%，实现了应确尽确。二是盘活资源。坚持用市场机制盘活城乡闲置地、工矿废弃地、国有"四荒"地，对城乡闲置建设用地通过分割转让、调剂使用、流转整合等方式盘活利用，通过引入社会资本对工矿废弃地进行生态修复或整治利用，对国有荒地依法依规开发利用，新增耕地纳入占补平衡。全区 175 宗 9500 亩闲置用地通过市场化手段高效配置，新增指标 70% 以上用于保障全区重点项目。三是激活交易。搭建全区"一个交易平台、一个交易市场"，建立区市县三级农村土地市场交易平台，服务农村承包地经营权、宅基地使用权、农民房屋所有权等流转交易；建立国有建设用地一、二级交易市场，对国有建设用地交易定价、指导、监测、监督。四是保障供应。创新土地供应方式，对工业用地实行弹性年期、长期租赁、先租后让、租让结合等方式灵活供地，对新产业新业态用地采取挂牌竞价、配建等方式供地，实现了产业增效和企业降本"双赢"。全区累计批准项目建设用地 458 批次（宗）11.08 万亩，完成"标准地"出让 32 宗 4923.3 亩，弹性年期出让 134 宗 7321.6 亩。

（三）抓山林权改革促"植绿增绿"

着眼筑牢先行区建设生态屏障，铸就新宁夏建设生态底色，着力破解全区缺林少绿、"林不值钱"和投入大、产出低等现实难题，以放开放活、增值增效、植绿增绿为核心，落实集体所有权、稳定农户承包权、放活林地经营权、保障林业收益权，深化市场化改革、促进规模化经营，加快构建"绿水青山就是金山银山"的价值实现机制，全区山林生态价值不断增值、生态效益显著提升、生态环境持续好转。2023 年 7 月，国家林业和草原局与福建农林大学合作，撰写《关于宁夏深化林改的几点思考》的调研报告，指出"宁夏集体林改做法值得推广，特别是结合'三北'工程应探索规模化经营的最佳模式"。一是推动国土增绿。全力推进科学绿化试点示范区建设，大力支持鼓励社会资本投资林业建设，不断探索"以地换林""以林养林"新模式，多措并举造林、育林、护林，林地面积不断扩大，林种结构持续改善、林木质量加快提高，全区森林覆盖率达到11.35%。二是激发林业增效。加快集体林地所有权、承包权、经营权"三权分置"改革，通过分股不分山、分利不分林等运作模式，优化财税、融资、用地、项目支持等政策措施，安排林下经济专项补助资金5200万元直补到经营主体，吸引社会资本5.5亿元参与林业建设，使林农手中的资源变资产、资产变资本。三是促进农民增收。突出保护农户和经营主体经营权、处置权、收益权，不断完善财税、融资、用地、项目建设等扶持政策，建立林业价值评估、政府保护价格回购、市场平台交易、财政补助等政策机制，全区培育涉林经营主体3000多家，经营利用林地面积254.8万亩，带动流转20.69万亩集体林地，流转价格从2021年的每亩13—20元增加到2023年的每亩37—260元。

（四）抓排污权改革促"降污增益"

针对污染存量大、减排任务重、反弹风险高等问题，建立"谁排污谁付费、谁减排谁受益"的市场机制，探索出了市场化减排、制度化控污的新路子，实现了生态效益、经济效益、社会效益相统一。一是激活内生动力。坚持"谁排污谁付费、谁减排谁受益"，充分运用行政、市场、法治、科技等多种手段，引导排污单位主动技改、自主减排，全区共实施工业废气深度治理、清洁取暖、燃煤锅炉淘汰、污水处理设施建设等重点减排项目392个，推动企业降污减排责任转化为减排增益权利，从被动治污向主动减排转变。二是扩大环境容量。坚持环境有价、使用有偿，测算发布氮氧化物、二氧化硫、化学需氧量、氨氮4项主要污染物排放指标有偿使用费用征收标准，对新老企业获得排污权分类施策，增量企业有偿获得，存量企业暂免缴费，全区171个新改扩建项目通过市场购买了排污权，全区累计减排氮氧化物1.95万吨、挥发性有机物0.75万吨、化学需氧量1.25万吨、氨氮0.13万吨，腾出了总量空间、扩大了环境容量、促进了经济发展。三是促进价值实现。坚持资源依据市场规则、市场价格、市场竞争优化配置，出台排污权有偿使用和交易管理暂行办法，建立排污权市场交易"1+6+N"政策制度体系，构建覆盖区市县三级、统一规范的排污权交易平台，打通了排污权市场化价值实现渠道。

（五）抓用能权改革促"控能增产"

针对产业结构较重、能耗强度较高、能源依赖较强的困境，以优化能源资源配置为导向，落实能源消费强度和总量"双控"，建立用能权有偿使用和交易机制，引导能源要素向优质项目、企业、产业流动和集聚。对新改扩建"两高"项目和能耗强度高于 4.48 吨标准煤/万元项目，扣减折算后的新增用能量必须购买用能权；未完成自治区下达能耗强度降低目标任务的地区，新改扩建项目通过优化存量获得指标；企业关停退出、节能改造腾出的能耗指标可以通过交易平台转让出售。全区完成用能权交易 8.51 万吨标准煤共计 587.6 万元。一是完善制度体系。坚持把建立政策制度体系、搭建交易平台作为首要任务，出台用能权有偿使用和交易改革的《关于开展用能权有偿使用和交易改革　提高能源要素高效配置体系的实施意见》《自治区用能权有偿使用和交易管理暂行办法》《自治区用能权有偿使用和交易第三方审核机构管理暂行办法》《自治区用能权市场交易规则（试行）》等"1+5"政策制度体系，为用能权有偿使用和交易打下了坚实基础。二是开展用能确权。将煤电、石化、化工、煤化工、钢铁、焦化、非金属、有色等八大行业中年综合能耗 1 万吨标准煤以上的 41 个高耗能、高排放环节产品和工序纳入"两高"项目管理，核定 5 市及宁东管委会 2023—2025 年用能权指标 580 万吨标准煤。三是确定基准价格。综合考虑全区能耗"双控"形势、用能权指标市场供求关系、企业节能成本、碳交易价格等因素，确定用能权基准价格 150 元/吨标准煤。

（六）抓碳排放权改革促"减碳增汇"

以推动产业绿色低碳发展为导向，主要围绕构建制度体系、推动履约清缴、加强数据管理、拓展应用场景 4 个方面，建立健全全区碳排放权交易制度体系和运行机制，全面融入全国碳排放权交易市场，让企业排碳有成本、减碳有收益。碳排放权按照全国统一标准，年度温室气体排放量达到 2.6 万吨二氧化碳当量的列为温室气体重点排放单位，按照国家碳排放配额总量设定与分配方案，由自治区生态环境厅向重点排放单位分配年度碳排放配额，实行配额免费、超额有偿。碳排放权交易纳入全国统一平台，在每两年的一个履约周期内，重点排放单位碳排放配额有缺口的必须通过市场购买补齐，富余的配额可以出售转让。全区纳入全国碳市场配额管理发电行业有 44 家，预分配约 3.27 亿吨二氧化碳，33 家重点排放单位参与交易，交易量 2086.75 万吨、成交额 11.94 亿元。一是建立制度体系。出台《宁夏回族自治区碳排放权交易管理实施细则（试行）》、《宁夏回族自治区重点排放单位温室气体排放报告核查规范（试行）》、碳监测试点实施方案等，建立了自治区碳排放权交易管理制度、政策体系和运行保障机制。二是推动履约清缴。全区首个履约周期（2019—2020 年）纳入清缴履约范围的发电行业重点排放单位 35 家，获免费配额 3.06 亿吨，应履约量 2.94 亿吨，实际履约量 2.89 亿吨，按时完成履约企业 29 家、履约率 82.9%。第二个履约周期（2021—2022 年）纳入碳排放配额清缴履约范围的发电重点排放单位 39 家，两年所获免费配额 3.27 亿吨，应履约量 3.27 亿吨，按时完成履约企业 37 家、履约率 97.4%。三是加强核算管理。组织开展碳核查复核，2023 年度碳排放报告核（复）查涉及七大行业 143 家企业，完成 44 家发电企业核查，涉及二氧化碳排放量 1.70 亿吨，较 2022 年度增加 181 万吨。四是拓展应用场景。启动宁夏重点排放企业碳排放管理体系建设示范项目，建设高标准碳汇储备林 1446 亩。首批农业碳汇交易、牛粪堆肥碳减排交易项目在泾源县落地，售出高标准农田碳减排量 1.98 万吨、牛粪堆肥碳减排量 1226 吨。

二、"六权"改革存在的主要问题

"六权"改革总体进展顺利，但随着改革进入深水区和攻坚期，也暴露出许多矛盾和困难，其中既面临改革自身头绪多、难题多、堵点多的客观现实，也存在改革主体站位高度、攻坚强度、落实力度不够的主观问题，需要准确把握、深入分析、科学研判，为不断加强和改进各项改革提供支撑。

一是确权颁证矛盾有待化解。因历史进程久远、政策制度繁多、牵扯利益较深、操作程序复杂，土地、山林确权仍有不少难点堵点。土地确权方面主要是自发移民、一户多宅、超面积占用、权属有争议、无权属来源等宅基地历史遗留问题较多，仍有部分宅基地确权困难。山林地确权方面主要是原林权证涉及的林地普遍存在一地多证、证地不符、地类重叠、四至不清、面积不准等遗留问题，全区还有部分林地未进行林权类不动产登记。同时由于政策衔接不畅，国土"三调"与自治区当前地类属性认定不一致，部分退耕还林地被划为耕地、草地，国有林场中部分林地被划为耕地，甚至划入基本农田，二者的数据正处于融合、调整、变化的窗口期，导致部分耕地、林地无法确权登记。

二是政策制度体系尚不健全。一些探索性、创新性的改革举措缺少法规规章的支撑，影响工作进度和改革效果。土地权方面，农村宅基地使用权有偿退出和集体经营性建设用地入市还处于试点阶段，"僵尸企业"闲置用地处置办法缺少操作性和针对性，闲置土地还存在资源盘活难、处置成本高。用能权方面，国家层面还没有出台用能权交易相关的政策文件，改革缺少具体工作指导。碳排放方面，当前仅有数据基础较好、排放总量较大的发电行业首批纳入全国碳市场的行业，钢铁、有色、建材、化工等高排放行业还没有纳入交易范围。同时，还存在配套政策制度不完善的问题，比如非常规水使用管理、土地出让收益分配、排污权超排总量处罚、林业资源价值评估等方面存在政策短板。

三是资源统筹水平还不够高。全区资源要素配置职能在各个部门，水、地、污、能、碳等资源要素全盘统筹、精准配置还不够，保障区内重大生产力布局和重大项目的能力有待提升。一些资源权属分散，难以实行规模化、集约化经营，影响了资源效益的有效发挥，比如国有林场带动引领作用发挥还不够充分，集体林仍以家庭单户经营为主，发展林下经济缺乏龙头企业带动，存在产业布局碎片化、种养品种单一化等问题。另外，有的部门推进改革协同不够，给市县下达计划指标时考虑部门工作多，出现了水地矛盾、地地矛盾、粮地矛盾等问题。

四是市场交易参与不够活跃。从"六权"交易情况看，土地权交易相对活跃，之后是用水权交易，而排污权、山林权、用能权市场交易较为冷清，通过市场化提高资源配置效率的效果不明显。一方面，市场主体参与意愿不强，随着环境保护力度加大，资源要素越来越稀缺，许多县区和企业面临的用水用地、降污减排、节能降碳的压力越来越大，有的企业考虑到将来扩大生产规模，不愿将富余的指标拿出来交易，"捂权惜售"的问题较为普遍。另一方面，排污权交易市场主体总量偏少，山林权原林权证没有整合数据并录入自治区不动产登记系统，同时交易规则还不够完善，影响了交易活力。

五是金融赋能增值成效不强。一些资源要素受评估机制不完善、交易机制不健全、监管手段不配套、权小能弱不值钱等影响，金融机构参与的积极性和意愿不强烈，创新金融产品积极性不高，产品形态不丰富，通过金融赋能转化增值的成效不明显。一方面，信息获取渠道仍有梗阻。"六权"改革分属不同部门牵头负责，金融机构与"六权"改革市场主体之间存在信息不对称的数据壁垒问题，无法及时完整获取相关市场主体的经营资质清单、具体权利明细、动态经营状况、企业超标排放、欠缴使用费用、资产保全和查封等信息。另一方面，贷后风险管控较难解决。用水权、排污权、山林权权属分散在农户、企业等经营主体手里，普遍存在量小权弱、难以集中、交易困难、流动性差等问题，金融机构难以准确分析市场价值计量、测算项目现金流量、处置变现不良资产等，难以准确分析预判贷后风险，担心抵押担保后会变成呆账死账，普遍不愿、不敢参与。

三、深化"六权"改革的对策建议

在总结运用已有成果、宝贵经验的基础上，坚持对标对表、规划引领、守正创新、高位统筹，精打细算、精耕细作、精准发力，以"大胆闯"的魄力、"先行试"的勇气、"持续推"的韧劲推进改革走深走实，让有限资源发挥最大效益，带动黄河流域生态保护和高质量发展先行区建设实现新突破。

一是摸清底数，明确权属。强化系统思维，全面测算全区的环境容量、资源底数，研究资源要素科学高效配置特色优势产业以及重点项目的路径和办法。要摸清水资源底数，精准测算黄河干流过境水、支流地表水、地下水、中水4类水总量，蒸发、损耗用水量，以及生产、生活、生态用水需求量，科学研判各类用水趋势变化和管控指标。要摸清土地资源底数，依据土地用途进行分类研究、科学论证，分析土地开发利用潜力，同步推进土地确权登记工作，及时化解宅基地确权难题，做好不动产统一登记与土地承包合同管理工作有序衔接。要攻坚林地确权堵点，加快推进集体林权登记存量数据整合移交，纳入不动产登记信息平台管理，妥善解决确权登记界址不清、权属交叉、地类重叠等历史遗留问题，推进盐池县林权登记改革试点，支持西吉县、泾源县开展集体林地延包试点，为林权类不动产登记探索路子。

二是统筹调配，保障发展。立足全区资源开发利用现状，坚持自治区高位统筹，健全资源统一优化配置、集约高效利用机制，创新资源配置方式，促进资源开发利用与现代化产业体系相匹配、与经济社会发展相适应。要优化水资源管理体制，按照用水权总量控制和年度水量分配，紧盯定水源、定水量、定责任、定用量等关键环节，建立动态调整机制，统筹生产、生活、生态用水，优先满足刚性用水需求，全力保障重点产业和重大项目建设用水。要完善土地开发利用规划，把落地项目作为配置计划指标的依据，对国家和自治区重大项目统一配置用地指标、做到"应保尽保"，其他项目用地实施"增存挂钩"，对未纳入重点保障的项目用地与处置存量土地相挂钩，促进土地资源节约集约高效利用。要优化全区排污权、用能权的统筹配置，按照环境分区管控要求，建立跨市域调配机制，重点保障重大产业项目落地。

三是严格管控，强化约束。坚持精耕细作，建立资源综合开发利用政策支持体系，制定资源节约集约开发利用标准，探索多要素自然资源资产组合供应，支撑和保障重点产业和优势企业发展需要。要算好用水账，强化水资源最大刚性约束制度，深化"四水四定"试点，实行水资源消耗总量和强度"双控"，健全并推行农业用水精准补贴和节水奖励机制，以数字信息手段赋能水资源管理使用，实施全社会节水行动，构建全域科学节水配水管水新机制。要算好用地账，强化国土空间规划基础作用，以国土空间规划"一张图"为底版完善规划实施监督体系，健全国土空间规划监管、督察和执法制度，落实主体功能区战略和制度，提高土地要素配置精准性和利用效率。要算好林业账，发挥国有林场资金、技术优势，鼓励国有林场与农村集体经济组织、农户联合经营，建立国有林场经营性收入分配激励机制，推动森林提质、林场增效、农户致富。

四是完善政策，加强激励。完善资源要素配置的激励政策措施，健全管理制度和运行机制，调动市场主体参与的积极性、主动性。要回应企业需求，全面落实国家水资源税减免政策、企业节水的所得税减免政策、节约用水奖励机制等，制定水资源税返还政策、水价优惠政策。要加强生态建设，探索对生态修复达到一定规模和预期目标的生态保护修复主体，允许其依法依规取得一定份额的自然资源资产使用权；对社会资本投资修复并依法获得的土地使用权等相关权益，允许流转并获得相应收益。要呼应林农所盼，探索多种形式家庭联合经营、农村集体经济组织与农户股份合作经营、农户委托经营等模式，规范引导龙头企业参与林业投资经营，延伸产业链，创新联农带农利益联结机制。要加大对企业碳排放、污染物排放主动减排的激励，企业技改结余量可优先市场化增配用于内部新上项目，对主动减排的企业优先安排污染防治专项资金。

五是完善制度，激活市场。把握市场发展规律，健全交易规则、完善平台功能、规范运行程序，进一步破除阻碍要素自由流动的体制机制，推动要素配置充分释放市场潜能。聚焦用水权交易，健全水价形成机制和阶梯水价制度，落实用水权交易收益分配，完善用水权收储机制，对破产企业和僵尸企业占有的水权、永久占有农灌耕地的空置水权、高效节水灌溉项目节余水权，依规合理收储。聚焦土地权交易，加快构建城乡统一的用地市场，积极发展国有建设用地二级市场，完善主要由市场供求关系决定要素价格机制，健全土地增值收益分配机制。聚焦山林权交易，完善集体林权流转制度，引导农户通过出租、入股、合作等方式流转林地经营权。聚焦排污权交易，优化排污权二级市场交易模式，探索将挂牌转让、集合竞价转让等方式纳入二级市场交易，探索开展火电行业建设项目跨行业排污权交易。聚焦用能权交易，积极探索完善交易规则。按照国家碳排放权改革统一部署，将交易范围拓展到钢铁、水泥、电解铝行业，健全配套制度和运行机制。

六是金融赋能，扩权增值。引导金融机构创新金融产品、拓宽融资渠道、开展绿色信贷。要强化金融服务支持，进一步深化细化现有金融支持"六权"改革的具体措施，规范"六权"办理登记、担保增信、抵质押财产处置规则，引导和鼓励各银行、保险、融资担保机构持续完善金融支持配套制度，建立健全标准化、专业化、市场化的价值评估机制。要完善征信和风险保障机制，推动政府性融资担保机构将"六权"纳入反担保合格押品范围，积极推动保险公司参与"六权"改革，拓展政府储备兜底制度覆盖范围。要健全政企银协同机制，加大涉及产权流转、登记管理、操作流程等制度政策的宣讲阐释，加强宁夏企业融资服务，建立涵盖企业资质清单、具体权利明细、企业超标排放、欠缴排污权使用费等信息的"六权"项目库，动态更新、及时公布，引导金融机构依托中国人民银行征信中心动产融资统一登记公示系统积极参与"六权"项目融资。

宁夏积极稳妥推进碳达峰碳中和研究

贺　茜

党的二十大报告指出，积极稳妥推进碳达峰碳中和，"积极稳妥"体现了推进碳达峰碳中和工作的总基调为有计划、分步骤。自治区党委十三届八次全会提出"大力培育绿色低碳产业，推进资源节约集约利用，推动形成绿色低碳生产生活方式"。自治区党委十三届九次全会提出"持续深化'六权'改革，加快推进绿色低碳转型"。积极稳妥推进碳达峰碳中和工作，有助于推动生态文明建设，是实现人与自然和谐共生的中国式现代化的重要举措。立足宁夏能源资源禀赋，研究宁夏如何积极稳妥推进碳达峰碳中和，具有重要的理论价值及现实意义。

一、宁夏"双碳"工作现状

（一）能源资源丰富为新能源产业发展提供良好基础

作为全国首个国家新能源综合示范区，宁夏煤炭等传统能源清洁高效利用达到国内领先水平，新能源发展规模持续扩大，能源利用效率保持全国前列，绿氢产业初见雏形。2023 年，宁夏可再生能源发电量 598.7 亿千瓦时，占发电量的比重为 25.9%，较 2022 年提高 2.9 个百分点。新能源装

作者简介　贺茜，宁夏社会科学院农村经济研究所（生态文明研究所）助理研究员。

机规模达到 3478 万千瓦，排名全国第十位，占总装机容量的比重为 54.5%，其中风电 1457 万千瓦，光伏 2021 万千瓦，占全区电力装机的 50.8%，新能源利用率达 97.2%，是全国单位国土面积新能源开发强度最大、人均装机最高的省区，为绿氢制备奠定了坚实基础。2023 年宁夏可再生能源电力总量消纳责任权重实际完成 34.3%，同比增加 3.3 个百分点，超出下达最低权重指标 7.8 个百分点。全区已形成氢气产能 267.8 万吨，占全国总产氢量的 8%，位居全国第二。宝丰能源、国电投、京能发电等电解水制氢示范项目已建成，国能集团宁东氢能全产业链生态项目正在抓紧建设。

(二）节能降碳取得阶段性成效

2023 年宁夏碳排放配额累计交易量 1129 万吨，总成交额 7.6 亿元，提前两年完成主要污染物减排"十四五"目标。2024 年 9 月，全国最大的碳捕集利用与封存全产业链示范基地——宁夏 300 万吨/年碳捕集、利用与封存技术（以下简称 CCUS）示范项目一期工程建设圆满完成，该项目三期全部建设成后预计每年可减排二氧化碳 300 万吨，将有力地推进能源洁净化、生产过程低碳化。建立并初步健全了符合宁夏实际的森林、草原、湿地、荒漠生态系统碳汇分类、计量方法与参数标准体系，研发建设"宁夏林草碳汇感知平台"，把生态系统碳汇项目计量、监测、核算与评估标准化系统工具与信息化管理手段有机融合，为自治区、市、县三级碳汇量统计核算奠定了基础，提升了林草碳汇管理能力及林草碳汇功能。

(三）绿色低碳科技创新发挥关键支撑作用

制定出台《宁夏碳达峰碳中和科技支撑行动方案》《宁夏能源转型发展科技支撑行动方案》等政策文件，逐步构建具有宁夏特色的碳达峰碳中和科技创新体系。围绕清洁能源、绿色低碳、数字生态等方面组织实施一批基础研究和应用研究项目，不断催生产出新理论、新技术、新方法和新产品。聚焦绿色低碳领域实施重点科技成果转化项目，用好宁夏技术市场、宁夏技术转移研究院，打造成果应用场景，促进科技与产业发展紧密结合。加大煤炭高效利用、低碳减排、绿色建筑、废水处理等领域创新平台支持力度，出台《创新联合体组建工作指引》，支持企业联合其他创新主体组建绿色技术创新联合体。深化东西部科技合作，在重点行业节能减排、减污降碳等领域，与中国科学院、清华大学等国内高校及科研机构建立长期稳定的东西部合作关系，定期组织区内外专家共同推进绿色低碳领域重大战略咨询研究，营造了良好的创新环境。

（四）碳排放权改革激活绿色低碳发展新动能

2023年起，自治区先后出台了《关于开展碳排放权改革全面融入全国碳市场的实施意见》《宁夏回族自治区碳排放权交易管理实施细则（试行）》《宁夏回族自治区重点排放单位温室气体排放报告核查技术服务机构管理办法（试行）》等政策，碳排放管理制度体系更加完备。结合固原市全国林业碳汇试点市建设，探索"以林换碳"模式，建设高标准碳汇储备林1446亩，碳汇交易带来红利。2024年1月出台《关于金融支持碳排放权改革的指导意见》，探索构建"政府+银行+担保+保险+证券+基金"的金融服务机制，为符合条件的具有碳排放权的企业、重点项目、重点产业提供多样化融资支持。截至2024年9月末，全区绿色贷款余额1642.5亿元，同比增长13.7%，显著高于其他贷款增速，碳金融等绿色金融产品持续发力，拓展了碳排放权融资功能和规模。

碳普惠体系和机制建设工作进展显著。碳普惠作为碳排放权中的一项补充机制，可推动消费向绿色低碳生活方式转型。银川市率先在全区启动碳普惠体系试点建设，基于发布的《银川市空气源热泵清洁采暖碳普惠方法学》，以北方冬季清洁取暖项目为依托，将清洁取暖减碳项目的生态效益转化为经济效益。2024年5月，银川新华百货商业集团股份有限公司宁阳广场购买39吨西夏区同阳新村农宅采暖改造项目碳普惠减排量顺利完成，这是全区首笔碳普惠核证减排量交易，为碳普惠核证减排量应用于个人碳中和、企业碳中和等领域作了示范。

二、宁夏"双碳"工作存在的问题

（一）能源结构亟待优化升级

宁夏在中国"五基两带"的能源开发格局和"四横三纵"的能源输送通道中扮演极为重要的角色，但能源结构亟待优化升级，能源利用效率有待提升。以煤炭开发、煤电、煤制油、煤制气、煤制烯烃为代表的煤基产业，其单位增加值能耗远高于工业平均水平，煤炭相关产业的发展为节能减排任务带来巨大压力。能源加工方面，煤炭利用仍以发电、炼焦和洗选为主，产业链较短，附加值较低，综合循环利用不足，高耗能企业生产设备自动化程度较低。煤炭化工方面，除少数大型骨干企业的石灰、氮、双氰胺产品在同技术领域处于相对领先地位外，绝大多数企业生产技术落后，机械装备水平低，资源浪费严重。动力煤售价低于全国平均煤炭价格，导致在承接东部产业转移过程中扮演高耗能产业接纳者角色，能源结构长期单一化。实现碳中和目标要求 2060 年前宁夏碳排放水平大幅下降，这与以煤炭为主的能源结构形成巨大冲突，难度远高于东部地区，减排任务复杂且艰巨。

（二）清洁能源发展体制机制需进一步健全

虽然已出台相关文件鼓励光伏、风电用于新能源制氢，但在吸引投资项目落地、人才引进、应用推广等方面仍支持不足，推动氢能产业发展的体制机制尚未健全，在储运、加氢、运营等环节的立项审批方面各部门管理责任尚不明晰，易出现对氢能产业链主体和环节的管理缺位现象。氢能产业链布局仍有断点、堵点，电解槽、储氢瓶及储罐、氢能汽车组装等装备制造项目较少，输氢管网等基础设施建设相对滞后。清洁能源供应链具有对关键矿物资源高度依赖及对相关源头制造业企业高度依赖的特点，但区内清洁能源制造企业规模较小、产能较低，难以满足生产所需关键矿物、材料和组件，难以保障清洁能源产品供应，供应链稳定性差。

（三）节能减碳共性关键技术尚存瓶颈亟待突破

绿色技术创新能力不强、高端绿色产品供给不足的问题长期存在。多数节能相关设备仪器从国外引进，缺乏节能节电的核心技术。清洁能源技术创新体系尚不健全，企业创新主体地位发挥不足，关键技术创新薄弱，科技成果转化及应用不足。科研院所、高校、企业等相关创新平台和新型研发机构较少，科技创新平台载体产学研结合不够紧密，专业技术人才匮乏，难以协同攻克关键材料和核心技术，推进清洁能源深度研究和开发利用。绿氢仍面临生产成本高、缺少专用基础设施、制取过程中能量损失严重等问题，采用光伏离网制氢虽然可以大幅降低度电成本，但受其间歇性和波动性影响，实现持续生产还需建设储能装置，叠加储运、加氢、运维等环节综合成本较高，约为蓝氢的 2.4 倍、灰氢的 3.3 倍。当前国内可再生能源制氢和大规模储运技术还处于起步阶段，在碱性质子交换膜电解槽制氢效率及成本、储氢技术等方面与国外仍存在较大差距，高性能碳纤维材料、碳纤维缠绕工艺设备和高压瓶口阀仍依赖进口。

（四）碳排放权改革仍需探索推进

部分企业节能减碳目标不明确，缺乏碳资产管理人员，不愿意将盈余配额投入市场参与交易，市场活跃度有待提高。一些企业存在误报数据的情况，数据准确性和完整性不足，碳排放核查数据质量不高。不同行业企业的碳排放数据在上报过程中缺乏统一的标准和规范，数据一致性和可比性差，影响了对碳排放情况的准确评估。根据《碳排放权交易管理办法（试行）》，重点排放单位每年可以使用国家核证自愿减排量（以下简称CCER）抵销碳排放配额的清缴，抵销比例不得超过应清缴碳排放配额的5%。虽然 CCER 价格低于碳配额价格，有利于企业降低履约成本，但大部分企业没有使用其进行履约，使得 CCER 的作用发挥不足。工业、农业、个人三大碳账户数据采集与共享机制缺乏制度支撑，特别是数据采集权限、范围及运用等边界不明晰。碳排放数据采集共享依赖部门间协调推动，相关信息分属不同部门管理，如发改部门掌握企业用能信息，生态环境部门掌握企业环境权益资产信息和碳排放核查信息，统计部门掌握企业碳排放统计信息，信息共享机制不够健全。碳账户需采集企业生产经营数据和个人行为信息，前者包括原材料生产工艺等影响企业竞争力的核心因素，后者涉及消费、出行、信贷等个人隐私，存在信息安全隐患。

（五）绿色金融的牵引作用发挥不足

从金融配套政策看，绿色金融服务企业绿色低碳发展的作用发挥不足。当前尚未同步建立针对碳排放的信息披露机制、碳排放评估体系和统计制度，金融机构难以准确锚定碳排放指标来掌握企业或项目的真实碳足迹，无法精准施策、有效对接，制约信贷投放的积极性。高碳行业低碳转型成本集中于中上游高碳企业，下游企业负担较轻，宁夏高碳行业所属企业多处于产业链中上游，相对缺乏各个层面关于专项支持低碳转型的金融风险补偿激励机制、税收减免优惠等，金融供给适配性不足，制约金融服务上游生产端企业。高碳企业主动转型意愿较低，超过一半的高碳企业从未申请过碳减排项目贷款，碳减排尚未纳入企业中远期发展规划，也未设置专职碳资产管理部门，管理存在多源头管控、"数据孤岛"等问题。自有资金和银行贷款仍是企业转型升级投入的主要来源，不足10%的企业首选绿色债券融资方式，融资渠道相对有限。

三、宁夏积极稳妥推进碳达峰碳中和的对策建议

（一）促进化石能源清洁高效利用

CCUS作为碳减排的重要技术，可以有效减少化石能源使用产生的碳排放。能源企业应持续加大CCUS项目中的投入力度，推动CCUS项目快速发展。电力公司与石油公司探索新的合作方式，创建并延伸完整的CCS/CCUS产业链，根据自身实际情况制定CCS/CCUS业务中长期发展目标、发展规划以及重点工程计划，为公司实现低碳发展绘制清晰的路径。立足现有项目推进CCS/CCUS技术研发，在关键技术领域寻求突破，创建更多示范项目，完善在该领域的布局。探索成熟的投资模式与经营模式，推动CCS/CCUS业务市场化。推动大型能源企业创建CCS/CCUS战略联盟，加强与电力企业的合作，不断提高二氧化碳捕集、封存及利用水平。

（二）加快建设新型能源体系

1. 稳步推进可再生能源替代

积极探索开展"源网荷储+绿氢"和多能互补示范，优化清洁能源发展布局。着力建设宁东基地氢能产业核心示范引领，银川、石嘴山、吴忠、中卫多点支撑互补的产业发展格局。拓展"绿氢+现代化工""绿氢+低碳冶金""绿氢+新材料"消纳路径，探索"风光发电+氢储能"一体化应用新模式，推动氢能在交通、工业、储能、建筑、民生等领域的商业化应用。以积极创建国家氢燃料电池汽车示范城市群为契机，聚焦新型电解槽、氢气纯化设备、储氢瓶及材料、燃料电池汽车核心零部件生产和氢能汽车组装等产业链关键环节，鼓励区内企业为绿氢制备、燃料电池及氢能汽车、氢储罐等产业链配套，推动建链、延链、补链、强链，提高产业链韧性。

强化源网荷储协调互动，引导高耗能企业加快分布式光伏、分散式风电、多元储能等开发运行，促进多能高效互补利用，实现新能源的就地消纳。推动绿色工厂高质量高水平的提标改造，促进企业采用能源资源综合利用生产模式，对标行业一流水准，构建低碳产业链条，打造零碳工厂。健全清洁能源市场机制，完善保障性和市场化并网管理政策，规范新型储能行业管理体系，助力光热发电产业持续健康发展。完善清洁能源生产供应格局，发挥能源富集区的战略保障作用，支持清洁能源资源综合开发应用基地建设，提高区内能源供应保障水平。

2. 促进绿色电力消费

优化绿电交易价格机制，完善绿电交易电能量价格、环境价格形成机制，做好绿电交易与中长期电力市场价格衔接、与绿证交易环境价值衔接。配合北京电力交易中心修订完善《绿电交易实施细则》，完善绿电交易组织、电费结算、绿证核发、偏差处理机制等关键事项。继续开展绿电交易组织、电费结算、绿证核发、偏差处理机制等关键事项，开展绿电绿证交易相关政策和交易规则宣传，挖掘区内用户绿色电力消费需求，实现央企国企办公大楼及相关企业通过绿电绿证方式实现全绿色用能，发挥其消费绿色电力带头示范作用。打造零碳智慧园区，推动飞地光伏绿电和飞地储能项目建设，推行绿电交易市场化和绿电绿证模式，实施园区基础设施改造，搭建零碳数智运营管理平台，实现对园区电力精细化管控，降低园区及楼宇运营成本。

（三）以科技创新及数字技术引领绿色低碳发展

1. 发挥科技创新支撑作用

实施绿色低碳科技创新行动，充分发挥科技创新对碳达峰碳中和的重要支撑作用。一是建立创新联动长效机制。加强科技部门与相关行业部门的沟通协调，统筹推进绿色低碳科技创新工作，汇集各方科研力量和科技资源。建立绿色低碳重大科技项目行业主管部门推荐立项机制，围绕自治区党委和政府重大决策部署及自治区重要发展战略，凝练关键技术需求，推动重大科研项目组织实施落地。二是加大科研攻关和成果转化力度。围绕绿色低碳发展，在自治区自然基金、社科基金、科技攻关项目等年度项目指南中设置专项项目，组织立项实施一批节能降耗、绿色增效等科技项目。三是完善政产学研用协同创新机制。鼓励高校、科研院所与企业围绕绿色低碳技术研发、装备研制、工程示范和产业发展，合作建立产业技术创新联盟，提升科技成果区域内转化效率和比重，推动先进适用技术在区内转化落地应用，形成协同创新和融合发展新模式。引导和支持宝丰能源、国能绿氢等骨干企业联合高校、科研院所组建氢能产业创新联盟，开展产业政策研究、重大技术联合攻关、培育氢能专业技术和高技能人才，支撑行业关键技术开发和产业化应用。四是加强骨干创新力量培育。加快培育建设一批高水平科技创新平台，依托领军人才、青年拔尖人才、青年托举人才培养工程，强化领军人才和杰出人才培养力度，支持中青年创新人才培育，加快绿色低碳领域创新团队建设，拓展东西部科技合作交流。五是建立节能节电技术创新生态系统。推动节能节电技术的不断创新和突破，加速技术的发展和应用，激发创新活力。建立节能节电技术创新平台，为科研机构、高校提供资源和服务，持续攻克技术难题，提高技术创新和成果转化的效率。

2. 推动数字技术赋能绿色发展

深化科技赋能，发挥数字技术支撑作用。探索大数据、云计算、区块链等数字化技术手段在碳数据采集核算、查询校验、存储备份、安全保障等碳账户建设环节的应用。在安全合规范围内，将碳账户数据信息嵌入或接入现有的绿色金融数字化平台系统，推动核心流程线上化。依托信息服务平台开发"生态信用信息服务模块"，推出特色生态信用融资产品，建立个人"碳信用"金融服务模式，围绕个人生态环保行为、生态经营、绿色生活等个人低碳信息，建立量化评价体系，动态开展三等五级生态信用等级评定。推动氢能与物联网、云计算、5G 等新一代信息技术深度融合，建设数字化实时管控平台，不断完善数字化安全监管，提高全过程安全管理质效。

（四）推进碳市场体系建设

一是充分发挥市场在资源配置中的决定性作用，全面推进碳市场建设。实施支持绿色低碳发展的财税、金融、价格政策和标准体系，健全绿色消费激励机制，积极稳妥推进碳达峰碳中和。建立完善碳排放统计核算机制，健全碳市场交易制度、温室气体自愿减排交易制度，完善碳定价机制，不断扩大碳交易主体的范围。探索推动"三线一单"减污降碳协同管控试点，打造一批减污降碳协同增效示范项目，有效发挥减碳增汇环境效益。积极推动全区林业碳汇等CCER项目开发和储备，加快地方碳足迹核算与管理规则制定，推动构建典型葡萄园碳足迹、碳汇评估体系。对低碳产品、绿色建筑、新能源汽车、节能改造、可再生能源等产品和技术进行激励，积极推动绿色基础设施建设。二是健全碳信息共享机制，完善部门间企业用能、碳排放统计、碳核查数据共享机制，提高碳账户建设水平。研究制定普适性的数据采集、核算与管理标准和数据授权使用方法，与统计部门建立"碳效"信息共享合作机制，将规上工业企业的"工业碳效等级"和"行业碳效等级"等碳效信息在信用信息服务平台共享，后续与林业管理等部门建立森林碳汇、碳交易等相关碳信息共享机制，明确各方责任，筑牢数据安全防线，为企业碳账户建设提供信息支撑。三是加快碳普惠体系建设，加快出台《宁夏碳普惠交易规则（试行）》，进一步规范碳普惠交易行为，维护各方交易主体合法权益。从减税、补贴、担保、金融等多角度，平衡碳账户建设成本收益，激发市场主体参与碳账户建设的积极性。依托"六权"改革一体化服务平台，丰富碳普惠减排行为方法学，以方法学引导碳普惠项目开发，进一步核算用户碳减排量，不断扩大交易范围、吸纳交易主体。四是提高碳排放数据质量，强化碳市场数据质量日常监管，推动《碳排放权交易管理暂行条例》落实，严厉打击碳排放数据造假、虚报瞒报碳排放数据等违法犯罪行为，用法治力量保障碳排放市场健康发展。指导发电行业及非发电行业全面提高碳排放数据管理，建立市县两级数据质量审核制度，严格审核上网电量、供热量、供热比等关键参数，提高数据质量。开展全区温室气体自愿减排项目摸底调查，编制温室气体排放清单，建立自愿减排项目清单，评估项目减排潜力。持续深化碳普惠体系试点建设，加快构建自生长、可持续的碳普惠生态圈，将碳普惠体系试点打造为全区及各市践行生态优先、绿色发展的样板。

(五) 完善绿色金融体系

完善绿色金融体系基础配套设施，推进绿色金融标准体系的顶层设计和系统规划，建立健全绿色金融标准化工作机制。建立包含绿色信贷、绿色债券、绿色股票、绿色保险及绿色基金等在内的多层次绿色金融市场体系，满足市场主体参与绿色产业资金需求，丰富绿色金融供给。探索建立低碳公平转型基金，为企业低碳转型提供资金支持。将绿色信贷与绿色债权纳入政策担保范围，引导金融机构在低碳经济、碳中和领域积极布局。发展碳金融，激活碳配额金融属性，支持金融机构开发碳配额质押等碳金融相关产品与服务，盘活企业碳配额资产，打通碳配额资产在银行与企业之间的连接通道，为碳市场各类参与主体提供新的融资担保模式，解决节能减排企业融资难题。鼓励金融机构大力支持绿色产业发展和高碳产业转型升级项目，通过设立绿色金融专营机构，从信用评级、授信政策、信贷规模等方面加大政策倾斜和资源配置，持续推进绿色金融产品和服务创新。探索建立碳减排基金，给予绿色贷款、绿色债券贴息，建立专门服务于绿色融资的政府性担保、增信体系。

深化集体林权制度改革的宁夏路径探索

朱莉华 万 娟 周 珲 陈 磊

集体林权制度改革是中国农村土地经营制度的重大突破，对理顺经营管理，盘活林业资源，促进林业生态效益、经济效益和社会效益相统一具有重要意义。2002 年时任福建省省长的习近平在武平县调研时一锤定音，作出"集体林权制度改革要像家庭联产承包责任制那样从山下转向山上"的历史性决定。2006 年福建深化集体林权制度改革得到中央认可。2008 年6 月，党中央、国务院在认真总结试点经验的基础上，出台《关于全面推进集体林权制度改革的意见》，对集体林权制度改革作出全面部署。2016年，国务院办公厅印发《关于完善集体林权制度的意见》，对完善集体林权制度改革进一步作出部署。2023 年，中共中央办公厅、国务院办公厅印发《深化集体林权制度改革方案》（以下简称"中办、国办印发《方案》"），要求各省（自治区、直辖市）结合实际制定实施方案，进一步推进深化集体林权改革工作。2024 年 4 月，宁夏回族自治区党委办公厅、人民政府办公厅印发《宁夏回族自治区深化集体林权制度改革实施方案》（以下简称"自治区党办、政办印发《实施方案》"），提出 7 个方面 20 项改革任务，探

作者简介 朱莉华，宁夏林权服务与产业发展中心副主任；万娟，宁夏林权服务与产业发展中心副科长；周珲，宁夏林权服务与产业发展中心高级林业工程师；陈磊，宁夏林权服务与产业发展中心助理林业工程师。

索生态脆弱区集体林权制度改革的路径。

一、宁夏集体林权改革的历程

新中国成立后，宁夏集体林权制度经历了 5 次大的调整和变动。①1949 年 9 月宁夏解放后林地荒山全部收归国有，部分分配给农民所有。②1953 年后农民个人所有林木和林地统一由合作社经营管理，纯收益返还农民个人。③1958 年 10 月宁夏回族自治区成立，人民公社农村林地林木全部转为合作社集体所有。④1981 年改革开放初期实行划定自留山、稳定山权林权、确定林业生产责任制的"三定"方针，确立林地个人经营制度。⑤2008 年以来中央在全国推进集体林权制度改革，宁夏按照中央部署开展以集体林业产权制度改革为核心的林权改革。

2009 年至今，宁夏积极探索生态脆弱地区林权改革新路子，主要历经 3 个重要阶段。①开展以确权到户为主的基础改革（2009—2012 年）。主要是落实家庭承包经营制度，明确 70 年产权不变，实现"山定权、树定根、人定心"。在山区重点均山到户，稳定集体经济组织及其农户的承包经营权；在沙区以家庭承包经营为主，同时向社会开放承包经营权，谁造林、谁所有、谁受益；在川区重点对农田林网实行"树随地走""谁管护谁所有"的政策，明晰林木所有权，签订管护合同，对企业和个人投资种植的经果林明晰产权，落实财政贴息政策。2012 年底，宁夏全面完成了集体林地确权工作，制发林权证 51.5 万本，林权改革走在了全国前列，全国深化集体林权制度改革百县经验交流会在宁夏召开，向全国推广宁夏经验。②全面推进并完善集体林权制度改革（2013—2020 年）。主要是坚持问题导向，抓重点、攻难点、补短板，统筹推进集体林权流转、培育新型林业经营主体、建设林下经济示范基地、推进林权抵押贷款等重点任务。2018 年在彭阳、隆德、西吉 3 个县探索开展集体林地"三权分置"改革试点。这一阶段的改革进一步创新了集体林业经营的体制机制，盘活了林业资源，实现了生态保护和农民增收双赢。2020 年 6 月习近平总书记考察宁夏时，赋予建设黄河流域生态保护和高质量发展先行区的时代新使命，要求宁夏抓好生态环境保护，持续建设天蓝、地绿、水美的美丽宁夏。③深入推进山林权改革暨集体林权制度改革（2021年至今）。2021年4月，宁夏召开建设黄河流域生态保护和高质量发展先行区第四次推进会，全面启动深入推进山林权改革暨集体林权制度改革。聚焦黄河流域生态保护和高质量发展先行区建设，宁夏出台《关于深入推进山林权改革　加快植绿增绿护绿步伐的实施意见》，明确改革的主要思路是以放开放活、增值增效、植绿增绿为核心，落实集体所有权、稳定农户承包权、放活林地经营权、保障林业收益权，以市场化改革促进规模化经营，培育绿化主体、增加绿化投入、提高绿化效率、加快绿化步伐，构建"绿水青山就是金山银山"的价值实现机制，实现国土增绿、林业增效、农民增收。

二、宁夏集体林权制度改革主要做法及成效

宁夏是唯一全境划入"三北"工程建设范围的省区，也是全域纳入黄河流域"几字弯"攻坚战的省区，肩负着建设黄河流域生态保护和高质量发展先行区的使命任务，对构筑我国西北生态安全屏障具有重要作用。深入推进集体林权制度改革以来，宁夏不断探索完善生态产品价值实现机制，全面落实确权、赋能、交易、经营、服务五项举措，进一步拓宽了绿水青山向金山银山的转化路径，相关做法得到国家林草局主要领导批示肯定，并在全国深化集体林权制度改革座谈会上做经验交流。

（一）探索确权登记途径

强化林草部门与自然资源部门联动，印发《关于加快推进林权类不动产登记工作的通知》《林权类不动产登记操作指南（试行）》和《山林权改革有关政策及常见问题解读》，以国土"三调"成果为基础，理清集体林地权属和边界，依申请换发不动产权证书。彭阳县首创《山林地确权登记明白书》，让农民群众吃下了"定心丸"。泾源县对集体林地开展地籍调查，完善矢量数据，探索开展"一户一证多宗地"的确权登记途径，有效解决了一户多宗地的颁证难题，促进林权登记系统实现一本证登记多宗林地权属。盐池县采取颁发林权类不动产"大证"与林地收益权"小证"相结合的办法，实现"分利不分林""农民有分红"，做法得到国家林草局肯定。目前全区林地确权1434万亩，确权率达97.3%。

（二）林下经济助农增收

制定出台《关于加快推进山林权改革　促进林下经济高质量发展的财政扶持政策暨实施办法》《关于引导社会资本进山入林　推进以林养林以地换林指导意见》等扶持政策。争取宁夏财政每年 3000 万元林下经济资金支持，吸引社会资本投资 5.5 亿元发展林下经济，带动林下经济产业蓬勃发展。固原地区采集山桃山杏柠条种子 8.1 万吨，产值达 4 亿元，农民人均增收 380 元；泾源县发展以乡镇统筹、村集体牵头、合作社带领、农户参与的林下菌菇产业，产值达 5000 万元，农民户均增收 3000 元以上；隆德县种植林下中药材 27 万亩，产值达 8600 万元，农民人均增收 650 元。截至 2024 年 9 月，全区林下经济经营利用面积 382.7 万亩，产值 10.7 亿元，其中：林下种植中药材、牧草、食用菌、瓜菜等 61.3 万亩，产量 8.8 万吨，产值 2.8 亿元；林下养殖 34.5 万亩，禽类 205.3 万只、蜜蜂 7.1 万箱，产值 2.3 亿元；林产品采集加工 271.5 万亩，产量 11.9 万吨，产值 4.1 亿元；森林景观利用 15.4 万亩，产值 1.5 亿元，年接待游客 333.1 万人次。建设国家级林下经济示范基地 10 家，自治区级林下经济示范基地 35 家，培育新型林业经营主体 3044 家，从事林下经济的农户数达 3.7 万户。

（三）规范林权交易行为

制定《宁夏回族自治区山林权交易规则（试行）》及相关配套政策，将林权交易纳入全区公共资源交易平台，在全区和 5 个地级市公共资源交易中心、县区农村产权交易中心统一开展交易，构建"1+5+22"互联互通、信息共享、服务高效的林权市场交易体系，实现区、市、县三级同步系统化、规范化、一体化交易。建立生态公益林政府回购兜底机制，完成政府回购 2 笔（盐池 150 亩，45 万元；灵武 361 亩，99.5 万元），实现山林权可进可退、流转顺畅，稳定了市场主体造林营林的信心。灵武市创新运用山林权政府回购机制，以回购稳预期、兜底增信心，让经营主体可进可退，为盘活山林资源、激发林业发展内生动力开拓新路，入选"中国改革 2022 年度地方全面深化改革典型案例"和国家林草局《林业改革发展典型案例》。引导市场主体在宁夏公共资源交易平台交易林地 35 笔，交易面积 2.8 万亩，交易金额 1047.7 万元。

（四）创新金融赋能模式

将山林权抵押贷款融资纳入金融支持农业发展范围，建立林业金融支持体系，构建"政府+银行+担保+保险"的林业金融服务机制。制定印发《关于金融支持山林权改革的指导意见》，鼓励开发适合山林地经营权特点、经营者愿意借贷、金融机构敢于放贷的金融产品。创新在园地经营权不动产证中备注地上着生经济林木信息（中宁县以土地流转经营权证+备注林地附着物的方式体现枸杞林木价值），为枸杞企业办理不动产权证抵押贷款1000万元。完成全区首单商业性林业碳汇价值保险（中宁长山头农场有限公司与中国人民财产保险股份有限公司签署首单商业性林业碳汇价值保险，保单面积8600亩，价值111.6万元），开启了商业保险认定碳汇价值的先河，采取产权证抵押、差异化授信、信用担保、存货质押、应收账款质押等方式，创新推出线上信贷金融产品，为林地扩权赋能探索了新模式，有效解决了山林资源融资难、融资贵的问题。目前全区林权抵押贷款余额8亿元、抵押面积达6.6万亩，融资担保在保余额达到2010万元，有力撬动了社会资本投资林业建设。

（五）提升林权服务水平

强化林业技术服务，发挥科技特派员制度优势，加大对最美林草科技推广员、林草服务团队及林草乡土专家推培力度，引进推广林草新品种、新技术、新成果，立项林下种养等地方标准20余项。成立山林权承包经营纠纷人民调解组织，印发了《关于进一步加强集体林地承包经营纠纷调处工作的通知》，指导各地设立集体林地纠纷行业性专业性人民调解组织9个，排查调处各类林权矛盾纠纷134件，切实维护了农民合法权益，保障了林区和谐稳定。

三、集体林权制度改革存在的主要问题

宁夏深化集体林权制度改革虽然取得了一些成绩，但与党中央、国务院的要求还有较大差距，面临着许多制约改革走深走实的"拦路虎""绊脚石"。

（一）森林资源禀赋优势不足，生态功能脆弱

宁夏地处中国西北荒漠与绿洲交界的生态脆弱区，东、西、北三面分别被毛乌素沙地、腾格里沙漠和乌兰布和沙漠包围，荒沙地多、林草地少、降水量少，森林资源总量不足、分布不均衡、结构不合理、生态功能不强、生态产品质量不高等问题长期存在。可经营利用的集体林地主要集中在南部山区，中部干旱带、北部引黄灌区集体林主要是防护林，林种结构单一、立地条件差、经营利用难度大。根据国土"三调"成果数据，2023 年全区林地面积 1473 万亩，森林面积 884 万亩，森林覆盖率 11.35%，乔木林地 307 万亩，灌木林地 772 万亩，森林资源总量不足，比全国平均水平 24.02% 低 12.67 个百分点。此外，森林分布不均衡，天然林少人造林多、成熟林少中幼林多、乔木林少灌木林多、常绿林少落叶林多。缺林少绿、生态脆弱的现状将长期存在。

（二）绿化难度大，荒漠化形势严峻

宁夏常年降水稀少、气候干旱，适宜规模造林的宜林荒山地越来越少。2023 年全区荒漠化土地 3953 万亩（占国土面积的 50.7%），其中沙化土地 1505 万亩（占国土面积 19.3%），荒漠化治理及防沙治沙任务艰巨，均是难啃的"硬骨头"。全区近 80% 的天然草原仍存在不同程度的退化，草原生态系统脆弱，治理难度较大。全区湿地面积 272 万亩，萎缩趋势未得到根本好转，生态功能退化仍在持续。

（三）管护难度大，管护主体单一

宁夏地处西北生态脆弱区，常年干旱少雨、荒漠化较为严重，林木种植管护成本较高。南方一亩乔木林地的造林成本在 1000 元左右，在宁夏则要 3000 元以上。受降水量等因素影响，造林需要抗旱耐寒的生态林树种，生态林难以直接发挥经济效益，农民参与林地经营管护和社会资本进山入林的积极性不高，国土绿化主要以政府投入为主。

（四）经济效益低，生态产品供给不足

集体林生产经营投入大、周期长、见效慢、收益低，社会资本投资林业的积极性不高，林下经济产业发展创新动能和后劲不足，集约经营水平偏低。经果林和林下经济经营主体规模小、实力弱，林下经济经营利用面积（382.7万亩）仅占林地总面积（1473万亩）的25.9%，林下经济产值7.6亿元，亩均产值仅为294元。林下经济缺乏龙头企业带动，产业布局碎片化、种养品种单一化，深加工不足，产业链条短，附加值低，抗风险能力和市场竞争力弱。生态旅游业发展格局不平衡，旅游产品类型不多，公共服务能力不足。森林"四库"功能尚未充分发挥，与人民群众期盼还有很大差距。

（五）产权保障不足，历史遗留问题较多

集体林地"三权分置"制度化、规范化程度不足，经营权不灵活，处置权、收益权落实还不到位。林权不动产登记基础薄弱，由于多部门管理、多标准认定、多方法测量造成的地类重叠、一地多证、一地多主等确权登记存在四至界限不清、面积核实不准、档案资料不全、地类重叠交叉等问题，林权证、草原证"有数无图"，一地多证、一地多人、证地不符等历史遗留问题普遍存在。截至2024年9月，集体林地经营权的登记面积仅为13.9万亩，占全区林权不动产登记面积（215万亩）的6.5%。林权市场交易不活，集体林地流转面积（12万亩）总量不高，仅占集体林地总面积（802万亩）的2%，集体林仍以家庭经营为主，经营方式落后、成本高、收益低。

四、谱写深化集体林权改革新篇章

党的二十届三中全会和宁夏回族自治区党委十三届九次全会对进一步全面深化改革、推进中国式现代化作出重大部署。踏上新征程，必须牢记习近平总书记嘱托，认真践行习近平生态文明思想，聚焦黄河流域生态保护和高质量发展先行区建设，对标中办、国办印发《方案》要求，落实自治区党办、政办印发《实施方案》部署，围绕林业资源要素市场化配置改革，以活化集体林地经营权、发展林业规模经营、助力植绿增收双赢为主线，盘活林地林木资源，释放林业发展活力，努力实现生态优、产业兴、乡村美、百姓富。

（一）加快推进"三权分置"

坚持集体林地所有权不变，明确村域内集体林地边界范围和面积。确

保集体林地承包关系长期稳定，实现林地应确尽确，林权类不动产证书应颁尽颁。放活集体林地经营权，可依法再流转或向金融机构融资担保，流转期限 5 年以上的林地经营权可申请不动产登记发证。由农村集体经济组织统一经营的林地，将集体林地收益权量化到户，收益权证发放到户。逐步化解"一地多证""权属交叉"等历史遗留问题。

（二）发展适度规模经营

稳步推进林权流转，引导农户通过出租、入股、合作等方式流转林地经营权。修订完善《宁夏回族自治区集体林权流转实施办法》，进一步规范林权流转交易，健全区市县级林权市场交易体系。推广家庭联合经营、村集体经济组织与农户股份合作经营、农户委托经营等多种合作经营模式。培育壮大经营主体，引导就地就业农民组建家庭林场、村集体林场、股份制合作林场等适度规模经营主体，建立健全联农带农富农机制。落实《宁夏国有林场试点建设工作方案》，出台《国有林场经营性收入分配激励机制实施办法》，指导原州区马渠林场、水沟林场和泾源县沙塘林场开展改革试点，及时总结经验做法，形成典型案例。

（三）提高集体林经营质量

依法依规保护经营利用公益林，科学划定公益林范围，合理优化公益林中集体林的比例。实施森林质量精准提升工程，大力推广山杏、山桃嫁接红梅杏、李等低效林改造，以及柠条复壮更新等高效森林经营模式。鼓励各县区在不改变林地属性、林地保护等级的前提下，按照森林分类经营要求，将生态树种更新为兼具经济效益的文冠果、沙棘等树种。推进林木采伐便民利民，优化林木采伐审批流程。

（四）大力发展林下经济

在保护森林资源和生态环境的前提下，鼓励各地结合实际，依法合理利用林下资源、林间空地等，适度发展林下经济、生态旅游、森林康养、自然教育等绿色富民产业，推进林下种植、林下养殖、林产品采集加工、森林景观利用等全产业链发展。加强林业生产道路、防火、用房、水电等基础设施建设，强化资金、用地、科技、金融支持等政策，修订完善林下经济扶持政策，持续发挥林下经济专项补助资金的杠杆作用，吸引社会资本发展林下经济产业。编制《宁夏林下经济发展规划（2025—2030年)》，打造固原地区"一县一品"林下经济发展格局，推进林下经济全产业链发展，积极争取国家林下经济产业项目，支持林下经济产业成为林业大县新的经济增长点。

（五）拓展林业增值途径

由林草、生态环境、发改、财政等部门负责，完善全区林业碳汇计量模型，测算掌握全区林业碳储量和碳汇潜力，构建林业碳汇计量监测标准体系，开展林业碳汇计量监测示范和应用。支持有条件的地区开展林业碳汇项目建设，鼓励固原市探索林业碳汇试点工作。落实公益林补偿政策，完善地方配套政策，建立公益林补偿标准动态调整机制，逐步提高地方公益林补偿标准。

（六）加大金融支持力度

由宁夏回族自治区党委金融委员会办公室牵头，联合林业和草原局以及金融机构等，健全金融支持林业贷款速审快批绿色通道。扩大"林权+"信用、担保、保险等抵押贷款规模，开发"林权+"公益林补偿、林业碳汇预期、林业经营预期收益权等质押贷款产品。开展林权收储担保服务，鼓励设立林权抵押贷款风险基金。探索"政策性保险+商业性保险"模式，提高林业产业综合保险保障水平。

（七）加快林权登记颁证

健全自然资源、林草等部门协同联动工作机制，加快推动林权登记存量数据整合。完善地籍调查，妥善解决集体林地类重叠、权属交叉等历史遗留问题。实现不动产登记信息平台与林权综合监管平台对接，将林权登记数据纳入不动产登记信息平台管理，打通信息共享渠道，实现林权审批、交易和登记信息互联互通。完善林权纠纷调处统计报告制度。

宁夏生态产品价值实现机制探析

张治东

党的二十大报告就"建立生态产品价值实现机制，完善生态保护补偿制度"作出具体部署，指明了建设"人与自然和谐共生的现代化"的发展方向和战略路径。建立健全生态产品价值实现机制不仅是践行"两山"理念的关键路径，也是实现人与自然和谐共生现代化的重要举措。近年来，宁夏在"两山"理念的指引下，依托"一河三山"资源禀赋，坚定不移走生态优先、绿色发展之路，积极探索生态资源向经济效益、社会效益、生态效益转化的实践路径。

一、生态产品价值实现机制的宁夏探索

（一）与"三产"融合提升多元价值

生态产品是人工参与生态系统生产、为大众提供消费和服务的新型绿色产品。随着人们生态环保意识的加强，生态产业与消费服务日益密切。

作者简介　张治东，宁夏社会科学院文化研究所副研究员。

基金项目　宁夏哲学社会科学规划一般项目"政府规划与农民适应：新内源发展理论对宁夏打造乡村振兴样板区的经验启示"和宁夏社会科学院重大现实问题重点课题"运用'千万工程'经验有效推动宁夏乡村全面振兴研究"阶段性成果。

区别于一、二、三产业，生态产业有"第四产业"之称，而它所蕴含的社会、经济、文化等多元价值则需要在生态与"三产"的融合发展中得以实现。近年来，宁夏探索将一产中的酿酒葡萄、枸杞种植等传统农业，二产中的新能源、数字信息等现代工业，三产中的文化旅游、体育康养等优势服务行业，与以提供绿色生态产品为目标的第四产业有机结合，推进生态文明建设市场化、产业化、多元化、专业化，让附着在"绿水青山"上的自然财富、生态财富转化为看得见、摸得着的经济财富、社会财富，努力推动生态资源生态价值向经济价值、社会价值转化。

在生态农业领域，宁夏"稻渔空间"改变传统水稻种植方式，通过与"三产"的有机融合有效促进了农业生态价值的不断提升。该农业生态园以耕地保护和资源节约集约利用为基础，创新实施稻、蟹、鱼、鸭立体种养，建设高密度鱼池、高标准稻田、深水环沟等新型农业设施，采用"循环水养鱼+稻渔共作"技术，让农业用水在"鱼池—环沟—稻田"中循环利用，把养鱼产生的富营养水用于水稻种植，经稻田净化后再进行鱼、蟹、鸭、小龙虾等水产养殖，通过养蟹除草、以渔治碱、养鸭治虫等措施改善稻田生态环境，形成了一田多用、一水多用的"1+X"稻渔种养模式。一是精选优质水稻与鱼、蟹、鸭、小龙虾等水产养殖进行混合立体种养，尽量减少化肥、农药在稻田中施用，较大幅度提升了稻米的生产品质。二是做深水稻加工产业，开发糙米、米汁、米醋、锅巴等特色产品，提升其附加值。三是以稻渔共养区为基础，重点开发富有生态田园特色的生态旅游产品，建成农业体验区，引导游客参与农田种养，通过购买景区门票赠送同等价值的蟹田米，将生态园区农产品打造成旅游产品进行销售，提高和发挥了农产品的知名度和品牌效应。

光伏治沙是生态与"三产"融合的又一成功尝试。在光伏板下安装节水滴灌设施，并种植绿色经济作物，不仅充分利用了沙漠戈壁的光热资源，还大大恢复了沙区植被，改善了沙地生态。譬如，银川市兴庆区月牙湖乡实施的宝丰农光一体化项目，通过在光伏板下种植枸杞，使3万亩沙地成为可利用的林地资源，实现了光伏发电、沙滩治理与枸杞种植等多元主体共赢。光伏产业的生态经济效益极大促进了能源结构转型。资料显示，中卫市某光伏电站日均发电量 202500 千瓦时，与相同发电量的火电相比，每年可节约标准煤 28900 吨，减排 SO_2 约 689 吨，减排 CO_2 约 103500 吨。

（二）科技创新推动生态产品价值增值变现

在科技创新推动生态产品价值增殖变现方面，优质高产品种厚植生态健康、科研创新、品牌效应等关键核心技术，紧紧抓住了消费者的康养心态，牢牢把控了市场的主动权，使生态产品的经济价值得以有效显现。连湖西红柿是宁夏农垦连湖农场历经 30 余年生产实践，在荷兰普罗旺斯西红柿品种的基础上，研发出的一款具有较高科技含量的优质高产品种，因其质地鲜艳、口感好、糖分少等特点，备受消费者青睐。据种植户反映，"连湖西红柿种植半年就可上市，每棚收益最低可达 15000 元，比种别的作物要高出好几倍利润。"在连湖农场的带动下，临近农户纷纷跟种，畅通的销路和不菲的收入，使大家在育种、施肥、浇水等方面丝毫不敢马虎，消费者更是将其比作"小时候的一种味道"。

畜牧业领域，宁夏以良种繁育为代表的科技创新技术有效化解了封山育林与畜牧养殖的突出矛盾。譬如，滩羊养殖作为宁夏特色传统产业，由于羊种个体小、一年一胎的繁育能力和较低的成活率严重制约了滩羊养殖产业的发展。在政府主导、多方参与下，养殖企业与滩羊养殖户聚焦滩羊双羔品系选育、营养需要等关键技术攻关，使规模养殖场母羊两年三产比例达到 80%、繁殖成活率达到 120%，优质滩羊肉生产 6 月龄出栏比例达 70% 以上。在滩羊"提纯复壮"强化地方种质资源保护的同时，宁夏还通过高水平建设中国（宁夏）良种牛繁育中心，引进安格斯、西门塔尔等优良基因持续培育和改良本地肉牛品种，提高养殖效益。据统计，目前宁夏奶牛、肉牛和滩羊良种化率分别达到 100%、89% 和 90%。

以科技创新为基础的优质高产品种对提升宁夏农业产业竞争力、实施农业供给侧结构性改革、壮大特色优势产业结构调整、增加农民收入、保障粮食安全，有效推动"绿水青山"向"金山银山"转化发挥了积极作用。当前，宁夏以加快建设乡村全面振兴样板区为契机，深入实施特色产业提质计划，大力发展葡萄酒、枸杞、牛奶、肉牛、滩羊、冷凉蔬菜等"六特"产业，通过技术攻关和优质高产品种的培育和推广，赋能"六特"变"六

优"，进而打造"枸杞之乡""滩羊之乡""高端奶之乡"等品牌建设，使
"贺兰山东麓葡萄酒""中宁枸杞""盐池滩羊"等品牌价值分别达到
301.07 亿元、191.88 亿元和 88.17 亿元。[①]

（三）"六权"改革将生态资源转化为经济优势

近年来宁夏聚焦用水权、土地权、排污权、山林权、用能权、碳排放
权"六权"改革，采用"保护者受益、使用者付费、破坏者赔偿"原则，
构建资源有价、使用有偿、交易有市、节约有效的政策制度体系，通过
"资源变资产、权益变收益"方式，有效激发了生态资源的价值潜力和权益
收益，使区域生态资源得到合理利用和优化配置。2024 年 9 月 12 日，水
土保持项目[②]碳汇业主彭阳县盛泽水务投资有限公司与宁夏雅豪新能源科技
有限公司签订水土保持碳汇 3.6 万吨 111.6 万元的购买协议，溢价收益主要
用于彭阳县域水土保持及生态保护修复项目建设。这种通过碳汇交易进行
生态保护和修复的溢价转换方式，是宁夏加大技改投入和科技创新力度，
提升产业绿色循环发展水平的有力举措。通过"六权"改革，既鼓励企业
减排，又严控能耗总量，还利用市场溢价进行生态保护和修复，切实达到
了资源优化配置和提高生态经济效益的目的。目前，宁夏已建成覆盖自治
区、市、县三级，集信息、服务、交易、监管等功能于一体的碳汇交易平
台，以"谁使用谁付费，谁节约谁受益"的运行机制，对氮氧化物、二氧
化硫、化学需氧量、氨氮 4 项指标开展交易，有效推动了"降污减排增益"
实践效果。

"六权"改革溢价交易为完善生态产品价值实现机制提供了政策保障，
对持续推进生态碳汇项目创新与成果转化，助力区域绿色经济发展和国家
"双碳"目标实现，将生态产品转化为经济效益，资源优势转化为发展优势
具有积极作用。其中，把造林成果开发成碳汇项目，是宁夏当前把生态优
势转化为经济优势的一项有力举措。2024 年 9 月 24 日，宁夏悦城农业发

[①] 张治东：《全域封山禁牧后，如何让"风景"变"丰景"》，《光明日报》2023 年
5 月 6 日。

[②] 水土保持项目位于彭阳县王洼镇李岔小流域，流域面积 28.86 平方公里。

展有限公司（隆德县国有）与深圳市青研生一环境科技有限公司通过"国家新CCER（国家核证自愿减排量）林业碳汇项目"预售交易，签订碳汇项目减排量购买协议。据统计，该项目总面积43.8万亩，在项目运行的20年内预计总碳汇量116万吨、9280万元，首年签发的碳汇价值为2000万元。碳汇交易溢价将反哺林场，用于区域生态涵养、水土保持、生物多样性保护等。

此外，有些县区还引导、鼓励农户通过经营权流转、股份制合作、林地托管、半托管联种等方式，与企业（合作社）组建产业化联合体，在着力推进生态要素与生产、发展要素良性互动的过程中，实现生态资源向经济效益转化。

（四）发展庭院经济，为农户植绿增收

"两山"理念在农村的深入实践，为提升农业生态产品价值实现提供了基础。如何从"绿水青山"转化为"金山银山"，促进乡村生态产品价值变现，宁夏将村庄整治与绿色生态家园建设紧密结合，走出了一条"生态立村、生态致富"的发展之路。隆德县组织群众在农户房前屋后种植绿色植被，一方面利用发展庭院经济让农户植绿增收，另一方面从视觉上为乡村增添"富春山居"美感，积极发展乡村旅游。2024年该县安排财政专项补贴资金223.62万元，为当地发展庭院经济提供财政支持，并将发展庭院经济作为巩固拓展脱贫攻坚成果、推进乡村生态振兴的一项重要举措。

一是依托县域独有的资源禀赋和地理优势，按照"以户促村、以村促乡、整县促进"的总体思路，紧紧围绕全县"五特五新五优"[①]产业布局，根据各流域片区产业发展实际，顺应农户意愿，通过鼓励引导、多方结合、建立奖补机制等方式，采用"整流域规划、整片区设计，统一标准建设、统一品种种植"原则，在渝河川道沿线集中建设以辣椒、西红柿、茄子为

---

①隆德县按照自治区第十三次党代会提出的"六新六特六优"产业，根据当地实际相应提出了"五特五新五优"产业，"五特"即枸杞、牛奶、肉牛、滩羊、冷凉蔬菜；"五新"即新型材料、清洁能源、装备制造、数字信息、轻工纺织；"五优"即文化旅游、现代物流、现代金融、健康养老、电子商务。

主的庭院经济产业带，在六盘山外围阴湿区集中建设以油菜、菠菜为主的庭院经济产业带，在朱庄河流域建设以胡萝卜、包菜为主的庭院经济产业带，推动农户庭院经济规模化、特色化发展。

二是充分开发利用路边、沟边、坎边"三边"地带及房前屋后空地、荒地、闲置地"三地"区域，以农户院落周围的垃圾点、杂草地、排水沟为重点，将庭院经济与庭院绿化美化结合，采取间、混、套的方式，规划建设"一横两纵"庭院经济示范带，全县建成微菜园 11166 户、微菌园 6 户，着力打造一批以神林村、赵楼村等为重点的"地面有菜、树上有果、门前有景"的立体庭院经济。

二、宁夏生态产品价值实现机制困境分析

（一）生态产品有效供给不足

虽然优质高产品种在生态产品的研发利用中得到大力推广和有效利用，但就包括生态农业在内的整个生态领域而言，科技创新力度仍显不足。宁夏农业生态产品在精深加工方面缺乏自主研发的关键技术，缺乏规模化、信息化、智能化的深加工能力，生产、消费环节没有形成规模效应和品牌效应，生态有机产品进入消费市场后与普通农产品没有显著辨识度。面对外形基本一致的两者时，消费者更愿意选择价格相对优惠的普通产品，而不愿为具有生态附加值的生态产品"买账"，导致农贸市场出现"产品多而不优，品牌杂而不亮，绿色优质农产品供给不足"的情况，这使生态绿色有机产品的价值无法在市场交易中得到显现。在生产环节，由于宁夏生态产品价值实现路径单一，部分企业面对零星分散的生态资源，无法聚焦生态产业化的规模作业，对生态环境保护、绿色低碳技术研发投入力度不足，导致生态产品供给主体欠缺、同质性强，地方生态优势不能充分转化为经济优势、竞争优势和发展优势。在消费环节，生态产品供给质量有待提高。部分企业与农民为节省投资成本，追求短期内的高效、高产，在作物种植以及病虫害防治过程中并未严格按照精细化标准在农田管理中科学使用化肥、农药，养殖产生的畜禽粪污也未按照要求进行有效处理和资源化再利用，导致农业面源污染问题突出，农业生态产品的供给数量、质量都处于

较低的发展水平。

（二）市场交易机制尚待完善

尽管宁夏在"六权"改革中取得了一定成效，但由于生态产品兼具公共产品与公共资源的双重属性，不仅包括绿色有机产品，还包括提供调节服务、文化服务的生态旅游产品和生态自然环境等识别较为困难的生态产品生产原材料，再加上全区生态产品在类别、数量、分布等方面信息不够完善，难以建立和形成生态产品的调查监测体系以及水、土地、山林、湖泊、候鸟、滩涂、湿地等生态资源关于供给服务、调节服务、文化服务价值的智能化核算体系。在国家层面也没有明确生态产品总值（GEP）核算中定价机制、实物量核算模型，导致大部分生态产品价值实现中存在抵押难的问题。目前，宁夏生态产品价值核算尚在试行阶段，有关生态产品的市场机制和政策制度还不够完善，在市场交易过程中多以政府手段为主，市场手段为辅，加之缺乏相应的监管和规范，没有建立统一的生态产权交易市场体系，这大大影响了生态产品价值实现的市场化进程。此外，由于有些生态产品产权不明晰、经济产出效益不明确，尚不能全面评估其潜在实际价值，给全区生态产品价值评估带来诸多影响，这使宁夏尚不能在全区建立生态产品清单和基础数据库，存在生态家底不够清晰的问题。

（三）激励机制有待加强

发展庭院经济为农村植绿增收取得良好效果，但"一锅烩"和"吃大锅饭"现象依然突出。部分乡镇为了完成补植增绿任务，对农户补植增绿成活率并没有提出相关标准要求，农户在种植过程中效果如何以及成活率如何，并没有后续的补偿激励机制，只是泛泛按亩数按人头给予相应补偿。当前各地依据区域特点开展了一些所谓"庭院经济"，然而很多地方尚处于简单模仿、粗放利用的自足自给阶段，并没有产生规模性以及值得效仿和推广的生产格局。当然，随着大量青壮年劳力外出务工，留守农村的人员普遍文化水平低、年龄偏大，思想观念陈旧，对现代农业种植技术的接受能力有限，无法达到专业化种植水平，与宁夏发展庭院经济帮助农户植绿增收的预期效果相距甚远。

三、健全生态产品价值实现机制的对策建议

（一）提高产品供给能力，满足消费康养需求

提高优质高产品种在生态产品中的研发、应用、供给与运营能力，通过对现有生产流程和技术的优化升级改造，提升加工效率和产品品质，切实满足消费者对绿色、健康的需求。统筹山、水、林、田、湖、草、沙等各生态要素协调共生，推进生态与一二三产业深度融合，将生态产品与区域自然资源、民族文化资源等要素紧密结合，不断挖掘生态产品多元化价值，切实提高其产品附加值和市场竞争力。在农业生态领域，积极推动农产品加工业向高品质方向迈进，建设高标准生态农田，引进高效有机肥料、微生物肥料以及快速有机化处理等先进技术，致力于科技创新的研发和应用，培育和发展规模化、标准化、精细化蔬菜基地，推广建设优新品种和优新技术示范展示基地，发挥新型经营主体的引领、示范和带动作用，将精准农业、智慧农业、信息农业、高新生物技术农业与传统种养农业有机融合，不断提升有机农产品的品质。譬如引进水肥一体化（鱼菜共生）、生物菌肥等先进技术，采用"南果北种"方式，建成集生产、加工、包装为一体的深加工车间，有效破解农业产业链条短的问题。大力发展"生态种养循环"，构建新型生态农业模式，将种植业、畜牧业、渔业等传统农业与加工业紧密结合，通过精细化管理实现更高效的资源利用，为提升农业的经营效率和生态可持续性不断探索新路径。

（二）探索产权界定办法，构建价值核算体系

探索建立基于"六权"改革的指标交易制度，研究制定适合宁夏生态发展的核算标准，利用"单位面积生态服务价值当量表"，科学界定山林、湿地、滩涂等自然资源资产的产权主体和权利，核算反映全区各类生态资源实物量及对应生态系统的当量因子，依据全区生态系统价值总量，对各区域生态产品进行价值核算和评估，建立宁夏生态产品价值核算评估机制和标准，完善当地生态产品价值核算评估指标体系、技术规范和核算流程。依托统一统计口径的调查数据，结合生态产品总值（GEP）核算、第三方评估、信息共享平台等方式完善生态资源基本情况、储能情况、修复情况、

交易状况、融资状况等信息，形成统一核算标准，建立健全生态资源统一确权平台，开展自然生态系统调查监测和确权登记，对全区自然生态系统开展调查监测和确权登记，摸清区域内自然资源的数量、质量、权属等现状，编制形成宁夏生态产品目录清单，为建立健全生态保护补偿、生态环境损害责任赔偿、生态产品市场交易等生态产品价值实现机制提供科学依据。

（三）制定补偿实施细则，健全激励机制

实践证明，生态补偿制度的执行能够显著促进农户植绿增收的积极性。因此，各地在发展庭院经济实施补植增绿过程中，应制定符合区域实际情况的生态补偿实施细则，明确补偿标准，完善资金保障、信息共享、公众参与、监督评估、绩效考核等相关内容，结合当地生态禀赋，顺应农户补植增绿意愿，规定生态补偿主客体、对象、范围、方式、内容、程序、标准、权责等，对补植增绿区域内的农户进行生态补偿，对植绿增收有效果的农户给予相应奖励，通过经济激励手段，鼓励生态保护行为，提高村民参与生态保护的积极性。同时，将庭院经济与农业知识教育相结合，通过举办农业科技培训活动，培养新一代农民对庭院经济的认知与兴趣。基层政府应结合农户植绿增收实际完善庭院经济建设实施计划方案，通过政府引导、社会参与、农民行动等三种主体行为作用，使庭院经济成为驱动乡村产业振兴的新引擎。

绿色发展理念下宁夏生态保护补偿制度研究

张　炜

2024 年 2 月 23 日颁布的《生态保护补偿条例》，以立法的形式确立生态保护补偿的各项基本规则，标志着中国生态保护补偿进入法治化新阶段。生态补偿制度事关社会公平、区域协调、社会和谐等重大问题，同时还起到落实生态保护权责、调动各方参与生态保护积极性的作用。绿色发展理念下构建生态保护补偿制度，更加强调以人与自然和谐为价值取向，以绿色低碳可持续为主要原则。近年来，宁夏在生态补偿制度方面出台了《宁夏全国防沙治沙综合示范区建设总体规划（2008—2020 年)》《宁夏六个一百万亩生态经济林建设项目总体规划》《六盘山重点生态功能区（固原片区）生态保护和修复规划（2021—2025 年)》《宁夏回族自治区森林生态效益补偿基金管理条例实施细则》等多项政策法规。然而，宁夏生态保护补偿制度仍然存在补偿覆盖力度有限、补偿政策有待细化、补偿重点不够突出、公众参与不足等问题。

作者简介　张炜，宁夏社会科学院助理研究员。

基金项目　宁夏哲学社会科学规划青年项目"宁夏创建国家农业绿色发展先行区路径研究"（项目编号：23NXCGL07）成果。

一、宁夏生态保护补偿制度建设取得的成效

（一）不断健全纵向生态保护补偿制度

纵向生态补偿是中央政府向地方政府直接转移支付生态补偿金额的一种方式。"十四五"以来，宁夏积极响应国家生态文明建设号召，建立了以重点补助为主、专项补助为辅的补偿资金分配办法，不断加快建立重点生态功能区补偿机制，统筹安排资金，对纳入国家重点生态功能区的县（区）给予补偿，支持其开展生态保护工作。大武口区、盐池县、红寺堡区等 12 个县（区）均列入国家重点生态功能区转移支付范围。

（二）积极探索横向生态保护补偿制度

在国家层面，全国跨省流域横向生态保护补偿机制建设明显提速，先行先试的补偿试点工作起到了重要的示范引领作用。2023 年 7 月，宁夏与甘肃签订了《黄河流域（甘肃—宁夏段）横向生态补偿协议》，明确两省（区）将按照 1:1 比例，共同筹集资金 1 亿元，设立黄河干流流域上下游横向生态补偿资金，用于流域内水污染综合治理、生态环境保护、环保能力建设等方面，全力推进黄河流域治理工作。2023 年 11 月，宁夏与内蒙古签订了《黄河流域（宁夏—内蒙古段）横向生态补偿协议》，成为全国首个在黄河干流与上下游省区建立补偿机制的省（区）。宁夏在黄河流域生态保护补偿机制方面的经验还在 2022 年被国家发改委确立为典型案例，这不仅肯定了宁夏在黄河流域生态保护补偿机制方面的努力和成绩，也为其他省（区）提供了借鉴。

2024 年 10 月，固原市率先制定出台《固原市域六盘山横向水生态保护补偿机制实施方案》，针对固原市域内六盘山水生态进行保护并设立相应补偿机制，是宁夏首个地级市域内横向生态保护补偿机制。该方案提出，要以推进六盘山生态保护高质量发展为目标，设立六盘山水生态保护补偿专项资金，为宁夏乃至全国的生态保护补偿机制提供有益借鉴。

（三）持续完善多元化生态保护补偿制度

近年来，宁夏生态保护补偿机制在改善生态环境质量、推动绿色发展、生态环境要素分类补偿增效等方面均取得了一定成效。2017 年 7 月，宁夏

制定出台《关于建立生态保护补偿机制推进自治区空间规划实施的指导意见》，确定将在森林、草原、湿地等七大重要生态领域，逐步建立多元化的生态保护补偿机制。此外，宁夏多部门联合制定出台了《探索建立山林资源政府回购机制的指导意见》和《加快推进山林权改革促进林下经济高质量发展的财政扶持政策暨实施办法》等，提出设立促进林下经济高质量发展和山林资源政府回购基金等，通过多手段、全方位造林、育林、护林，建立起"以地换林""以林养林"模式，确保全区范围内的山林生态价值不断增值，助推宁夏经济社会发展全面绿色低碳转型。

2023 年 4 月，宁夏自然资源厅等部门联合制定出台《鼓励和支持社会资本参与生态修复的实施意见》，围绕宁夏构建"一河三山"生态空间格局，以建设黄河流域生态保护和高质量发展先行区为目标，充分发挥市场在资源配置中的决定性作用，聚焦重点领域，激发市场活力，促进社会资本参与生态保护修复。宁夏积极建立社会资本参与生态修复机制，通过支持和鼓励社会资本以自主投资、政府合作、公益参与等方式，参与森林、草原、湿地、流域、矿山生态系统和生态产业等重点领域的生态保护修复。例如，贺兰山东麓区域的废弃矿坑治理工作，通过引入社会资本参与生态修复，保持生态产业多元化、丰富化，打造葡萄酒庄园、运动休闲公园、文旅休闲基地等。再如，石嘴山市为保证实现以林换能、以能换碳，探索建立和实行"林票+能票"制度。

2023 年 5 月，自治区党委办公厅、政府办公厅印发《关于深化生态保护补偿制度改革的实施意见》（以下简称《实施意见》），明确将聚焦森林、草原、湿地等生态环境要素，加大对宁夏范围内环境敏感和生态脆弱地区的生态补偿支持力度。按照"受益者付费"原则，完善市场交易机制，创新建立"生态+产业+资源"发展模式，探索实施节能、双控、双碳、财政奖补等政策。《实施意见》还提出实施纵横结合的综合补偿制度，完善多元化生态保护补偿制度，持续深化"六权"改革，体现生态产品价值，激发全社会参与生态保护的积极性。

2024 年 6 月，银川市牵头出台《银川市关于深化生态保护补偿制度改革的落实方案》，积极落实完善森林、草原、湿地和生物多样性生态保护补偿机制，实施湿地分级保护管理制度，开展湿地生态效益补偿试点，加大力度争取黄河湿地、鸣翠湖、阅海等国家及自治区重要湿地的生态保护补偿。

二、宁夏生态保护补偿制度面临的问题

（一）生态保护补偿标准核算体系有待完善

宁夏在推进生态补偿机制建设和创新的过程中，已经取得了一定成效，但仍然面临补偿标准相对单一、缺乏动态调整机制、补偿标准与实际成本差距较大等问题。现行的补偿标准难以充分反映生态服务价值的多元化和市场变化，并且仍然以资金补贴为主，而其他如产业扶持、技术援助、人才支持、就业培训等补偿方式未得到充分重视。此外，宁夏不同地区的自然地理条件和经济发展水平存在显著差异，相对单一的生态补偿标准无法满足不同地区的发展需要。

以宁夏森林生态补偿为例，转移支付资金里中央对宁夏支付占有很大比重，除此以外的其他渠道明显缺失。现阶段，宁夏森林生态补偿融资渠道主要有两种方式，即财政转移支付和专项基金，但是针对生态补偿主体的相关税费征收措施缺失，生态受损地区和受益地区之间、流域上下游之间仍然缺乏有效的协商机制。在横向生态补偿机制中，省（区）之间的转移支付内容较少涉及，导致宁夏难以获得合理的生态补偿[1]。

（二）生态补偿资金来源渠道单一化

生态补偿资金充裕持续，是生态保护补偿机制得以有效运转的重要保障。目前，宁夏的生态保护补偿资金来源以财政资金为主，财政转移支付占主导地位，主要依赖于中央到自治区政府，再从自治区政府到各市县政府的纵向财政转移支付。由政府主导的生态补偿模式和单一化的资金来源，一方面固然存在执行力强、惠及范围广、保护效益直接显现等诸多优点，但同时也容易产生政府财政压力大、补偿金额不足以弥补生态成本、行政

---

①汪亚光：《宁夏森林生态补偿政策创新与实践探索》，《北方民族大学学报》2020年第1期。

效率不足和资金利用率低等情况，从而削弱了生态补偿的实际效果。

（三）缺乏公众参与和有效监管

生态保护补偿机制具有普遍性和共享性，其带来的生态环境增值是由全社会共享的，也离不开公众的积极支持和广泛参与。但目前，在生态补偿政策的制定、实施和监管过程中，普遍缺乏公众的参与和监督。由于政策宣传不到位，导致公众对生态保护补偿制度的了解不足，配合的积极性不高。普遍的观点认为，生态环境保护更多的是政府职责，当然也由政府负责生态保护补偿等工作。此外，在生态补偿政策的调研和制定阶段，往往由政府部门和相关领域的专家主导，公众难以获取信息，因此生态补偿政策难以全面反映公众的意见和需求。

（四）生态补偿政策合力有待提高

2024 年 2 月 23 日，国务院正式通过的《生态保护补偿条例》是我国首部专门针对生态保护补偿的法规。作为现行的生态保护补偿领域的行政法规，《生态保护补偿条例》成为全国各省（区、市）在地方生态保护补偿方面的上位法依据。目前，宁夏在生态保护补偿机制方面的规定，仍然以相关部门和单位颁布的规范性文件、政策规定等形式出台，以鼓励、支持等倡议性规定为主，在法律效力和约束力方面远不及地方性法规。例如，宁夏出台的《宁夏回族自治区森林生态效益补偿基金管理条例实施细则》等规章制度涵盖生态保护补偿的不同领域，但在不同领域生态补偿主体的确定、资金来源、补偿标准及监管措施等方面仍有待细化。

另外，在建立横向生态保护补偿实践中，包括宁夏在内的各省（区、市）都不同程度地存在各方合力不足、权责不清、生态产品价值转化率低、市场化多元化手段不丰富等问题，需要针对该领域进行立法研究。特别是需要解决宁夏生态保护补偿的重点领域，重点区域生态补偿标准如何细化、多元化生态补偿如何开展等具体问题。

三、宁夏生态保护补偿制度的对策建议

（一）研究制定科学合理的生态保护补偿标准

生态保护补偿机制的关键，在于如何立足地方实际、发挥地方特色，

科学准确地制定生态补偿标准。生态补偿标准的制定，直接决定着生态补偿受益方和受偿方等各方的利益。生态环境、自然资源以及财政等相关部门要进一步优化和完善财政投入与环境质量、污染物排放总量考核奖补资金挂钩制度，完善黄河宁夏段干支流及入黄排水沟上下游横向生态保护补偿机制。在提供资金补偿的同时，为保护环境而发展受限地区的居民提供就业帮扶、技能培训、社会保障等方面的政策待遇，确保在生态环境得到保护的同时，民众的生活质量也得以改善。

（二）拓宽生态补偿渠道，提高生态补偿力度

财政转移支付作为生态保护补偿资金来源的重要性不言而喻，它仍然是各省（区、市）最主要的生态保护补偿资金来源之一。实践中，受到资金有限等因素的制约，生态保护补偿政策的落地效果受到影响。为了确保宁夏生态保护补偿工作的高质量开展，需要加大生态补偿的财政投入，设立生态保护补偿资金，扩大补偿范围，拓宽资金投入渠道。通过建立企业和社会多方参与的机制，确保财政资金与绿色金融互相补充。探索"资金补偿"之外的"资源补偿"和"生态环境补偿"，并推动企业参与生态补偿实践，引导社会投资者和生态受益者自愿、主动对生态保护者进行合理补偿，逐步建立健全"政府主导、市场配置"的市场化生态保护补偿路径和生态保护补偿新体系。

加大生态补偿力度是确保生态保护工作持续有效进行的关键。通过提高补偿标准、增加补偿项目等方式，进一步激励生态保护者和受损者积极参与生态保护工作。建立多元化的生态保护补偿机制，促进生态保护者利益得到有效补偿。对此，拓宽生态补偿渠道需要政府、市场和社会三方面的共同努力。通过政府主导增加财政投入、市场调节探索多元化资金来源、社会参与形成合力以及创新融资方式等措施，不断拓宽生态补偿渠道，为生态保护提供充足的资金支持。

为了充分保障宁夏生态补偿的资金来源，可以利用中央财政转移支付资金建立生态补偿基金，因地制宜建立完整的财政保障制度。加大对六盘山等重要生态功能区的支持力度，以及对国家重点生态建设项目的投入等。同时，可以征收生态补偿税和生态补偿费，作为中央转移支付资金和地方生态补偿金的补充，确保全区生态保护补偿有科学合理的资金配套。

（三）提高生态补偿的精准度，加大重点项目的支持力度

科学精准的生态补偿制度能够更加直接地激励生态保护者和受损者积极参与生态保护工作，形成良性的生态保护循环。宁夏要将"受损者受偿、受益者支付"的基本原则落到实处，保证在最大程度上发挥补偿资金的作用。精准聚焦生态环境保护者，加强生态补偿的精准度，开展科学评估和精准识别补偿对象工作，提高补偿资金的利用率，最终确保生态保护补偿政策落到实处。要根据生态区域的生态价值、保护难度、受损程度等因素，制定差异化的生态保护补偿标准。依托中央生态环境资金项目储备库和自治区生态环境资金项目储备库，加大重点项目的支持力度，主推相关生态环境部门积极谋划申报重点生态环境项目。

要加强生态补偿领域技术支撑，提升监测与评估技术，通过大数据、云计算、人工智能等技术手段提高生态补偿的精准度和效率。例如，利用自动遥感分类工具明确资源利用格局的变化等。完善生态环境监测网络体系建设，确保监测数据的全面性和准确性；通过建立数据质量控制长效机制，提高监测数据的可靠性和可信度。借助大数据、人工智能等技术，开发智能评估系统，对生态环境损失和服务价值进行快速、准确地评估。

（四）开展立法研究，确立科学明确的补偿机制

生态补偿机制的建立是一项复杂而长期的系统工程，需要发挥法治固根本、稳预期、利长远的保障作用。以法律制度保障生态保护补偿机制的系统性、协同性和完整性。根据上位法《生态保护补偿条例》，立足宁夏生态补偿具体实际，加快出台《宁夏回族自治区生态保护补偿条例》，进一步健全宁夏生态保护补偿机制。

推进科学完善的生态保护补偿机制建设，不仅需要法律法规作为保障，还需要深入开展生态保护补偿机制的理论研究和立法调研、立法评估等工作。要因地制宜采取多方式、多手段组合，通过资金补贴等方式优先支持农业、绿色产业等发展。加快相关领域研究，系统制定一套生态保护补偿政策措施，为宁夏生态保护补偿工作提供坚实的政策支持。组织业内专家进行调研论证，适时开展立法后评估工作，对立法草案中涉及的重大利益

调整事项，通过召开论证会、委托研究等形式开展论证咨询，对争议较大的重要立法事项，可以引入第三方评估。对此，制定和出台生态补偿实施和管理办法。

（五）加强信息公开，调动社会主体参与积极性

通过加强信息公开以及对生态保护补偿政策的宣传和教育，保证公众可以准确获取到政府决策、政策执行、公共服务等方面的信息，从而有效提高公众参与社会治理的积极性。加强信息公开，充分保障公众的知情权、监督权和参与权；加大宣传力度，通过多种渠道和方式宣传生态保护补偿制度的政策文件。

要及时向社会公开生态补偿政策的制定、实施和监管情况，确保公众能够及时、全面了解生态补偿制度内容。特别是针对最新出台的《生态保护补偿条例》，要以群众喜闻乐见的方式开展普法宣传。利用新媒体平台传播速度快、传播范围广、互动性强、个性化推荐和低成本与高效率等优势，广泛宣传生态保护补偿制度。特别是要鼓励广大群众积极参与到生态保护补偿机制的规划中来，通过投票、留言评论等互动环节，鼓励用户参与讨论和分享，让生态保护补偿工作充分体现民意，特别是被补偿者的意愿。

加强生态保护补偿工作的技能培训和普法宣传，营造绿色低碳、崇尚环保的良好社会氛围。建立生态保护补偿领域的宣传培训机制，提高各级领导干部带头学习贯彻生态保护补偿制度的意识。开展生态保护补偿进法规、进教材、进社区活动，对各级生态保护补偿工作中的决策者、规划者、执行者以及企业管理人员等，举办生态保护补偿知识技能培训，动员社会各界力量和公众参与到生态保护补偿机制的建设工作中去。

宁夏农业资源节约集约利用研究报告

白 杨

农业资源的节约集约利用是农业农村现代化的必然要求。党的十八大以来，习近平总书记就保护耕地和推进各类资源节约集约利用作出一系列重要指示批示。宁夏积极贯彻党中央要求，在农业资源要素的有效聚合上开展了大量基础性工作，创新推出了多项改革机制。文章围绕土地、水、生物等自然资源和劳动、资本、技术等经济社会资源这六大农业资源，总结存量现状、现行举措，分析存在的问题，提出推动宁夏农业资源节约集约利用的措施。

一、宁夏农业资源节约集约利用的成效

（一）多措并举，全力提高耕地质量

一是持续推进高标准农田建设。近几年，宁夏自北到南围绕"挖潜提升""节水灌溉""梯田旱作"开展高标准梯田建设，形成了平罗县"一块田"、彭阳县"一台地"等建设模式和盐池县"马儿庄"运行管理模式，为高标准农田建一片、成一片、兴一片提供了经验。南部山区旱作高标准

作者简介 白杨，宁夏社会科学院社会学法学研究所助理研究员。

基金项目 第六批宁夏新型智库课题《宁夏推动农业资源集约节约利用的对策建议》的部分成果。

农田建设中，探索出了"二合一""三合一"的措施，改造梯田，调整权属，打破界址，让更多梯田由分散管理向集中连片管理转变，让昔日的"三跑田""皮带田"变成"稳产田"，有效解决了土地碎片化的问题。

二是抓耕地治理。持续开展小流域综合治理，推进高标准旱作梯田改造，实行改坡造地、修建梯田、封山造林等"治山改水"工程。已建设水平梯田 10.25 万亩，新增治理水土流失面积 850 平方公里，水土流失面积减幅达 58%，全区水土保持率达到 77.3%，高于全国平均水平 5 个百分点、黄河流域 9 个百分点，水土流失面积、流失强度实现"双下降"。耕地质量平均等级达到 6.81。

三是促进耕地有序流转。2023 年上半年，全区农村承包地流转面积达 370.7 万亩，增长 7.4%，占家庭承包地面积的 21.3%，拓展了规模化用地的基础。有偿退出闲置宅基地 3542 宗，1.2 万宗集体建设用地实现应调尽调，为"占补平衡"创造了条件。

四是加强耕地管控。一方面，出台了《关于加强设施农业用地备案监管工作的通知》《关于进一步规范农田水利设施用地管理有关工作的通知》等文件，开展农村乱占耕地建房等五类违法违规占用耕地问题整治行动、设施农业用地备案监管以及补充耕地项目后期管护等专项工作，确保耕地持续稳定种植。另一方面，启动耕地资源质量分类年度更新与监测，开发建设了全区耕地保护动态监测监管系统，实现耕地增加、减少、变化等全过程管理。

（二）多源相济，系统推进高效节水农业

一是推进高效节水设施建设，广泛应用节水灌溉技术。全区现代化灌区建设已覆盖 68% 的县（市、区），全国首个灌区监控一体化闸门检测基地落地宁夏。青铜峡灌区现代化改造、国家基本水文站提档升级建设项目基本完工，固海扩灌扬水更新改造、固海灌区现代化改造分别完成建设任务的 70%、66%。

二是落实"四水四定"，推进适水发展。持续推进取用水专项整治行动，整治率 99% 以上。实施种植结构调整，在稳定小麦、玉米等粮食作物的基础上，扩大瓜类等高效节水作物的播种面积。推广作物滴灌技术，全生产过程推广应用节水技术。

三是深化农业水价综合改革，试点县利通区形成了社会资本和政府共同投资、建设、管理、服务全灌域的机制，同时，以乡镇为单位整合成立14家农业灌溉服务专业合作社，全灌域按照"水务局+项目公司+合作社"的模式开展运维。

四是实施水源保障、高效节水农业自动化信息化工程，利用信息化技术提高节水管理。筹措专项资金实施高效节水农业"三个百万亩"工程，按照亩均投资不低于2500元的标准，全面建设片区节灌控制中心及田间自动控制系统，集成开发"一图三化"（信息化管理一张图、灌溉自动化、管理信息化、服务智能化）片区信息管理系统，以数字赋能农业农村现代化。

（三）融合发展，推进农业生物质能资源化

一是推进农作物秸秆、生物菌剂、酶制剂等的综合应用。在盐碱地、低洼地、土壤连作障碍发生严重的园区示范推广秸秆生物反应堆技术和蚯蚓生物技术。在大棚种植中，广泛应用水肥一体化技术、绿色植保技术、有机基质与沙培基质栽培技术、温室轻简化装备应用技术、作物田间管理等技术。

二是抓好农业面源污染防治，推进耕地土壤安全利用。在农用地土壤防治上，实施优化施肥+原位钝化组合措施，田修复材料24.6吨，修复肥料58.3吨。创建测土配方施肥与化肥减量增效示范区62个，病虫害专业化统防统治与绿色防控融合示范区142个，主要农作物统防统治覆盖率45%。

（四）平衡供需，发挥农业劳动力主体作用

一是分类别开展高素质农民培养。有以返乡创业者为主的经营管理类培训、以种养大户为主的专业生产类培训和以从事生产经营性服务为主的技能服务类培训等。二是在培养方式上，线下组织田间现场教学，为农业生产提供指导，线上通过微信群推送相关政策及资讯，开展"订单式"解答。三是实施以工代赈，创新形成两种以工代赈运行模式，即"产业发展配套基础设施建设+劳务报酬发放+资产折股量化分红+就业技能培训"模式和"公益性基础设施建设+劳务报酬发放+就业技能培训+公益性岗位设置"模式。

（五）应用导向，强化农业关键核心技术攻关

一是持续开展农业关键核心技术攻关行动。出台《宁夏农业关键核心技术攻关实施方案》，围绕牛奶、肉牛、滩羊、冷凉蔬菜等特色优势产业，构建农业科技创新体系。强化技术集成示范，重点推广136个主导品种、100项主推技术、19项绿色技术模式。此外，推进组织研发新型农机设备，全区安装北斗导航定位监测等智能农机装备达1.32万台。

二是提升农技推广体系服务效能。实施各类农业科教项目，全面落实《进一步加强农业技术推广服务体系建设的指导意见》《支持农业科技社会化综合服务建设的指导意见》。实施基层农技推广补助项目，推进农技人员培训、示范主体培育、示范基地建设、特聘农技员招募等工作任务。引导"互联网+农机作业"等新业态服务，农机社会化服务组织522个，年作业服务面积2600万亩次以上，作业服务收入超过21.4亿元。

三是协同开展农业科技创新人才引培行动。围绕重点产业领域，加大科技创新团队组建和柔性引进力度。完善激励措施，探索提高核心攻关任务负责人薪酬，绩效支出向青年科研骨干倾斜、赋予科研单位科研课题经费管理使用自主权等。

（六）统筹管理，强化涉农资金支持使用

一是加大对涉农项目资金的统筹整合。在打造试点、亮点项目时，对中央项目资金已经明确的支持方向，压减自治区级财政项目资金，由市、县（区）财政承担的任务，不再安排中央和自治区财政资金。同时，集中力量争取国家现代农业产业园、产业集群、产业强镇等项目资金，搭建投资平台，吸引社会资本投向农业产业。

二是加强预算编制规范。修订《自治区农业农村厅项目支出预算管理暂行办法》，将事前绩效评审、项目实施监控、资金管理要求等内容融入预算编制环节。加强上年度绩效评价结果的运用，预算安排时优先保障执行率高的项目，督促改进一般项目，削减整合低效项目。

三是优化资金组织协作机制。在设施农业贴息工作中，建立"1234"推进工作机制，组建1个现代设施农业贷款贴息工作专班，实行农业农村部门和财政部门双推动工作体系，搭建政府、金融机构和社会三方联动平

台，成立现代设施种植、畜牧、渔业、冷链物流烘干设施 4 个专项工作小组，构建上下联动、协同发力、梯次推进的协调联动工作模式。

四是强化资金管理和支付监管。按照《农业相关转移支付资金管理办法》，分配和使用财政支农项目资金。定期召开项目资金支付联席会，分级审查审批，紧盯项目资金支付及使用情况。将专项资金形成资产量化确权到村集体，通过"捆绑式"合作运行管理和维护，强化资金使用效率。

二、宁夏农业资源节约集约利用存在的不足

（一）耕地集约还有待提高

一是高标准农田建设机制不完善。一方面，设施农业用地发展规划与国土空间规划的衔接不够紧密，涉农新增建设用地指标和稳定耕地指标分配紧张，难以有效满足农业设施集中连片土地资源的用地需求。同时，前期规划建设重点偏向水利设施建设，对不同区域、不同类型农田建设出现的问题没有针对性解决，部分滴灌建设不符合实际。另一方面，建设亩均投资核定标准偏低，建设不完全，而且相关土地政策不稳定，导致企业签订长期流转合同的意愿普遍不强。二是耕地治理成本高，缺乏稳定的经费来源，社会资本参与的政策和机制不够健全。三是执行耕地种植结构政策不灵活，粮饲、粮菜争地矛盾持续存在，产业小、散、弱，特色产业发展水平不高。四是农民耕地保护意识薄弱。宁夏非法占用农用地案件占比高，犯罪嫌疑人多为农民，无法缴纳生态损害赔偿金，生态恢复资金支持困难。

（二）农业节水保障还有弱项

一是节水设施建设存在不足。全区近 60% 的耕地仍采用渠道灌溉，但是灌溉渠系、田间道路等农田配套水平不高，高效节水农业面积只占41.6%。另外，农田灌溉设施老化，以及排水工程欠缺，导致水土流失及土壤盐渍化问题严重。二是节水技术存在不足。耐盐碱作物种质资源收集、品种选育和推广还比较滞后，对水稻、玉米、小麦等主要农作物耐盐性研究和品种选育还处于起步阶段，推广种植水稻、枸杞等耐盐碱作物品种120 万亩，仅占盐碱耕地面积的 48%。而且，节水技术应用投资成本较高，小农户推广困难，节水技术的适用范围和可延续性有待增强。三是节水制

度衔接不畅。缺乏统一管理不同类型农田水利工程的行政管理体制,有的部门下达种植任务与用水指标不匹配,有的市、县用水权确权成果与超定额累进加价、超计划加价衔接不上。

(三) 农业生物质能资源化还不够

宁夏农业废弃物主要利用方式有肥料还田、饲料、能源化利用、工业原料和直接焚烧。一是农业废弃物回收体系还未建成。未形成涵盖收集、分类、运输、处理等环节的完善流程体系,缺少垃圾点和再生资源利用中心规划布局,农业废弃物回收渠道不便捷。同时,缺乏对农业废弃物的规范管理,对农业废弃物随意排放缺乏惩罚措施。二是农业废弃物综合利用产业链不完善。深加工技术不精,终端产品开发不足,秸秆以简易碳化为主,产值低,农业废弃物终端产品以低值肥料为主,深加工程度较低,禽畜粪污资源化无害化与能源化处理效果还不好。产品未形成统一的收储、运输体系。

(四) 农业劳动力主体性还不足

一是本地农业就业与本地农业劳动力供需不畅。葡萄、大棚蔬菜等特色农业仍然有大量的用工需求,但是多被外地老板、企业和外来务工人员掌握,外地人之间形成了稳定的雇佣关系。二是农业劳动力培育不够精细。欠缺对农民职业的长远性规划,仍是以人社、农业农村等行业主管部门的分散培养为主,缺少专业培训机构及师资队伍,农民培训收获较低。三是农业生产主体、经营主体的组织化、规模化程度偏低,各类主体间没有形成强有力的联合与合作。农民专业合作社空壳化、不规范的现象比较严重,各类农业经营主体"小、散、乱"现象较为普遍,综合能力不强。

(五) 农业集约科技支撑不足

一是支持政策方面有待进一步改善。在科技成果收益分配、产学研用合作经费支持方面,还未出台详细的政策规定。二是创新服务平台建设投入不足。创新服务平台建设资金也是政府投入占据主导,但总体投资不足、规模偏小,普遍存在孵化资金严重不足的问题。三是政府、企业、高校的合作深度、广度、长度不够。目前,区内外合作多限于短期,多以项目周期1—3年为限,拟解决技术问题限于3年乃至更短,缺乏中长期的技术创新目标，研究深度远远不够，难以解决产业领域的重要关键性技术问题。合作方之间的合作停留在委托研究、联合攻关等中低层面的方式上，也没有建立起稳定的战略合作关系，对技术的跟踪及研究持续性不够强。四是顶层规范设计指导不足，线上信息服务平台不完善。各市、县（区）建立了的各类农业平台，经费使用重在展厅装修设计、展示屏设备购买、物联网硬件等形式上，缺少内容搭建，未有效汇集技术需求、技术供给等资源信息，高校、研发机构等不能进行有效流通、共享与衔接，运营服务效果不佳。

（六）涉农资金整合力度不够

一是项目规划缺乏统筹安排，项目规划按照单一乡镇为一个主体，拼盘实施，不能将涉农资金整合使用、整体推进。二是资金分配不合理，政策和项目的有效性不足。资源过于集中在特定地区和领域，其他地区或项目未得到足够支持。有些项目未能有效考虑成本效益和长期可持续性，导致资源的浪费。三是资金管理不透明。基层农业主管部门仅限下发农业专项资金项目的申报文件，宣传不够，申报时间紧张，各类新型农业经营主体不能及时了解到相关农业项目申报信息，错过申报。四是农业专项资金项目的变更手续不规范。对于超期限实施和确实需要变更或终止的农业专项资金项目不能按照程序履行报批手续，导致项目无法继续实施。

三、推动宁夏农业资源节约集约利用的对策建议

（一）完善农业土地集约机制

一是农业农村部门要全面履行好农田建设集中统一管理职责，统筹规划全区设施农业布局，深化产业融合，抓好规划实施、任务落实、资金保障、监督等工作，提升设施农业综合效益。二是建立健全农田建设资金稳定投入机制。采取投资补助、以奖代补、财政贴息等方式，引导开发性、政策性金融机构支持农田建设。完善新增耕地指标调剂收益使用机制，发挥村级组织、承包经营者多元化管护格局。三是推进农田建设法规制度建设，制定完善农田建设项目管理、资金管理、监督评估和监测评价等办法。四是编制盐碱地综合改造利用规划和专项实施方案，明确轻、中、重度盐

碱地和弃耕盐碱地的改良利用方向，完善与盐碱地特性相适应的治理技术与种植模式。五是完善设施农业发展扶持机制、风险防范机制和规模化发展激励机制，推进设施农业规模化发展。

（二）全面提升农业用水效率

一是构建多层次、全方位的农业节水体系。进一步完善农业用水管理、农业水价形成、工程建设管护、节水奖补四项机制。完善国家、集体以及个人三方筹资的模式，实现政府、市场、社会和农户之间的有效协同。探索节水灌溉设备农业保险制度，设备的管护由保险公司统一负责，保费根据情况，可以由使用方、所有权方等支付。充分发挥农民用水合作组织管理节水灌溉工程的实质性作用。二是继续加大灌区续建配套与现代化改造、高标准农田建设、高效节水灌溉推广应用、农业节水关键技术与产品研发的投入力度。三是统筹推进结构节水，落实作物科学灌水技术，针对不同作物推广不同的节水技术和措施，修正节水灌溉中不合适的安排。

（三）建立农业生物质资源化利用机制

一方面，建立农业废弃物回收体系。规划布局农业废弃物收集处置中心，统一标准，形成分类收集标准化、转运规范化、处理专业化的回收机制。另一方面，建立农业废弃物综合利用体系。加强顶层设计，统筹资源与产业，引导搭建完整废弃物利用、加工技术和产业，推进产业化发展，形成农业废弃物转化增值产业链。三是提高产学研效率，完善联合研发和应用协作机制，加快种业选育推广。

（四）完善农业劳动力培育机制

一是将农民职业教育纳入公共服务教育服务政策中，建立组织管理体系。二是农民培训要接地气。行业主管部门要调研农业培训需求，建立培训需求菜单，按需开展培训。各部门要整合培训资源，农业、林业、水务、人社等部门，分级分类科学合理设置培训内容，相互沟通办培训班，防止重复培训、交叉培训。三是要建立政策和资金保障体系。引导和鼓励专业机构、专业教师，为农民传授专业知识和新技术、新模式、新方法。

（五）完善农业科技创新体系

首先，要完善数据所有权及共享规则，将科技信息技术共享平台充实起来，让所有农业科技技术的参与者能够最大化获得数据，共享成果。其次，要完善产学研主体合作规则，整合高校的基础研究优势、科研院所的成果转化优势、企业的成果应用优势，开展链条式深度合作，形成战略合作关系。再次，要完善高校、科研院所、企业和政府间的利益分配机制，解决职务成果的转化制度障碍问题，推进科技成果转化收益分配方式的改革。最后，要将自治区农业产业技术体系与国家现代农业产业技术体系衔接起来，强化大农业产业技术集成。

（六）完善涉农资金整合的长效机制

第一，要完善用途相近涉农资金的统筹规则。提炼涉农资金相关政策要素，促进资金供给与农业发展有效对接。在自治区层面出台资金名录清单，确定主责部门和配合部门、资金用途、配额等要素内容，为各单位资金统筹划定统一标准。建立资金单位会商机制，加强预算环节资金配置的统筹沟通，设立任务清单。资金分配要透明，公开相关信息，增加部门和社会各界的监督。第二，完善财政涉农资金使用管理体系。在部门之间、行业之间形成明确、有效的监管格局。对任务清单实行差别化动态管理，实施差异化督导管理。规范农业专项资金项目组织、申报、评审、审批、实施、验收过程。第三，完善农业资金使用的绩效评价体系。综合考量项目的短期效果和长期可持续性。引入第三方，定期进行绩效评估。强化绩效评估结果的应用，及时调整政策和项目方向。

银川市碳排放权改革推进成效研究

赵梦婷

碳排放权改革是落实习近平总书记关于碳达峰碳中和系列重要讲话及重要指示精神，实现碳达峰碳中和目标的重要举措，是实现减污降碳协同增效，推动经济社会绿色低碳转型，确保"双碳"目标落地的重要抓手。银川市坚持新发展理念，站位先行区建设大局，强化顶层设计，以碳排放权改革为抓手，率先在全区出台《关于加强碳排放管理推进碳排放权改革的意见》，推动经济社会绿色低碳发展，确保"双控""双碳"目标落地。截至 2024 年 10 月，全面完成火电行业碳排放摸底工作并纳入重点排放单位统一管理，10 家发电行业企业（含自备电）在全国碳市场上交易碳配额214.6 万吨 9070 万元，为全区推进生态文明建设探索了一条新路子。

一、银川市碳排放权改革现状

（一）建章立制，搭强基础框架

学习借鉴上海市、深圳市等碳排放权改革试点省市先进经验，结合实际，印发《银川市 2024 年碳排放权改革实施方案》《银川市碳普惠交易规则（试行）》等方案文件，制定 9 条措施，全面提升碳排放数据质量、全力

作者简介　赵梦婷，银川市生态环境局办公室科员。

201

保障全国碳排放交易市场及探索建立银川市自愿减排机制。同时，公开征集各类碳普惠方法学，为更多减碳行为量化提供技术支撑，共征集使用空气热源泵取暖、分布式光伏项目等方法学 4 个，印发执行 2 个，通过价值转化激励更多减碳行为。在继续开发使用空气源热泵清洁取暖碳普惠项目基础上，启动分布式光伏碳普惠项目开发，扩大银川市碳普惠核证减排量存量，为建设黄河流域生态保护和高质量发展先行区示范市增添低碳底色。

（二）市场引导，促活交易履约

积极推进碳排放配额清缴履约工作，鼓励企业积极参与全国碳市场交易弥补差额，足额履约，出售盈余。全力推动银川市 14 家发电行业企业（含自备电）完成全国碳市场第二个履约周期碳排放配额履约任务，截至 2024 年 10 月，清缴碳配额 1.17 亿吨，完成交易 27 笔，成交碳配额 463.2 万吨，成交金额为 3.14 亿元，位于全区首位。支持第二个履约周期碳配额存在缺口的火电企业，加快提升技术创新能力和设备升级改造，进一步增强企业减碳降耗水平，为第三个周期履约做好准备。

（三）强化监管，提高数据质量

加强企业帮扶指导力度，规范数据报表及核算方法，建立健全数据质量管理长效工作机制，全面完成银川市 14 家火电行业（自备电厂）2024 年 1—9 月碳排放数据质量控制计划与月度存证信息的审核工作，不断提高碳排放数据信息化存证工作质量。加强碳排放数据质量监管和执法检查，深入审核现场，督导企业加强日常数据上报管理，严厉打击碳排放领域数据造假等违法行为，为做好碳排放量核算、碳配额分配交易奠定坚实基础。

（四）试点建设，构建多元减排

深入推进银川市碳排放权改革，率先在全区开展碳普惠试点建设，搭建碳普惠框架体系，建立政策鼓励、商业激励和自愿核证减排量交易等相结合的正向引导机制，基于《银川市空气源热泵清洁采暖碳普惠方法学》，以全市冬季清洁取暖项目为依托，开发碳普惠项目，将清洁取暖减碳项目的生态效益转化为经济效益。经过近 1 年的试点建设工作，银川新华百货商业集团股份有限公司宁阳广场购买 39 吨西夏区贺兰山西路街道同阳新村农宅采暖改造项目碳普惠减排量顺利完成，全区首笔碳普惠核证减排量交易正式落地，此次交易成功标志着银川市碳普惠体系基本建成，为全区碳普惠机制的构建提供可参考的样本。

二、银川市碳排放权改革的亮点工作

（一）调整产业结构，推动工业领域碳排放总量管控到位

一是严控碳排放增量。强化规划绿色低碳引领，将碳达峰碳中和目标要求全面融入银川市经济社会发展中长期规划。坚决遏制"两高"（高耗能、高排放）项目盲目上马，市域范围内禁止新增加钢铁、水泥等高耗能项目产能。严格新建项目能耗管控，新（改）扩建工业项目污染物排放必须满足国家级、自治区级排放控制要求。推进减污降碳协同控制，将碳排放影响评价纳入环境影响评价体系。二是优化碳排放存量。制定能源、石化化工等行业和领域碳达峰实施方案，推动各行业稳步实现达峰。降低企业碳排放强度，实施节能诊断和能效"领跑者"行动，提升企业整体技术装备水平和生产效率。支持绿色制造典型示范，开展绿色工厂创建和碳达峰试点园区建设，着力推动园区绿色化、循环化改造。三是提前布局碳减排技术应用。制定银川市科技支撑碳达峰碳中和行动方案，编制碳中和技术发展路线图。采用"揭榜挂帅"机制，开展低碳零碳负碳和储能新材料、新技术、新装备攻关。依托现有产业基础，加强氢能生产、储存、应用关键技术研发、示范和规模化应用。在火电行业试点推进规模化碳捕集利用研发、示范和产业化应用。

（二）优化能源结构，推动能源领域碳排放总量逐步削减

一是优化能源供给侧结构。稳步发展太阳能，积极推进国能宁夏电力2GWp、华能灵武2000MWp等重点光伏发电项目建设。合理开发利用风能，重点推进灵武市5个老旧风电场"以大代小"更新试点。积极储备、布局一批氢能生产、储运及终端应用产业。适度发展地热能和生物质能，鼓励在城市供暖、健康旅游等领域利用地热资源。支持利用农作物秸秆、养殖粪便等废弃物建设生物质成型燃料、沼气发电等项目。二是强化能源消费侧调整。加快煤炭减量步伐，实施煤炭清洁高效利用工程，提高煤炭高效转化和高效利用水平。持续提高电力消费比重，加快新型用电技术创新、

推广应用设备电气化改造，推动工业燃煤（油）蒸汽锅炉能源替代，推进银川经开区综合能源低成本化园区改造（增量配电试点），降低用电成本。稳步提高天然气消费比例，实施市县规划范围内天然气管网扩建工程，扩大供气覆盖范围。

（三）推广低碳模式，推动生产生活碳排放总量稳步下降

一是推进建筑建设低碳化。实施工程建设全过程绿色建造，加快推进超低能耗、近零能耗、低碳建筑规模化发展。大力推进城镇既有建筑和市政基础设施节能改造，提升建筑节能低碳水平。全面推广绿色低碳建材，推动建筑材料循环利用。深化可再生能源建筑应用，加快推动建筑用能电气化和低碳化。二是推进交通体系低碳化。大力发展绿色交通体系，公共交通机动化出行分担率不低于40%，城市主城区绿色公交车辆比率、出租车清洁能源使用率达到100%。加快电动汽车充电基础设施建设，支持可再生能源发电项目—新能源汽车供电体系试点建设。扩大"锂电"和"氢能"燃料电池应用，逐步向大型工程车辆推广应用。三是推进公共机构低碳化。结合银川市"生态文明月"，常态化开展"低碳办公周"活动，广泛开展节约型机关建设，全面推进公务用车低碳化。优先采购低碳认证产品，逐步提高低碳产品的采购比重，推广大型公益活动或会议碳中和制度。四是推行消费方式低碳化。建设智慧园区、无人车等新一代智能物流设施，逐步扩大无接触式消费比重。广泛开展绿色家庭、绿色学校、绿色社区创建，引导公众践行绿色低碳的生活方式。

（四）强化全程监管，确保碳排放权交易全面落地

一是实施碳排放权分类管理。在银川市建立管控单位清单，对年度温室气体排放量或年度燃煤消耗量分别达到一定量的排放单位作为全市温室气体管控单位，实施登记管理。二是实施动态清单管理。将温室气体排放基础统计指标纳入银川市统计指标体系，建立适应温室气体排放核算要求和政府目标考核要求的统计体系，实现市级温室气体清单编制常态化。开展2018—2020年度历史碳排放源和碳排放测算摸底调查，建立历史碳排放数据库。对符合纳入标准的新增企业和关闭、停产、合并等不符合纳入交易条件的企业，实施动态更新。三是开展重点排放单位配额管理。开展重

点排放单位碳排放配额分配，建立配额预发、预留和调整机制。加强对配额登记、流转、变更、履约等环节的全过程管理，引导企业建立碳资产管理制度。开展配额有偿分配研究，适时启动配额无偿和有偿分配机制。四是强化重点排放单位监管。做好重点排放单位排放报告、监测计划、排放核查、配额清缴和交易情况的监管工作。明确重点排放单位主体责任，建立碳排放管理责任清单，引导企业依法依规、有序参与全国碳市场交易。实行第三方碳排放报告核查机制，将参与碳市场的企业、投资机构、核查机构等责任主体的失信行为纳入银川市信用平台，逐步完善碳排放权交易市场监管体系。

（五）发挥碳排放权属性，助力"双碳"目标实现

一是鼓励金融机构创新产品。支持引导金融机构围绕碳排放权开发金融产品，划拨专项资金成立碳排放权银行，鼓励商业银行开发设计以碳排放权为抵押物的贷款产品，引导市属国有融资担保公司开发以碳排放权为反担保的新产品。对拓展碳排放权金融业务突出的保险公司、融资担保公司、典当行等金融机构予以一定奖励。二是打通生态产品价值实现链条。积极申请参加中国绿色碳基金下的碳汇造林项目，推进碳汇林业基地建设。开展碳排放权交易市场下的林业碳汇交易，让碳汇交易为植绿护绿赋予新动能。开展银川市湿地碳汇研究与资源普查，研究制定银川市湿地碳汇发展规划，逐步建立碳汇项目投融资机制。三是建立碳普惠商业激励机制。建立银川市低碳企业商业联盟，制定支持碳普惠制推广的财税政策。鼓励金融机构、商业联盟开发碳信用卡、碳积分等创新性碳普惠金融产品。出台碳普惠制推广鼓励政策，选择部分行业领域和潜力较大的减碳行为开展碳普惠制试点，将减碳量与减免公共服务费用（如停车费减免、公交优惠等）的优惠政策相结合，让碳减排普惠大众。四是推进低碳技术价值转化。围绕新能源、能源互联网、储能、氢全产业链等领域推进零碳技术突破，强化二氧化碳捕集、利用与封存应用、生物质能碳捕集与封存等技术攻关，使技术进步成为实现"双碳"目标的关键动力。

三、银川市碳排放权改革存在的主要问题

一是市场交易活跃度不高。虽然银川在推进碳排放权交易市场建设方面取得了一定进展，但碳排放权的价格受多种因素影响，如政策、市场供求关系、企业减排成本等。碳普惠消纳渠道不多，已核算的空气源热泵项目碳减排当量无购买消纳用途，交易市场不活跃。二是数据监管力度不足。对企业碳排放数据的监管还存在一定的漏洞，部分企业可能存在数据提交不全、不如实提交等违规行为。由于监管人力、技术手段等方面的限制，难以对所有企业的碳排放数据进行全面、实时的监督和审核。三是碳金融发展滞后。碳金融是推动碳排放权交易的重要支撑，但银川市的碳金融发展相对滞后，缺乏创新的碳金融产品和服务。碳金融产品在银川市的应用还比较少，无法为企业提供多样化的融资和风险管理渠道。四是激励政策力度不足。虽然出台了一些碳排放权改革的激励政策，但激励的力度和范围还不够大，难以充分调动企业的积极性。例如，对于积极进行减排的企业，奖励的金额相对较低，无法弥补企业在减排过程中投入的成本，导致企业的减排动力不足。

四、银川市碳排放权改革的对策建议

一是激活交易市场扩面又增量。依托"六权"改革一体化服务平台，丰富碳普惠减排行为方法学，以方法学引导碳普惠项目开发。基于《银川市空气源热泵清洁采暖碳普惠方法学》，进一步核算兴庆区、金凤区、永宁县等5个县（市、区）6000多户空气源热泵改清洁能源用户碳减排量，不断扩大交易范围、吸纳交易主体。提请出台《银川市大型会议活动碳中和实施方案（试行）》，构建可持续消纳渠道，推动碳普惠核证减排量开发交易扩面提量，会同银川市公共资源交易中心组织开展碳普惠交易，维护各方交易主体合法权益，让更多的绿色低碳行为能够实现价值转化。

二是强化碳市场数据质量监管。加大对碳排放数据的监管力度，建立健全数据监管制度，明确监管责任和处罚措施。加强对企业数据造假等违规行为的查处，提高企业的违法成本。同时，利用大数据、人工智能等技

术手段，对碳排放数据进行分析和筛查，提高监管的效率和准确性。

三是加强推动碳金融发展。鼓励金融机构创新碳金融产品和服务，开发碳配额抵押贷款等碳金融产品，为企业提供多样化的融资和风险管理渠道。建立碳金融服务平台，为企业和金融机构提供信息交流和业务合作的机会。加强对碳金融业务的监管，防范金融风险。

四是加大激励政策力度。进一步加大对企业减排行为的奖励力度，提高奖励的金额和范围。对积极进行减排的企业，给予政策奖励，鼓励企业主动开展减排行动。同时，建立减排项目的示范机制，对减排效果显著的项目进行宣传和推广，为其他企业提供借鉴和参考。

典型案例篇
DIANXING ANLI PIAN

宁夏农村集体经营性建设用地入市试点工作开展情况分析

张东祥

党的二十届三中全会坚持以习近平新时代中国特色社会主义思想为引领，形成了关于深化土地制度改革的重大战略决策，强调"有序推进农村集体经营性建设用地入市改革，健全土地增值收益分配机制"。自治区党委十三届九次全会提出"建立城乡统一的建设用地市场，有序推进农村集体经营性建设用地入市改革，健全土地增值收益分配机制"。在党中央决策部署和自治区相关工作安排下，贺兰县、平罗县、盐池县、中宁县农村集体经营性建设用地入市试点工作有序展开。试点工作以建设城乡统一的建设用地市场为主线，坚持问题导向和系统观念，充分发挥市场在资源配置中的决定性作用，先行先试，稳妥推进，着力盘活存量农村集体建设用地，构建分类别、有差异的入市土地增值收益分配机制，形成了一批可复制、可推广的经验做法。

一、试点县工作开展情况

2022 年 11 月，中共中央办公厅、国务院办公厅印发《关于深化农村集体经营性建设用地入市试点工作的意见》，明确要求各地结合实际选择入

作者简介 张东祥，宁夏社会科学院《宁夏社会科学》编辑部副编审。

市需求集中、工作基础好、土地管理水平高的县（市、区），用两年时间开展试点工作。2023 年 5 月，自治区党委、政府制定出台《关于深化农村集体经营性建设用地入市试点的实施意见》，将贺兰县、平罗县、盐池县、中宁县确定为全区试点县，开展探索。

（一）优化空间布局，强化用途管制

坚持以规划为引导，优化和调整土地布局，从而为集体经营性建设用地的市场化提供坚实基础。一是制定村庄规划。各试点县积极主动编制国土空间总体规划、县级村庄布局规划及实用性村庄规划。依据实用性村庄规划，针对集体经营性建设用地入市，合理统筹其规模、布局、开发强度、开发时序等要素。将集体经营性建设用地入市的相关项目纳入规划许可管理，明确农村集体经营性建设用地入市的规划条件。指导农村集体经济组织对原有用地相关权利人利益关系进行合法妥善处理，将符合条件的存量集体建设用地与现有规划相结合，按集体经营性建设用地入市，进一步激活闲置的存量集体建设用地资源。对未确定规划条件的地块，不得入市交易，解决了哪些地可以入市的问题。二是明确权属信息。坚持把确权作为资源变资产的基础性、先导性工作，按照"权属清晰、权责明确、扩权赋能"的原则，以第三次国土调查及年度变更调查成果为基础，根据国土空间总体规划以及"多规合一"实用性村庄规划和集体土地所有权确权的数据，明确集体经营性建设用地的范围，并深入了解各县的集体建设用地情况，落实集体土地所有权和农村宅基地房地一体确权登记，推动集体土地村民自治实体化，增强农村基层组织凝聚力和战斗力，进一步明晰了集体土地权属，为扩权赋能奠定了基础。平罗县完成全县 144 个村 667 宗135.44 万亩集体土地所有权和 53581 宗 4.62 万亩农村宅基地房地一体登记颁证工作，完成率达到 98%。贺兰县集体土地所有权确权无争议、符合登记颁证条件的有 356 宗 42464.53 公顷，已确权发证的集体土地 334 宗41267.98 公顷，登记发证率 93.82%，贺兰县初步确定可入市的集体经营性建设用地 146 宗，面积 1972.84 亩。三是健全交易制度。针对集体经营性建设用地入市交易，各试点县制定了农村集体经营性建设用地入市管理办法、农村集体经营性建设用地使用权入市公开交易工作流程等制度规定，主要采用拍卖和协议出让两种方式入市交易。拍卖出让彰显公平公正，将集体经营性建设用地使用权入市交易条件在公共资源交易等平台公布，公开举行网络拍卖会，最终依据竞价结果确定受让方，充分发挥市场机制的作用，实现土地资源的高效配置。协议出让在经公开或定向征集只产生一个意向受让方时发挥作用，出让方和意向用地人通过协商达成一致，进行集体经营性建设用地使用权入市交易。对照土地规划用途和土地供应方式，积极探索集体建设用地入市的新路径，为县域经济的蓬勃发展注入新活力。

（二）健全交易机制，维护合法权益

各试点县围绕构建城乡统一的建设用地市场目标，完善地价评估、民主决策、收益分配、利用监管等四项机制，进一步显化集体土地资源价值，为农民集体对农村集体经营性建设用地的自主管理与民主决策提供制度依据，推动农业现代化与新型工业化、城镇化的协调发展。一是建立土地产值评估机制。依据《城镇土地估价规程》，综合考虑基础设施配套和地理位置等因素，各县需对农村集体经营性建设用地进行分级并确定基准地价。形成覆盖全县的集体经营性建设用地基准地价体系，同时，对入市宗地委托专业评估公司开展地价评估，打好集体经营性建设用地与国有建设用地"同权同价"的基础。中宁县集体建设用地基准地价体系于 2022 年公布实施，基准地价 100% 覆盖全县乡镇。平罗县对全县 13 个乡镇农村集体经营性建设用地定级和基准地价进行评估定级更新，商服和工业仓储类用地划分为 2 个级别。二是完善民主决策机制。严格落实自主管理和民主决策，尊重集体经济组织的入市主体地位，按照"事项民议、地价会审、结果公示、分配公开"程序，农地入市必须经本集体经济组织成员的三分之二以上村民代表的同意，形成书面决议，向全体村民进行公示，接受村民有效监督，切实做到把入市选择权交给农民，保护农村集体经济组织成员的权利，真正让农民成为入市工作的积极参与者和受益者。实行阳光作业、公开交易，出让前将入市地块面积、用途、出让总价等在政府网站及农村产权交易平台进行公告，交易结束后将宗地出让结果、成交价等进行公示，实现公开公平公正交易。三是健全土地增值收益分配机制。各试点县制定出台农村集体经营性建设用地入市收益分配办法等规定，规范土地入市交

易增值收益，村集体提取收益金主要用于本集体经济组织的经营性再投资发展、农村基础设施建设、改善本村集体组织成员的生产和生活配套设施条件、民生项目等支出，促进村集体经济发展。平罗县对加油加气站等特殊类用地按照政府、集体经济组织"五五分成"的方式进行增值收益分配。中宁县对入市宗地用途为工业仓储的，农村集体经济组织留存 60%，县财政留存 40%；入市宗地用途为商服的，农村集体经济组织留存 50%，县财政留存 50%；入市宗地用途为其他经营性用途的，农村集体经济组织留存60%，县财政留存 40%，既壮大了集体经济，又增加了农民财产性收入，增强了农民群众的获得感。四是建立开发利用监管机制。为确保与国有建设用地在市场准入、权利、价格和责任等方面的等同，强化对土地开发与利用的监督管理。探索建立由县人民政府、集体经济组织和土地使用者三方参与的监管协议机制。该机制明确县人民政府对农村集体经济组织及土地使用权人使用集体经营性建设用地的监管事项清单及具体措施，进一步加强对入市土地闲置状态的监管与处置，确保实现与国有土地在权利与责任上的"同权同责"。

（三）创新改革模式，激发入市活力

各试点县学习运用"千万工程"经验，按照"建设用地总量不增加、耕地面积不减少、质量不降低"的原则，综合运用耕地占补平衡、城乡建设用地增减挂钩等政策工具，将土地"化零为整"，充分发挥土地综合整治作用，促进闲置存量集体建设用地盘活增值，为县域内有需求的企业提供用地保障。一是探索入市与异地协同调整模式。结合国土空间规划和村庄规划，以乡镇为单元，将其他乡镇现存分布零散、面积较小的闲置存量建设用地复垦，复垦后的建设用地作为调出区，调整到入市交易乡镇符合规划的区域内使用。根据调出区土地位置和征地标准，给予调出区农民用地补偿。中宁县异地调整的土地共计 2 宗，面积 1.2222 公顷，土地调整后可满足两个村级企业的用地需求，带动周边经济发展，为群众提供就业机会。二是探索入市土地用于保障性租赁住房建设模式。为应对城镇化进程加速及流动人口规模显著扩大等突出问题，试点县积极探索和完善以公共租赁住房及保障性租赁住房为核心的住房保障体系。将保障性租赁住房建设所

需的土地情况纳入下一年度的建设计划，并严格规范涉及保障性租赁住房建设的入市土地使用要求。保障性住房建筑面积可以限定为 70 平方米以内，确保其租金低于同区域、同品质的市场租赁住房租金。坚决防止改变保障性租赁住房的性质，严禁对保障性租赁住房进行上市销售或变相销售。同时，合理解决符合条件的进城务工人员、新就业与待就业大学生等群体的住房困难问题。三是探索入市交易与宅基地制度改革协调推进模式。严格落实"不能把宅基地纳入入市范围"负面清单要求，依据村庄布局规划，对村民自愿有偿退出的不保留"空心化"村庄居民点进行综合整治，对整治后符合规划的闲置集体建设用地调整为经营性建设用地予以入市交易，对零星的闲置集体建设用地予以拆除复垦，将复垦后的集体建设用地指标异地调整到产业集中区建设，保障了重点产业项目指标需求，有效盘活了农民闲置宅基地和农房资产，实现了国家、集体、个人、企业"四赢"的社会效益，实现了闲置土地资源的盘活增值。

(四) 规范入市程序，释放改革红利

按照规则明晰、程序规范、监管到位的入市流程，建立健全"入市准备、价格评估、方案编制、民主决策、入市核查、公开交易、签订合同"的入市流程，在符合规划条件、产业准入和生态环境保护等要求前提下，探索集体经营性建设用地通过出让、出租等方式进行入市的具体途径，确保集体经营性建设用地入市程序规范化。一是健全交易制度。各试点县制定出台农村集体经营性建设用地入市管理办法，明确入市程序分为"入市准备、地价评估、编制出让（出租）方案、入市核对（村级意见、入市申请和入市核对）、公开交易、签订合同、产权登记"等七个步骤，规范农村集体经营性建设用地入市行为。制定出台农村集体经营性建设用地入市交易办法，从交易原则、交易方式、价格评估、交易时序、交易主体等方面作出明晰规定，制定统一的农村集体经营性建设用地入市制度。二是实行三方监管。入市制度的制定明确了自然人、法人及其他组织均可依照法律规定获得农村集体经营性建设用地的使用权，并在合同约定的权利和义务框架内进行土地的开发、利用和经营。这一制度旨在全程防范土地使用率低下和闲置等不良现象的发生。在出让合同的基础上，依据农村集体经营

性建设用地的开发利用要求，按照合法、公平、自愿、诚信和守约的原则，签订三方监管协议等方式，明确县政府、农村集体经济组织与土地使用权人等各方的权利与义务，进一步完善后续监管的责任内容及土地闲置的处置方式，从而促进集体经营性建设用地的集约和高效利用。三是公开入市收益。通过拍卖、挂牌等形式公开出让农村集体经营性建设用地，在兼顾国家、农村集体经济组织和农民利益的基础上，指导农村集体经济组织设立以管理农村集体经营性建设用地入市资金为目的专门账户，对土地增值收益按照一定比例留存，并对这部分收益进行统一管理。农村集体经济组织应及时公开相关分配情况，自觉接受公众监督和审计。截至 2023 年，中宁县通过入市产生的土地增值收益调节金达 161.4581 万元，其中留存给农村集体经济组织的为 83.6427 万元。平罗县完成了 8 宗农村集体经营性建设用地的入市，涉及土地面积 51.5 亩，成交金额达到 435.79 万元。贺兰县完成了 4 宗入市，覆盖土地面积 144.98 亩，成交金额高达 2834.79 万元。

二、存在的主要问题

（一）土地分布散，规模效应低

由于各地现有存量集体经营性建设用地主要用途以小型的农产品仓储、加工、商品经销产业为主，土地面积小、分布零散，无法形成规模效益，不能有效满足农村新产业新业态项目用地需求。比如，中宁县可入市的存量集体建设用地 63 宗共 631.63 亩，普遍存在地块碎片化、布局无序化的特点，难以确保连片入市，导致盘活存量集体建设用地存在较大难度。贺兰县存量集体建设用地共计 453 宗，其中面积大于 10 亩且符合村庄规划的只有 43 宗，比例不到全县存量集体建设用地的 10%，且存在地块碎片化、布局无序化的特点，难以将同时符合规划和用途的地块连片入市。

（二）政策不明确，基层落实难

依据《自治区党委办公厅 人民政府办公厅印发〈关于深化农村集体经营性建设用地入市试点的实施意见〉的通知》规定，"通过开展农村土地综合整治和城乡增减挂钩，整治出的建设用地和腾退的指标可入市和调整到符合规划条件的地块异地入市"。但在实际操作中因缺乏配套政策，试点县对整治和腾退的集体建设用地无法入市交易。比如盐池县共有 20 个地块已按照相关规定进行复垦，腾退集体建设用地 1246.7 亩，但腾退的建设用地如何使用暂无明确指导意见。依法报批转用的新增集体建设用地又不能入市交易，项目投资者无法获得产权，影响了投资者信心，导致了"有地无市和有市无地"的矛盾并存。

（三）综合成本高，入市难度大

按照集体土地与国有土地"同权同价同责"要求，入市过程中对没有合法手续的地上附着物需先予以没收，公开出让该宗地时对地上附着物价值进行评估，将评估的价值叠加至土地出让价款中，导致地块综合成本太高，给入市增加困难。由于集体建设用地多分布在城镇开发边界外，周边基础配套设施不完善，村庄规划中几乎没有预留可建设保障性租赁住房的位置。再加上保障性租赁住房项目低收益性、盈利长期性和高风险性等的特点，导致集体建设用地入市用作保障性租赁住房的积极性不高。

（四）房地闲置，盘活途径窄

随着城镇化步伐的加快和农村土地的规模化经营，大部分农民在县城或乡镇购置了住房，农村人口长年处于净减少的状态，农村新增宅基地需求不大，农村原有房地长年闲置，农民自愿有偿退出闲置宅基地意愿强烈，但县财政和农村集体经济组织缺少相应收储整治资金，农民自愿退出闲置宅基地又不能入市交易，闲置集体建设用地盘活利用渠道不宽。

三、对策建议

（一）加大投入力度，开展土地整治

在国家政策及资金的支持下，按照规划要求，充分尊重群众意见，发挥农村集体经济组织、村民委员会的作用，制定异地土地调整实施方案，结合被征地补偿标准制定复垦区的土地复垦标准，开展全域土地综合整治工作，优化存量集体建设用地空间布局，整治地块碎片化和空间无序化，避免增加建设用地总量，提升入市的质量和效益。

（二）完善政策措施，激发市场活力

允许依法报批后的集体经营性建设用地入市交易，增强投资者信心，

扩大集体经营性建设用地规模效益，带动农村产业规模化发展。在确保耕地面积不减少、建设用地数量不增加的前提下，允许将符合规划的部分项目占用其他草地和未利用地，以增减挂钩的方式，将闲置复垦后的集体建设用地指标进行异地调整置换，满足农村产业用地需求。在满足农户新增宅基地需求和符合规划的前提下，允许将农户自愿有偿退出的闲置宅基地用于农村产业用地，予以入市交易，扩大农村闲置集体建设用地盘活路径。

（三）加快平台建设，扩大交易范围

完善集体建设用地入市与腾退建设用地指标挂钩政策，加快建立统一公开的存量采矿用地复垦修复土地腾退指标库和交易平台，允许在建设用地规模不变、总量平衡的前提下，拆除低效废弃的农村建设用地并复垦为耕地，将腾退出的建设用地指标，使用到有需求、有项目、无建设用地指标的区域，通过先垦后用、入市出让方式，实现集体建设用地规模指标平衡高效使用。

"两市"建设背景下固原市推进生态环境分区管控的现状、问题与对策

赵万川

自治区第十三次党代会提出了固原市建设宁夏副中心城市和生态文旅特色市的定位。固原市建设"两市",最大的优势在生态、最大的价值在生态、最大的发展潜力也在生态,只有通过分区域、差异化、精准化的管控制度持之以恒守护好固原生态安全屏障,才能为"两市"建设提供坚实保障。实施生态环境分区管控,是以习近平同志为核心的党中央作出的一项重大决策部署。实施分区域、差异化、精准管控的环境管理制度,是提升生态环境治理现代化水平的主要举措,对于推动高质量发展、建设人与自然和谐共生的现代化具有重大意义。

一、生态环境分区管控的现状与成效

固原市委、市政府高度重视生态文明建设和生态环境保护工作,始终坚持把生态环境保护工作摆在全市的突出位置来抓,深入践行习近平生态文明思想,认真贯彻习近平总书记考察宁夏重要讲话精神,牢牢把握习近平总书记提出的"保护好黄河和贺兰山、六盘山、罗山的生态环境,是宁夏谋划改革发展的基准线"这一重大要求,一以贯之秉持"生态优先、绿

作者简介 赵万川,固原市生态环境局土壤与自然生态科科长。

色发展"战略，强化"建设先行区、固原担使命"的责任担当，坚持把生态环境分区管控要求落细落实到全市经济社会发展全过程、各方面，科学指导各类开发保护建设活动，筑牢生态优先、绿色发展的底线，为推动黄河流域生态保护和高质量发展先行区及"两市"建设注入了绿色新动能。生态环境分区管控制度实施以来，为科学指导各类开发保护活动"明底线""划边框"，以高水平保护、高品质生活、高质量发展良性互动，推动形成有利于资源节约和环境保护的空间格局、产业结构和生产生活方式。2023年对生态环境分区管控成果全面系统更新，使生态环境分区管控成果与建设宁夏副中心城市和生态文旅特色市现实需要更加契合。

（一）现状

按照国家和自治区部署，2021年固原市印发《固原市生态环境分区管控实施意见》，全市共划分95个生态环境管控单元，其中：优先保护单元54个，重点管控单元13个，一般管控单元28个，分别占全市国土面积的45.31%、18.51%和36.18%。《固原市生态环境分区管控实施意见》实施以来，充分发挥了守好项目准入关口和源头预防作用，在全力支撑和服务保障市委和政府综合决策、加快推动经济社会发展全面绿色转型等方面，彰显出了生态环境分区管控机制的强大生命力。2023年，固原市以现有成果为基础，衔接落实固原市国土空间规划和"十四五"发展目标，对成果及时进行更新完善。分区管控动态更新后，固原市共划定生态环境管控单元98个，增加3个，其中：优先保护单元63个，增加9个，重点管控单元13个（数量保持不变），一般管控单元22个，减少6个，面积比例分别为45.27%、19.49%和35.24%。同时，在保持一定延续性的基础上，衔接了最新法律法规和相关政策，修订了生态环境准入清单，进一步提升了成果的时效性和针对性。

（二）成效

通过实施区域化、精准化生态环境分区管控制度，充分发挥"绿色标尺"的宏观调控和战略引导功能，强化其经济发展"指挥棒"和生态环境保护"硬约束"作用，在优化城市发展格局、厚植生态本底、改善生态环境质量、推动绿色发展等方面取得了积极成效。

一是分区管控体系更加健全。以生态保护红线和一般生态空间为基础，与国土空间规划共用一套矢量底图，建立了位置准确、边界清晰，覆盖全域的水、气、土、生态、资源的管控体系，形成了固原市生态环境分区管控成果矢量数据和支撑矢量数据互撑，实现了各类环境要素功能区划、环境质量监测网络、污染源、风险源、各类保护地、合法合规园区的空间化和信息化，为数据共享和智慧决策奠定基础。

二是生态环境质量大幅改善。"十四五"以来，国家和自治区下达固原市的空气质量优良天数比例等9项生态环境约束性指标全部完成，2023年固原市优良天数比例（剔除沙尘天气影响）达到93.6%，高出全国339个地级以上城市平均水平8.1个百分点，高出全区平均水平13.1个百分点；可吸入颗粒物和细颗粒物平均浓度分别控制在48微克/立方米和22微克/立方米以内，分别优于年度目标8微克/立方米和2微克/立方米。8个国控、4个区控断面优良水体比例分别达到87.5%和100%，15个饮用水源地水质均达到Ⅲ类以上，达标率100%。建设用地安全利用率100%，无污染和疑似污染地块。生态环境质量达到有监测记录以来最高水平。2024年1—9月，固原市优良天数比例达到89.4%，高出全国339个地级市以上城市3.6个百分点，高出全区平均水平11.76个百分点；可吸入颗粒物平均浓度为44微克/立方米，同比下降4.3个百分点；细颗粒物平均浓度为22微克/立方米，同比上升4.8个百分点。8个国控、4个区控断面水质优良比例均达到100%，15个集中式饮用水水源达到或优于Ⅲ类水质比例为100%。污染防治攻坚战成效考核连续5年保持全区第一梯队，2023年度取得全区第一名的好成绩。

三是"两山"转化效果更加明显。固原市委和政府深入践行绿水青山就是金山银山的理念，坚定不移走生态优先、绿色发展的人与自然和谐共生的现代化道路，立足固原生态优势，站位全区大局，积极探索"两山"转化新路径，大力发展林下经济、文旅产业，推动红色资源、生态优势转化为经济优势、发展优势。以《固原市生态环境分区管控实施意见》为"底线"和"边框"，持续加大生态保护与修复力度，先后启动实施了六盘山"山水"项目、黄河"几字弯"攻坚战等重大生态工程，2021—2023年累计完成国土绿化 116.3 万亩，治理水土流失面积 1074 平方公里，森林覆盖率、草原综合植被盖度分别达到 16.07% 和 87%。2023 年生态经济产值突破 20 亿元，同比增长 17.6%，接待游客 1453 万人次、实现旅游总收入 66 亿元，分别同比增长 72.9%、91.5%。固原市先后创成国家生态文明建设示范区，泾源县和隆德县分别获评"绿水青山就是金山银山"实践创新基地称号，生态示范创建数量、创建类型领跑全区。

四是绿色产业转型走出新路。加强生态环境分区管控成果应用，探索生态产品价值实现模式和路径，走出了一条"壮大一产、带动三产、撬动二产"的"一三二"产业发展新路子。壮大一产夯基础，推进肉牛、冷凉蔬菜、马铃薯、中药材等特色优势农业全产业链集群发展，打造"六盘山"品牌矩阵，着力稳规模、强品牌、提效益，放大"土特产"市场优势，2023 年实现一产增加值 80.5 亿元，同比增长 6.9%。带动三产促繁荣，统筹抓好生产性和生活性服务业，积极推动农文旅融合发展，先后举办全国"村 BA"西北大区赛、宁夏冷凉蔬菜节、文创产品暨农文旅融合开发转化恳谈会等活动，充分挖掘新潜力新热点，2023 年三产实现增加值 264.3 亿元，同比增长 4.5%。撬动二产强动力，聚力补链延链强链，深入实施"四大改造"，培育发展新能源、新材料、装备制造、轻工纺织、数字信息等产业集群，近 3 年新增规上工业企业 34 家，总量达到 94 家，实现了高颜值生态和高质量发展互融共进。

五是绿色低碳理念更加自觉。深入实施"双碳"目标，出台《固原市碳达峰实施方案》，2023 年单位地区生产总值能耗同比下降 7.26%。稳步推进"六权"改革，开展排污权交易 21 笔 34.7 万元，碳排放权交易 82.5013 万吨、4490.0728 万元，用水权质押授信贷款、新建项目排污权有偿取得、山林资源担保贷款破题推进，为高质量发展和先行区建设蓄势储能。大力培育弘扬生态文化，倡导简约适度、绿色低碳、文明健康的生活方式和消费模式，绿色出行、节水节电、光盘行动、垃圾分类等日益成为习惯，人人、事事、时时、处处崇尚生态文明的社会氛围更加浓厚。

二、生态环境分区管控存在的主要问题

生态环境分区管控实施以来，在源头管控和服务保障经济社会高质量发展方面发挥了重要作用，但对标党的二十届三中全会新部署、新要求，对照"两市"建设的新形势、新任务，在实施生态环境分区管控制度方面仍然存在一些差距短板和薄弱环节，需要加快补齐。

（一）理解认识不到位，缺"效力"

一是应用触角不深。调研发现，从纵向来看，市级层面对生态环境分区管控成果的应用领域普遍要好于县区；从横向来看，生态环境、自然资源等部门对分区管控成果能够熟练应用，但还有个别职能部门对分区管控成果应用得还不够。二是更新优化不足。2023年虽然完成了分区管控成果动态更新，但个别县区在成果更新时主观地认为管控单元划分后对经济社会发展会带来限制，对划分的管控单元统筹不够，一些管控单元划分不够合理。随着经济社会的发展，对一些生态保护区域还不能及时、准确地被发现并纳入分区调整中。同时，受监测手段、监测技术等因素制约，监测的覆盖范围、精度还不够，对新的生态保护区域无法第一时间进行精准识别，致使动态更新成果与经济社会发展不适应。三是调整联动不够。结合"两市"建设实际和生态环境分区管控具体实践，还存在市、县（区）产业布局和相关规划调整与生态环境分区管控动态更新不同步的情形，由于在管控要求方面缺乏容缺性审查机制、高效的信息传递和决策机制，致使产业布局和相关规划的动态性无法迅速反映在生态环境分区调整中。

（二）分区措施不精准，缺"推力"

一是管控措施不精准。从更新后的分区管控成果来看，不同类型分区的管控要求针对性还不足，在准确把握不同生态功能、环境敏感程度和资源利用关键管控点上还不够，符合总体目标且符合实际操作性的"双符合"管控要求精准性不足，还需进一步探索完善。二是准入清单不精细。无论是更新前还是更新后的准入清单，市县两级在制定准入清单时与当地经济社会发展结合得不够紧密，对区域生态环境容量、资源承载能力、产业发展规划等因素统筹考虑较为欠缺，研究不够深入，准入清单的差异化、科

学化还有待进一步提升。

（三）考核体系不严格，缺"活力"

一是指标体系设置不全面。考核指标体系在综合考虑生态环境、经济社会发展等多个方面因素间的平衡上还不完善，部分考核指标还具有单项性，不能全面有效反映生态环境分区管控成效和经济发展间的关系，在考核指标的量化设置和权重分配上还有待进一步科学优化。二是评价结果运用不充分。市县两级虽然将生态环境分区管控实施情况纳入污染防治攻坚战成效考核，并将评价结果纳入对各级领导班子、领导干部综合考评和生态环境保护相关财政专项资金分配的参考依据，但从调研来看，评价结果运用得还不够充分，在执行中还缺乏一套行之有效的奖惩机制，激励鞭策的力度还不够大，效果还不够明显。

（四）部门协作不紧密，缺"合力"

一是思想认识不高。个别县（区）、部门单位对"绿水青山就是金山银山""保护生态环境就是保护生产力，改善生态环境就是发展生产力"的理念认识不深入、不全面，仍认为固原的生态环境好，始终还存在粗放式发展的固化思维，对环境保护缺乏动力和积极性，特别是随着经济下行压力的增大，对生态环境分区管控工作不够重视，对分区管控的目的、要求、作用等了解不深、掌握不细，在充分运用生态环境分区管控成果指导产业结构布局、助推经济社会高质量发展方面的主动性还不强。二是职责交叉不清。固原市于2022年10月制定印发了《固原市各级党委和政府及市直有关部门生态环境保护责任》，明确了各县（区）、市直各相关部门生态环境保护职责。但从调研来看，个别部门之间的职责划分仍然存在交叉和模糊地带，在落实生态环境分区管控的具体职责中还存在推诿扯皮现象，各行其政的问题依然存在，导致协调联动有所欠缺，执行力偏弱，致使在生态环境分区管控制度落实上存在"真空"现象，齐抓共管的"大管控"格局还未真正形成。三是信息共享不畅。生态环境分区管控系统集成了国土空间规划、污染物管控、环境风险、资源利用等各项生态环境要求，系统性、集成化程度都很高。但从调研来看，个别部门之间还存在技术衔接不够、信息共享不畅、整合和规范化管理还不完善等情况，一些职能部门之间缺乏有效的沟通协作，制约了"三线"识别和各单元划分工作进程及精准度，部分生态环境分区管控信息共享难以达到预期。四是社会普及不广。从调研来看，对生态环境分区管控的宣传力度还不够，仅在六五环境日、"8·15"全国生态日等重要节点适时开展宣传，没有做到宣传常态化。宣传渠道单一，仅通过发放宣传单、摆放展板等形式开展宣传，新媒体作用发挥不够，社会公众普及率、认知度不高，在宣传内容的准确性和易懂性方面还有待进一步提升。

（五）保障措施不全面，缺"动力"

一是人才不足。调研发现，现阶段固原市市县两级生态环境部门普遍存在从事此项工作的业务人员少、学历低、年龄偏大、业务不精等问题，影响和制约着生态环境分区管控制度的落实落细。目前，市县两级从事此项工作的均只有 1 人，同时还要兼顾环评审批等其他业务；本科以上学历 3 人，大专及以下学历 2 人；30 岁以下的 1 人，30—45 岁的 2 人，45 岁以上的 2 人。二是资金不足。根据《生态环境分区管控管理暂行规定》，市级需对生态环境分区管控实施情况开展年度评估和 5 年跟踪评估。由于市级财政资金紧缺，市级年度跟踪评估还未开展，致使评估结果无法及时应用到分区管控成果优化中，成果优化的精准性、科学性、前瞻性无法得到保障。

三、生态环境分区管控的对策与建议

党的二十届三中全会对全面深化生态文明体制改革作出了重要部署，全会提出要实施分区域、差异化、精准管控的生态环境管理制度。由此可见，生态环境分区管控是深化生态文明体制改革的重要举措，也是完善生态文明基础体制的重要制度支撑，充分体现了以习近平同志为核心的党中央对生态文明建设一以贯之的高度重视。"十四五"时期，经过实践探索、更新完善，固原市在推动建立全域覆盖、精准科学的生态环境分区管控制度体系上初具雏形。"十五五"时期，是深入贯彻落实党的二十届三中全会精神、推动生态文明基础体制改革健全完善的关键期，也是推动宁夏副中心城市和生态文旅特色市任务落细落实的攻坚期，固原市要全面贯彻党

的二十届三中全会精神，深入践行绿水青山就是金山银山理念，认真落实"一河三山"改革发展基准线制度，全面建立体系更加健全、机制更加顺畅、运行更加高效的生态环境分区管控制度，助推"两市"建设取得新成效。

（一）抓好应用更新

一是抓好日常应用。要进一步提高生态环境分区管控的法律地位，提升政府和社会应用生态环境分区管控成果的主动性，强化生态环境分区管控的法律硬约束力，认真贯彻落实中共中央办公厅、国务院办公厅印发的《关于加强生态环境分区管控的意见》，将生态环境分区管控要求作为"两市"建设中生态环境总体性要求和基本遵循，加强源头引导和管控，着力解决开发建设活动、环境质量改善以及资源节约集约利用之间的矛盾，推动产业优化布局、提级转型，形成可持续的发展模式。二是强化评估更新。随着经济社会的快速发展，生态功能重要区域、环境敏感区域和资源开发强度等随之会发生较大变化，要从严落实《生态环境分区管控管理暂行规定》，做好生态环境分区管控方案更新调整和跟踪评估，在充分跟踪评估的基础上，根据产业布局的调整和城市发展规划的变化，结合"十五五"相关规划，及时调整生态环境分区管控单元，以更好地适应实际需求。三是抓好同步联动。要统筹市县总体规划编制与生态环境分区管控要求，市县两级在编制总体规划和相关专项规划时，要将生态环境分区管控要求贯穿规划编制始终，做到一体推进、相辅相成，使二者在方向上同向、数据上同步、措施上同抓。

（二）抓好措施优化

要按照因地制宜、科学分区、精准管控的原则，聚焦区域性、流域性突出环境问题，以问题为导向，完善分区管控要求，强化水、气、土等要素的管理要求与生态环境准入清单的关联性，不断优化准入清单，使管控要求更加精细，管控措施更加精准。一是提升管控质量。针对不同类型的分区，细化管控要求。结合区域的产业特点和污染源，制定有针对性的污染防治措施，提高管控的精准度。二是加强技术支撑。加大优化更新的技术保障和对生态环境监测技术、污染治理技术和资源利用技术的研发推广力度。利用先进的监测设备和技术手段，提高对生态环境的监测能力和精度。推广应用清洁生产技术、节能减排技术和资源循环利用技术，降低企业的环境影响和资源消耗。三是细化管控单元。在现有优先保护、重点管控和一般管控三类单元的基础上，根据不同区域的生态环境特征、功能定位和发展需求，进一步优化管控单元分区和类型。对生态功能极为重要、生态敏感性极高的区域，应划分核心保护单元，实施最严格的保护措施。对于具有一定生态功能但面临一定开发压力的区域，可划分为生态修复单元，重点加强生态修复和保护。

（三）抓好督查考核

一是用好考核评价结果。要将生态环境分区管控成效纳入各级党政领导班子、领导干部提拔任用和生态环境专项资金分配的重要依据，对生态环境分区管控落实成效显著的县区、部门单位，在干部选拔任用和专项资金分配上给予倾斜，对生态环境分区管控制度不落实、落实不全面的，要从严追责问责，进一步激发县区、部门单位抓好生态环境分区管控工作的积极性。二是强化企业信用评价。持续健全完善企业环境信用评价制度，对企业的环境行为进行综合考核，对违反管控要求的企业依法监管，并将其不良环境行为纳入信用评价体系，倒逼企业履行生态环境保护责任。三是建立交互考评机制。固原市作为西北地区重要生态屏障，固原生态是宁夏的生态担当，自治区在制定综合考核指标时要坚持因地制宜、统筹考虑，指标的制定要能客观反映各地区生态环境分区管控成效和经济发展之间的关系，科学优化考核指标的量化和权重分配，推动建立生态指数与经济指数交互考评、互补共促工作机制，并保证考核结果的客观性和公正性。

（四）抓好责任落实

一是切实提高思想认识。深入学习习近平生态文明思想，牢固树立绿水青山就是金山银山理念，通过举办习近平生态文明思想培训班，深入学习领会习近平生态文明思想和党的二十届三中全会关于生态文明体制改革的重大部署，切实提高各级党政领导干部加强生态文明建设的战略定力。二是完善部门协调机制。严格落实生态环境保护"党政同责、一岗双责"要求，建立生态环境分区管控治理体系的协调联席会议制度，明确各部门的职责和分工，有效加强部门间的沟通与协作。要定期召开协调联席会议，分析分区管控实施过程中存在的矛盾问题，提出有针对性的措施，形成部门联动、齐抓共管的"大管控"格局，助推绿色低碳发展。三是做好信息共享互通。要打破与发展改革、自然资源、水务、林草、农业农村等职能部门之间的数据壁垒，实现基础地理信息、规划区划、资源现状、环境管理、人口社会经济统计等方面的数据互通，做到资源共享、成果共享，为生态环境分区管控提供更严格、更科学、更精准、更及时的数据依据。四是提高公众参与度。通过加强宣传教育、拓宽参与渠道，加大对生态环境分区管控治理体系的宣传力度，提高公众对生态环境保护的认识和重视程度。积极鼓励公众参与生态环境监督，对违法违规行为及时举报，形成全社会共同参与生态环境保护的良好氛围。

（五）抓好服务保障

一是抓人才培养。要加强生态环境分区管控领域人才培养，采取选调交流、岗位调整等方式，选拔一批年轻干部充实生态环境分区管控队伍；通过培训、委培、跟班学习等方式，提升生态环境管理专业化水平。同时，根据工作实践，鼓励编制紧张、人员配备不足的生态环境分局聘请第三方技术机构充实技术力量，补齐技术能力不足的短板，为科学指导各类开发保护建设活动、服务经济社会高质量发展提供保障。二是抓教育培训。要将生态环境分区管控纳入党政领导干部教育培训内容，在各部门的业务培训中，增加生态环境分区管控引用的行业标准规范及约束性文件的培训，提高生态环境分区管控在决策制定、项目规划等方面环境保护要求的基础性作用的认识。同时，持续优化培训机制，针对不同群体的应用需求，邀请专家从生态环境分区管控的工作要求、管控要求等方面分行业、分区域、分内容开展培训讲解，不断提高从业人员素养。三是抓资金保障。要将生态环境分区管控跟踪评估工作经费纳入财政预算，按照《生态环境分区管控管理暂行规定》要求，开展好生态环境分区管控应用实施成效年度评估和5年跟踪评估，为动态更新提供更加科学、更为可行的意见建议。

银川市推进海绵示范城市建设的措施、经验与启示

郭勤华

习近平总书记在参加十四届全国人大一次会议江苏代表团审议时强调，"高质量发展是全面建设社会主义现代化国家的首要任务"，"必须完整、准确、全面贯彻新发展理念，始终以创新、协调、绿色、开放、共享的内在统一来把握发展、衡量发展、推动发展"。这不仅吹响了新时代构建绿色产业系统、促进生态保护提质的"集结号"，也为宁夏黄河流域生态保护和高质量发展先行区建设提供了思想指南。银川市立足实际，解放思想，抢抓机遇，围绕海绵示范城市建设，谱写新时代黄河流域生态保护和高质量发展先行区新篇章。

一、银川市建设海绵示范城市的举措

（一）系统谋划海绵示范城市建设各项工作

海绵城市建设是党中央、国务院作出的重大决策，也是宁夏因地制宜加快构建和谐宜居城市的目标要求。2022年，银川市入选全国第二批系统化全域推进海绵城市建设示范城市（以下简称"海绵示范城市"）以来，按照"源头优先、洪涝统筹、雨污同治、量质兼顾"的治理策略，从完善整

作者简介　郭勤华，宁夏社会科学院地方志编纂处编审。

体规划、提速项目建设、凝聚部门合力、协调配套资金、营造宣传氛围等方面全域谋划、系统施策推进海绵示范城市建设，累计争取国家、自治区海绵专项资金 9.64 亿元（中央资金 8.84 亿元，自治区资金 0.80 亿元），持续提升城市发展韧劲，为建设大美银川提供了有力支撑。先后建成海绵示范城市达标面积 104.43 平方公里，累计申报省部级示范项目 7 类 82 项，其中包括内涝积水区段整治项目 14 个，实现海绵示范城市建设范围比例 32.96%，40%以上面积达到 30 年一遇内涝防治标准，全市内涝积水区段消除比例达到 100%，加强了城市发展的"弹性"和"韧性"。

（二）加强海绵示范城市建设的组织保障

坚持主体责任与分工负责相结合，成立以银川市市长为组长、19 个部门人员为成员的工作领导小组，各县（市、区）同步建立海绵领导小组，形成权责清晰、分工明确、统一管理的工作机制，保证海绵示范城市建设全方位推进。截至 2023 年，银川市海绵办召开市领导小组专题会议 9 次、工作调度会 20 次，制定海绵示范城市建设相关的具体措施、规划目标和监督管理等政策多达 12 项。

（三）构建海绵示范城市建设"规建管"长效机制

银川市依据《进一步明确海绵示范城市建设工作有关要求的通知》（简称"海绵 20 条"）文件精神，制定《银川市海绵示范城市建设管理条例》《银川市海绵示范城市专项规划（2021—2035）》，编制《银川市海绵示范城市建设设计导则》，构建规划指标体系，强化规划建设管控，从立项审批、监管施工、检查验收等各环节加强管控力度。针对项目推进速度缓慢问题，形成"一提示二警示三通报"督办机制，累计下发督办提醒函 5 次、工作警示单 1 次、通报 7 次，为海绵示范城市建设系统化、制度化、常态化开展提供安全规范的监督保障。总体形成海绵示范城市建设"规建管"长效机制。

（四）建设"连点成片"内外双循环海绵效应

一是聚焦韧性城市，统筹推进城市防涝设施建设。2022 年以来，银川市累计投资 56.7 亿元，建设城市道路、公园绿化和城市积水处置等海绵示范城市建设项目 150 多项。完成贺兰山东麓黄河水系综合治理 115.7 千米、改造沿山拦洪库提标 4 处、建设海绵型道路 37.1 千米，雨水管网 56 公里，海绵公园 106.5 公顷，海绵学校 16 个，增加透水铺装 35.4 公顷。增加贺兰山东麓雨水调蓄空间 13.5 万立方米，使银川市城区 30% 以上面积达到 30 年一遇内涝防治标准，基本解决了 93% 的雨水蓄滞。二是高效控制雨水径流，点面结合打造示范片区建设。对西夏区南部、金凤区中北部两个示范片区建设，采取"连点成片"的点面综合体措施，通过雨水下渗、蓄滞、净化、回用、排放的内外"双循环"体系，高效控制雨水径流污染，提高区域生态环境。

（五）数字赋能海绵示范城市建设

建设海绵示范城市智慧监管平台，通过各类数据的整合共享和深度应用，为海绵示范城市监督管理、智慧决策、一体化调度、信息公开提供数据服务和信息支撑。截至 2023 年，海绵示范城市智慧监管平台已接入 121 处管网液位设备、4 处地下水位监测设备、12 处河道排口流量设备、4 处排口水质监测设备、5 处海绵项目排口流量设备、21 处海绵设施出口流量设备、29 处内涝积水监测设备、16 处河道流量及液位监测设备、3 处雨量监测设备、48 处海绵设施进口流量设备、4 处海绵公园流量设备。

（六）强化海绵示范城市建设全方位支撑

银川市从全市特殊生态地位出发，以生态建设和环境保护为基本前提，大力推进生态建设，发展生态经济，支持三次产业融合，发展第六产业，形成多领域技术和产业相互融合的综合性产业链。通过创新驱动，推进新技术、新材料研发与应用海绵示范城市建设需要相协调，提高城市生态环境质量，减少城市洪涝灾害，提高城市宜居性，从而实现海绵示范城市建设与第六产业在产业融合、创新驱动、可持续发展和社会效益等方面相统一。同时，针对不同人群，不同层级，全方位、立体式地开展能力提升行动，开展多层次培训。先后组织 19 个成员单位、100 余名业务负责人开展现场教学、实地观摩、集中培训 13 次，召集全市勘察设计、施工、监理、房地产开发等企业 200 余家、700 余人开展专题培训 4 次，形成人才队伍支撑。

（七）营造海绵示范城市建设浓厚氛围

制定银川市海绵示范城市宣传工作专项方案，开展"银川市海绵示范城市 IP 形象"征集活动，建立并运营银川市海绵示范城市 11 个网络宣传平台，累计发布推文 45 篇，发布短视频和 MG 动画 39 部，平台粉丝量累计 3.01 万余人，总浏览量 23.64 万余次。先后通过《中国建设报》、《宁夏日报》、央广网、国际在线、新华网等多个媒体渠道开展线上宣传工作，线下同步开展进公园、进社区、进校园等系列宣传活动，提升居民对海绵示范城市建设的参与感与获得感，营造全民共识、共创、共建、共享的海绵示范城市建设浓厚氛围。

二、银川市海绵示范城市建设的实践经验

银川市海绵示范城市建设基于政策响应，结合实际，在政策制定、标准支撑、监测及信息化建设等方面，积累了较为丰富的经验。

（一）生态优先是海绵示范城市建设的基本前提

银川市推进海绵示范城市建设的过程中，始终将生态优先摆在首要位置，从生态系统整体出发推进各项措施，着力修复城市水生态。例如充分考虑水资源短缺这一实际问题，在推进海绵城市建设时，配置雨水集蓄利用设施就地利用，减少绿化用水、河湖补水，提升水资源节约集约水平的同时，达到改善城市生态循环、提升生态环境质量的目的。

（二）政策契合是海绵示范城市建设的制度基础

一个城市能否建立与国家政策高度契合的地方政令并以此增强自身的比较优势，是该区域能否持续快速健康发展的重要条件。回顾海绵示范城市建设以来的轨迹和发展成就，无不与国家政策和区域政令高度契合。为全面贯彻落实《国务院办公厅关于推进海绵示范城市建设的指导意见》明确提出的"完善标准规范"，宁夏先后出台《自治区人民政府办公厅关于推进海绵示范城市建设的实施意见》及《2022—2024 年银川市系统化全域推进海绵示范城市建设示范城市工作计划》等文件，银川市先后组织编制《银川市城市排水（雨水）防涝综合规划》《银川市海绵示范城市规划》《银川市海绵示范城市规划设计导则》《银川市水系专项规划》《银川市绿

地系统专项规划》及其他专项规划，落实海绵示范城市建设的关键性内容和技术要求，初步形成标准化、系统性的地方性标准和制度。银川市海绵示范城市建设实践证明，因地制宜制定相关政策法规，是促进区域经济社会全面协调发展的保证。

（三）科学规划是海绵示范城市建设的关键举措

银川市海绵示范城市建设从规划着手，根据区域自然条件，科学设置兴庆区、金凤区和西夏区的开发强度，把开发区域特别是各区域之间的连接地带放在统一的自然体中，把湖泊绿保留在市区，把青山美打造在城市周边，逐步形成地表横向连接，空间地下纵向协同发展的自然生态保护体系，把海绵示范城市建设理念融入科学规划中。为此，2017年2月，银川市编制《银川市海绵示范城市专项规划（2016—2030)》，确定10个海绵示范城市规划区，即德胜组团、兴庆区西北部、兴庆区东部、望远组团、金凤区东北部、金凤区中北部、金凤区南部、西夏区北部、西夏区中部、西夏区南部。结合旧城镇、旧厂房、旧村庄的"三旧"改造，通过公园绿地建设，治理雨水蓄、滞空间等海绵示范城市建设项目，先后完成西夏区、金凤区、兴庆区依次占地面积约10.95平方千米、约15.25平方千米、约10.96平方千米的示范区建设，使"三区"年径流总量控制在85%、85%—90%和70%—90%。在整个谋篇布局上，按照"生态立市"发展战略，把海绵示范城市建设做成一个事关民生的大项目，让优美的生态环境成为鲜明的城市标签。

（四）因地制宜是海绵示范城市建设的必由之路

生态环境的保护修复必须立足本地自然环境现状和资源禀赋，银川市在推进海绵城市建设的过程中充分考虑干旱少雨的气候特点，充分考虑部分土壤盐碱化的现状，明确区分新旧城区的建设基础差异，在施策过程中，严格按照"四水四定"要求，集约节约用水，切实提升蓄水、用水、调水能力；水平渗透管和垂直渗透管分类使用，有效防止土壤返碱；在新建区留出足够蓝绿空间，在旧城区疏通关键排涝通道，差异化布局、适应性施策，系统提升海绵示范城市建设质量。

（五）信息化是海绵示范城市建设的重要手段

数字化和信息化都是现代社会发展的重要趋势，海绵示范城市建设数字化监控的技术过程，在促进银川市示范引领黄河堤防安全标准区建设、示范引领生态保护修复示范区建设、示范引领环境污染防治率先区建设、示范引领经济转型发展创新区建设、示范引领黄河文化传承彰显区建设中具有重要价值。通过数字化和信息化，实现了海绵示范城市建设信息快速流通，对银川市建设"河畅、水清、岸绿、景美、人和"幸福河湖美景起到至关重要的作用。

三、重要启示

银川市经过海绵示范城市建设，顶层设计基本完成，技术标准和规范日益完善，项目管控机制不断优化，海绵建设理念得到有效推广，建成一批具有示范意义的海绵典范项目，调控城市水循环、改善热岛效应的海绵城市作用逐步显现。总结经验的同时，从这一案例得到一些启示。

（一）必须始终坚守初心使命，着力构建健康可持续的城市水系统，打造更加宜居、韧性的城市环境

习近平总书记指出，为中国人民谋幸福，为中华民族谋复兴，是中国共产党人的初心和使命，是激励一代代中国共产党人前赴后继、英勇奋斗的根本动力。党的二十大以来，银川市党委、政府把以人民为中心的发展理念牢牢根植于银川大地，坚持中央顶层设计与银川市实际相结合，以"打造宜居、韧性、智慧城市"为目标，带领各族人民秉持"社会主义是干出来的"的拼搏精神，团结奋斗，凝心聚力，攻坚克难，构建健康可持续的城市水系统，打造更加宜居、韧性的城市环境。

（二）必须始终把发展作为第一要务，用发展的观点和方法迎接高质量发展过程中的挑战

发展是硬道理，是解决一切问题的金钥匙。银川市海绵示范城市建设推进中，因社会投资类项目、政府与社会资本合作投资类项目补助资金等方面管理细则尚未出台，仍然面临项目推进滞后，资金缺口大等问题和困难。对此，银川市牢牢抓住发展这个"牛鼻子"，主动适应和把握海绵示范

城市建设发展的常态趋势和特性特征，坚持理论联系实际，谋划发展思路、谋划发展实效，稳中求进、变中求新、变中突破，实践探索出一条海绵示范城市建设高质量、高效率发展的新路径。

(三) 必须从实际出发深化市情认识，以"五区"建设引领新银川建设

市情是特定时空条件下一个城市基本状况及其特点的总和，是制定城市大政方针的决策基础，是走出一条符合银川市实际，建设美丽富裕、文明和谐新银川道路的前提条件。市情既有相对稳定的一面，又有变化发展的一面，只有在立足市情、认识市情、把握市情的基础上，才能客观地看待银川市水资源现状，辩证地对待自身发展的困难和挑战，科学制定发展目标。与时俱进的海绵示范城市建设为实现"五区"建设提供着实践支撑，为黄河安澜提供着基础保障，是以"五区"建设引领新银川建设的务实之举。

石嘴山市生态环境智慧监测创新应用试点创建经验

童　芳　姜文娟

生态环境智慧监测创新应用试点工作，是推进生态环境监测从数量规模向质量效能跨越的必然要求，也是全面推进生态环境监测能力现代化的必然路径。2022年2月，生态环境部印发《生态环境智慧监测创新应用试点工作方案》，明确了要以支撑深入打好污染防治攻坚战为引领，以推动生态环境监测现代化发展为着力点，加大现代化信息技术在生态环境监测领域广泛应用，在重点省市推进智慧监测试点上求突破，实现监测感知高效化、监测数据集成化、数据分析关联化、应用智能现代化、监测监管一体化、监测服务社会化，构建智慧高效的生态环境管理信息化体系。石嘴山作为全国首批、宁夏唯一生态环境智慧监测试点城市，先行先试，紧盯试点任务目标，坚持问题导向，以创新为引领，集成监测数据智能分析及拓展应用场景等功能，打造了为生态环境提供科学管理和决策支撑的生态环境指挥调度中心。实施"1+2+9+700"管理系统，整合高空瞭望、在线监测、微型监测站等科技手段，积极申报全国第一批生态环境智慧监测创新应用试点城市，提升生态环境综合管理与决策能力，创新运用物联网、大

作者简介　童芳，石嘴山市生态环境局原办公室主任；姜文娟，石嘴山市生态环境局水生态环境科科长。

数据、人工智能等新技术在生态环境管理的应用，唤醒海量数据价值，有力支撑精准治污、科学治污、依法治污。

一、生态环境智慧监测创新应用试点概况

（一）整合共享数据资源，实现监测数据集成化

自石嘴山市入选全国生态环境智慧监测创新应用试点以来，自治区生态环境厅和石嘴山市生态环境局两级合力推进试点工作，共同把脉智慧监测工作方向。编制完成《石嘴山市生态环境智慧监测创新应用试点工作实施方案》，明确以推进生态环境治理体系和治理能力现代化作为总目标，以"一中心、一平台、一张图"作为石嘴山生态环境信息化建设的顶层架构，全面推进数据整合、数据共享和业务协同。统一数据集成，强化落实主体责任，形成横向、纵向到底，政府、企业、社会共治，协同推进的"大环保"工作格局，推进政务信息资源整合共享。

（二）完善污染源数据，实现测管治一体化

石嘴山市虽然被确定为全国 16 个率先开展生态环境智慧监测创新应用试点工作的地级市之一，但在创建过程中仍然面临较多问题。为进一步做实做细试点任务目标，石嘴山市坚持"帮扶+"的工作理念，积极争取中国环境监测总站技术帮扶，各试点单位针对石嘴山市智慧监测答疑解惑。同时，安排技术人员参加全国生态环境智慧监测创新应用试点线上推进会议，从中找差距，找不足，促提升。通过全面、细致的调研，石嘴山市摸底清查污染源数据资源，充分汇聚污染源监管相关数据，摸清污染源情况，摸清环境质量情况，摸清公众反映情况，从污染源企业源头上解决问题。借助大数据、云计算等技术，整合现有污染源监管相关数据，打通信息数据壁垒，将全市其他领域生态环境相关的监控数据接入平台，实现"一个平台整合，一个中心统筹"，充分实现数据共享、协同管理，提高污染源监管的主动性、准确性和有效性。

（三）构建监测网络体系，实现监测感知高效化

为了打造符合石嘴山市实际，具有石嘴山市特色的样板工程，引领宁夏生态环境智慧监测应用迈上新台阶，石嘴山市生态环境局通过走访北京、

淄博、唐山、杭州等多个城市，结合石嘴山市老工业基地现状，以"一个顶层框架、一个统一平台、一个数据中心、一张基础地图、一个云计算"为思路，搭建"能定位、能查询、能跟踪"的大环境监测网络体系集中管理各类环境监测数据、污染源监控数据以及环境业务管理数据，碎片化监测信息得到有效整合。2023 年 12 月，石嘴山市水环境智能监管平台获选中国环境监测总站"智慧监测创新应用示范案例"。提升多污染物协同监测管控能力，及时准确掌握区域空气质量现状，开展污染成因分析以及污染物来源识别，保障区域空气质量有效改善。在智慧监测中突出小尺度精细化预警管控技术支撑，实现监测与管理之间的数据关联和业务协同，做到测管一体，提升监测基础能力，增强生态环境管理支撑和公众服务效能。

（四）挖掘数据深层价值，实现监测分析关联化

运用物联网、人工智能等新技术将海量污染源监管相关数据集成地理信息数据、环境监管数据库，为生态环境监测领域提供"一张图"分析服务，提高生态环境治理的科学化水平。对污染源数据、环境质量数据、环境执法等业务数据的潜在价值进行深度挖掘，为冬春季大气污染防治攻坚和重污染天气应急提供数据支撑，根据分析结果制定区域性企业减排措施（停产、限产、错峰生产），保障空气质量考核达标。石嘴山市生态环境指挥调度中心集信息化管理平台、高空瞭望、在线监测、电量监测、黄河石嘴山市出境断面水环境风险预警监控网等 17 个子系统，切实提升环境监测分析关联化和环境监管的智能化水平。2020 年至今，调度中心累计发现并转办环境违法问题 2 万余个，解决了一批工业企业露天堆料、无组织烟气逸散、烟气拖尾等问题，改善了传统工业粗犷的生产方式，促进工业企业不断提升精细化管理水平、提高污染治理能力，有效促进企业落实环境保护主体责任，弥补环境执法人力、物力匮乏的短板，探索出一条生态环境高水平保护、智能化监管的新途径。

（五）开展综合信息服务，实现监测服务社会化

依托石嘴山市人民政府网、"石嘴山生态环境"微信公众号、"绿水青山"小程序等网络系统平台，为政府决策提供环境监测底数，为科研机构提供有效研究数据，为企业清洁生产、优化工艺提供咨询服务，为公众实时发布环境空气质量。排污企业可以在监测系统上传内部环境质量、排污监测数据，接受社会各界监督，同时满足公众知情权。通过监测数据公开，树立公开、透明、高效、廉洁的政府形象，鼓励公众参与监督，进一步提升社会公众的知情权和参与权，充分体现执政为民，提高环保部门的社会满意度和公信力。

二、生态环境智慧监测创新应用试点运行管理模式

（一）以示范为抓手，"智慧"理念进一步增强

生态环境指挥调度中心成为石嘴山市大力宣传习近平生态文明思想和生态环境保护工作的重要窗口，先后荣获"国家安全教育培训基地""石嘴山市青少年教育基地"等荣誉称号。指挥中心深刻认识到深入打好污染防治攻坚战、持续改善生态环境质量，仅靠过去粗放式的"人防"战术已不能满足新时期生态环境的新要求和新期望。要以问题为导向、以需求为牵引，按照精准治污、科学治污、依法治污的最新要求，牢牢把握智慧监测理念，不断强化基础能力建设、支撑决策管理、溯源预警预报等"技防"能力，才能适应时代需求，为经济社会高质量发展提供技术支撑。

（二）以创新为引领，"智慧"监测进一步增强

科技创新实现石嘴山市环境质量、重点污染源、生态状况监测全覆盖，利用各级各类监测数据打造天地一体、上下协同、信息共享的生态环境监测网络。探索新型监测技术、仪器、装备应用，建成黄河石嘴山市出境断面水环境风险预警监控网特色项目。采用高密度"水基因"溯源环境监测系统，24小时实时动态掌握重点入黄排水沟整体水质情况，实现对石嘴山市三维立体水环境综合监测，达到全面监管、事前预警、精准溯源、属地量化，为县（区）水环境质量考核提供抓手，积极落实生态补偿责任，持续推动水污染防治工作，确保入黄水质安全。

（三）以实战为导向，"智慧"监察进一步增强

突出实战、实用、实效导向，整合现有各类系统报警机制，搭建集通信和调度于一体的平台载体，全体干部职工轮流在市生态环境指挥调度中心24小时值班值守，全面做好调度指挥平台的监测监控、预报预警和突发

环境事件处置。紧盯空气环境、水环境质量监测数据变化趋势，及时发布报警信息，有效指导"1+9"成员单位采取切实有效的处置手段，及时消除风险隐患。实现了从被动应付型向主动保障型、从传统经验型向现代高科技型的战略转变，彻底改变以往依靠人力轮询挖掘问题的手段，变随机执法为精准执法。

（四）以常治为目标，"智慧"监管进一步增强

通过标准化体系建设，将管理制度、环境标准、环境知识融合到信息系统中，让以前的"软约束"条件变为"硬约束"制度，让隐性和分散的知识变为显性和体系化的知识。在日常管理中，紧盯环境监测数据变化趋势，将各类环境质量超标排放违法违规线索传输到指挥平台，经平台工作人员分析预判后将预警信息传达各监察所执法人员，第一时间开展现场执法检查，实现转办、督办、办结、后督察闭合式管理机制，使监管效能大幅提升，及时消除污染风险隐患。印发《石嘴山市打赢蓝天保卫战"1+9"转型行动方案》《石嘴山市生态环境局指挥调度管理制度》《石嘴山市指挥调度中心第三方运维管理制度》等一系列规章制度，有效推动智慧监测监管平台高效运行。

三、生态环境智慧监测创新应用试点主要成效

（一）构建"热点网格＋社会网格＋企业网格"监管体系

生态环境信息化平台将国家、省、市、县已建设的分散的环境信息业务系统进行资源整合和综合开发利用，对国家建设的大气、地表水环境质量监测网及环统数据、污染源普查数据进行梳理，对自治区生态环境厅建设的大气热点网格、汽车尾气遥测系统、危险废物综合管理系统和地表水自动监测系统进行整合，对市级建设的黄河流域水质预警微型自动监测站、VOC 走航系统等进行归并，对工业企业建设的污染源自动监测系统进行完善，通过系统化的整合，从而构建完成"热点网格+社会网格+企业网格"新时代网格化监管体系。

（二）实现"监测＋监察＋监管"一体化调度模式

依托生态环境信息化平台，石嘴山市成立了"1+9"大气攻坚领导小

组，联动全市 20 多个相关部门，实现全市道路扬尘有人管、秸秆焚烧有人查、企业违法有人罚的环境保护新局面。形成了"1+2+9+700"网格管理体系，对全市重点乡镇、街道、村（居）发放生态环境网格化管理执法终端，构建"监测人+监察人+管理人+企业人"多层级人员管理和调度模式，明晰了主体权责，形成全社会共同推进环境治理的良好格局，"监测+监察+监管"一体化生态环境信息化平台在全国第四届数字峰会上被评为全国 20 个优秀案例之一。

（三）建立"领导 + 企业 + 监管 + 法规"运行保障制度

以使用为核心，用制度管理平台，用职责落实成效，建立"领导+企业+监管+法规"运行保障制度。制定《生态环境指挥调度中心值班制度》《生态环境指挥调度中心工作职责》《值班长工作岗位职责》《值班员岗位职责》等，建立第三方运维单位奖惩机制，确保信息平台的日常维护。加大社会监督，充分发挥"12345"群众诉求"总入口"和"12369"环保投诉热线作用。

四、生态环境智慧监测创新应用试点工作存在的问题

（一）数据挖掘深度有待提升

信息数据深度挖掘潜力不足，对环境质量、污染排放、自然资源等数据的深度分析能力有待提升；利用基础算法进行关联分析功能不够完善，对环境质量和污染源之间相关关系及变化规律分析能力不足，现有部分系统运行绩效未发挥预期效益。

（二）数据深入融合应用有待加强

环境监测数据的有效应用可以助力管理人员发现趋势、把握重点，石嘴山市环境监测数据及应用系统已基本覆盖环保监管业务，但缺乏场景化的数据深度挖掘分析与关联影响分析，没有最大程度地发挥数据应用价值，在生态环境管理工作中的决策支撑效果不明显。

（三）数据信息公开有待强化

石嘴山市生态环境信息公开和公众互动的渠道主要为生态环境局门户网站，公众可通过各级部门门户网站获取生态环境政策法规、生态环境监

测数据等。现有环境监测信息公开办法已不满足实际需求，不能实现环境监测管理不断增长的透明度和公众参与度新要求。

五、生态环境智慧监测创新应用试点工作成效深化的对策建议

（一）优化监测数据挖掘基础

继续优化完善信息化平台，深挖各系统作用，联动监测监管形成闭环管理，持续发挥调度指挥中心作用。加强运行维护人才培养，由调度指挥中心安排专人负责系统设备运行维护，提升部门技术人员专业技术水平。提升数据分析水平，选派高层次人才加强模型算法学习，有效利用监测数据，强化执法监管手段，有力推动地方生态环境质量改善。

（二）深化监测数据融合应用

积极开展智慧监测与创新应用项目，在监测监控业务中创新运用物联网、大数据、人工智能等新技术，以石嘴山市生态环境指挥调度中心为依托，进一步完善智慧监测"一张网"、提升生态环境综合管理与决策能力，唤醒海量数据价值，有力支撑精准治污、科学治污、依法治污。

（三）强化环境监测信息公开

以美丽中国建设为基础，不断加强生态环境保护宣传教育和科学知识普及，基本形成政府加强引导、企业积极行动、公众广泛参与的行动体系。推进环境信息公开，及时向社会公布节能减排、生态建设、环境质量等情况，动员广大人民群众积极参与生态文明建设，依法保障人民群众的知情权、参与权、表达权和监督权，不断提高政府公信力。

宁夏荒漠化治理的经验研究

吴 月 王佳蕊

2024 年 6 月，习近平总书记考察宁夏时强调，打好黄河"几字弯"攻坚战，统筹推进森林、草原、湿地、荒漠生态保护修复和盐碱地综合治理，让"塞上江南"越来越秀美。立足宁夏，荒漠生态保护修复与治理是生态文明建设的关键环节，是保障黄河安澜的重要途径，关系生态文明建设全局。从 1950 年代开始，宁夏就将治沙重任扛在肩上，一代代治沙人前赴后继，艰苦奋斗，实现了"绿进沙退"的瞩目成就，形成了荒漠化治理的宝贵经验。

一、宁夏荒漠化治理现状

（一）宁夏荒漠化及沙化普查情况

宁夏西、北、东三面分别被腾格里沙漠、乌兰布和沙漠、毛乌素沙地包围。2022 年 12 月国家林业和草原局发布《全国防沙治沙规划（2021—2030 年)》及第六次全国荒漠化和沙化调查成果，将宁夏的 16 个县（市、区）纳入全国防沙治沙规划范围。成果显示，至 2019 年底，宁夏荒漠化面

作者简介　吴月，宁夏社会科学院农村经济研究所（生态文明研究所）研究员；王佳蕊，宁夏大学地理科学与规划学院硕士研究生。

积 2.64 万平方千米，占总土地面积的 50.97%[①]，较第五次荒漠化和沙化监测面积减少 0.15 万平方千米；其中沙化土地面积约 1 万平方千米，占总土地面积的 19.31%，较第五次荒漠化和沙化监测时减少 0.12 万平方千米[②]。水土流失及沙化土地面积减少，使全区每年减少入黄泥沙约 4000 万吨，有效保护黄河水生态安全。

（二）宁夏荒漠化治理成效

宁夏历届党委、政府高度重视荒漠化治理，通过人工造林、飞播造林种草固沙、沙漠边缘引水灌溉、扎草方格固沙等生物措施和工程措施，依托先进科技及设备提高林草成活率及灌溉用水效率，持续推动"三北"防护林、天然林保护等国家重点生态林业工程建设，深入开展灵武白芨滩、中卫、同心、红寺堡全国沙化封禁保护项目，加强沙坡头、灵武、盐池、同心四个全国防沙治沙示范县项目建设。坚持既防沙之害又用沙之利，探索推广"五带一体"防风固沙体系和"六位一体"防沙治沙用沙模式，推进"林长+"体制机制创新，全面推进山林权改革，加强林草生态综合化、智能化、动态化监管，不断完善林草生态考核标准，加强林草防火监测及野生动植物防疫等预警机制建设，形成可推广、可复制、享誉全球的宁夏治理模式，有效遏制腾格里沙漠、乌兰布和沙漠、毛乌素沙地的侵蚀，持续缩减宁夏的荒漠化及沙化面积和程度，为构筑西部生态安全屏障作出宁夏贡献。根据宁夏回族自治区政府工作报告、宁夏回族自治区林业和草原局林草大事等相关资料，对 2012—2022 年宁夏荒漠化治理面积进行统计（见表 1），可见宁夏荒漠化防治成效显著。根据表 1，预计宁夏将以每年 90 万亩的治理面积持续推进荒漠化治理。

表 1　2012—2022 年宁夏荒漠化治理成效

年份（年）	2012	2013	2014	2015	2016	2017	2018	2019	2020	2021	2022
面积（万亩）	80	52	50	50	54.6	50	90	—	—	90	90

①数据说明：统计数据中宁夏国土总面积为 6.64 万平方千米，总土地面积为 5.18 万平方千米，此处占比按总土地面积计算。

②张唯：《缚黄沙　望青绿——宁夏荒漠化土地和沙化土地面积持续"双缩减"》，《宁夏日报》2023 年 6 月 24 日。

二、宁夏防沙治沙典型模式及经验

宁夏是全国唯一一个省级防沙治沙综合示范区。自 1950 年代以来，在数十年的沙化土地治理历史中，宁夏总结出了不同沙化类型、程度、区域、立地条件下配套的综合防治技术和方法，形成了不同的治沙模式。

（一）中卫沙坡头自然保护区"五带一体"铁路防风固沙模式

在腾格里沙漠，宁夏探索出了"五带一体"铁路防风固沙体系：从包兰铁路线轨向主导风向一侧依次为固沙防火带、灌溉造林带、草障植树带、前沿阻沙带、封沙育草带，该项成果被联合国环境规划署确定为"全球环境保护 500 佳"，确保了中国首条沙漠铁路包兰铁路的畅通；探索出了人类治沙史上的奇迹——"治沙魔方"麦草方格，成为享誉全球的治沙方案。在新技术上，不断创新种植设施，如水分传导式精准型沙漠植苗工具的广泛利用，使造林成活率提高了 25%；培育人工蓝藻，缩减了"沙结皮"的时间，进而缩短治沙时间；发明的造方格机械，不仅提高了草方格治理效果，而且降低了治理成本。在新措施上，创新发展"草方格+"模式，推广刷状网绳式草方格、沙柳树枝及尼龙网沙障等多种类型沙障，并在周围撒播耐旱耐碱草种或灌木，利用雨季或凝结水，提高林草植被盖度，实现封育固沙。

（二）灵武白芨滩自然保护区"五位一体"治沙模式

灵武白芨滩林场探索出治沙与致富相结合的"五位一体"的治沙模式——"212"发展模式（见表2）。白芨滩国家级自然保护区的治沙经验成为全国乃至全世界沙漠生态系统建设可供借鉴的一种模式，在黄河东岸营造了 63 万亩绿色屏障，有效阻挡毛乌素沙地向西侵蚀。

表 2　灵武白芨滩"212"防沙治沙模式

"212"模式	种植、养殖类型	分布
第一道生态防线	以灌木为主的防风固沙林	沙漠外围
第二道生态防线	乔灌结合、针阔混交的大型骨干林带	围绕干渠、公路、果园
1 个核心	经济果林和苗圃	两道防线内部
2 个产业	林草养殖牲畜，牲畜粪便肥田	田间空地

（三）盐池哈巴湖国家级自然保护区防沙治沙模式

1959 年以来，通过实施植树造林、封沙禁牧、退耕还林还草、引水拉沙，引洪淤地等生物措施和工程措施，探索出"草为主、灌为护，封为主、造为辅"的防沙治沙模式，盐池境内毛乌素沙地治理成效显著，哈巴湖自然保护区内沙漠地表已基本形成结皮层，实现了沙地固定，形成乔灌草相结合的自然景观，绝大多数地区的沙地自然地貌类型基本消失，不仅改善了当地小气候，而且为西部生态安全屏障建设作出积极贡献。

（四）平罗"劳模带动、联防促动、中水新用、党员联动、种苗夯基"治沙模式

平罗县通过实施"草方格+柠条"、"草方格+灌木"、退化林修复、生态经济林建设、乔灌混交林种植、引进节水林草种苗等项目，发挥"人民楷模"王有德的示范引领及技术指导作用，发挥党员的先锋模范作用建设党员生态经济林，实施石嘴山市毛乌素流动沙地系统治理示范性工程，探索出"劳模带动、联防促动、中水新用、党员联动、种苗夯基"的新路子（见表3）。

表 3　平罗县防沙治沙模式

模式	项目	重点治理任务
劳模带动	"草方格+柠条"、"人民楷模"王有德等	毛乌素流动沙地
联防促动	退化林修复、"草方格+灌木"防沙治沙、生态经济林建设等	红崖子乡以东至内蒙古鄂尔多斯交界处
中水新用	乔灌混交林种植	工业园区中水蓄水池(生态补水和灌溉供水)
党员联动	党员生态经济林(线上捐款、线下种植)	立地条件较好的毛乌素沙地
种苗夯基	节水林草种苗	扩绿、兴绿、护绿

（五）引扬黄灌溉生态农业（林业）综合开发模式

针对宁夏引扬黄灌区大面积沙化和盐渍化土地，以及分布其间的流动、半流动沙丘的综合治理和开发，政府部门采取适合的水利设施，形成多级干渠，以灌溉工程体系支撑生态农业及林业综合建设，推动经济高质量发展。

综合这些模式来看，宁夏在荒漠化治理过程中，探索和实施适合自身特点的治理和绿化措施，推动区域生态环境改善和可持续发展，形成以下

经验。一是技术模式不断完善。各地不断探索创新，总结了一系列荒漠化治理适用技术。如，通过引进水冲沙柳和甘草平移等新技术，种植效率和苗木成活率得以提高；创新完善了抗旱节水、沙地樟子松造林、改土固沙、杨柳科树种深栽旱作造林、保水剂和生根粉使用等技术，全面提升了区域荒漠化治理科技水平。二是生态环境持续改善。宁夏荒漠化治理通过大力推广防沙治沙适用技术，工程措施与生物措施并用，数字化监管林草植被，沙区生态环境持续改善。三是区域经济稳步发展。宁夏防沙治沙综合示范区建设启动以来，致力于改善沙区群众生活水平，推动沙区经济社会高质量发展。

三、持续巩固治沙成果的建议

（一）完善政策机制及法治建设

法律、法规、制度等政策文件是荒漠化治理项目顺利实施的关键。宁夏在推动荒漠化治理的过程中，应充分借鉴全球荒漠化治理的典型案例和成功经验，结合自身资源禀赋，统筹谋划，制定并不断完善荒漠化治理相关政策及措施，包括财政补贴、技术支持和法律保障等，确保项目顺利实施。对生态环境造成破坏的行为进行严格监管和处罚，确保治理成果的长期稳定，推动区域生态环境改善。

（二）因地制宜，提高林草植被盖度

林草植被恢复是荒漠化治理的基础。美国、日本等国家的一些实践案例证明在干旱地区大规模造林治沙虽然前期效果显著，但后期会因缺水导致乔木大面积死亡。前车之鉴，后事之师。宁夏应科学布局、合理种植固沙植物，如在水资源相对充足的地区种植甘草、沙柳、柠条等，水资源缺乏的地区以自然恢复与种草为主。通过科学选种，种植适应宁夏气候、土壤、水分条件的耐旱林草植物，提高林草植被盖度。

同时，宁夏还可以借鉴其他省区"三北"防护林工程建设经验，多措并举构建多条纵横交错的防护林带，形成区域性的防风固沙屏障，最大程度发挥防护林的生态效益。根据立地条件，选择适宜的树种、灌木、草本科植物进行混交种植，提高植物的抗逆性、物种的多样性和生态系统的稳

定性。

巴丹吉林沙漠、腾格里沙漠、库布齐沙漠的生物土壤稳定剂和生物沙障等措施，在提高土壤稳定性、防止风蚀和水蚀方面效果显著。宁夏要积极引入和推广相关生物工程措施，增强沙漠化地区的生态恢复能力。

（三）创新荒漠化治理技术

1. 加强院地合作

中科院沙坡头沙漠研究试验站通过开展多学科综合分析、生态过程研究、沙地农业生态系统监测、沙漠生态系统监测等研究，对荒漠化地区物种优化、科技攻关、对气候的响应等方面发挥试验站的科学研究价值和应用价值。宁夏要继续加强与科研院所和高校合作，开展生态恢复及荒漠化治理的相关科学研究，开展防沙治沙和土壤改良等科研项目攻关，不断创新荒漠化治理技术及理念，为防沙治沙目标任务落实落地提供科技支持，提升荒漠化治理效果。

2. 推广数字技术应用

利用卫星遥感技术实时监测林草植被变化情况，及时调整治理策略，切实保障林草植被盖度稳步提高。建立并不断完善环境监测系统，通过卫星遥感、无人机监测和地面观测等手段，实时获取生态环境数据，为荒漠化治理提供科学依据。建立健全数字化共享平台，共享经验，共享数据。通过科学数据分析，及时调整和优化荒漠化治理措施，提高治理成效。

3. 充分利用无人机科技

巴丹吉林沙漠、库布齐沙漠治沙项目中广泛使用无人机进行大面积播种。宁夏要充分利用无人机播种技术、喷洒生物制剂、监测等技术，提高林草种植效率、成活率。尤其是在地形复杂和人力难以到达的区域，无人机应用更加重要。

4. 普及智能灌溉系统

智能灌溉系统（如滴灌和微喷灌技术）能够精准控制用水量，减少水资源浪费，提高植被成活率。因此，宁夏要持续加强智能灌溉系统建设，不断创新节水灌溉技术，广泛使用节水器具，提高水资源利用效率，切实保障荒漠化治理用水需求。

248

（四）高效利用水资源

要积极探索再生水利用方式，尤其注重绿化灌溉，缓解荒漠化地区水资源紧张问题。荒漠化地区的凝结水是林草植物需水量的重要组成部分，利用先进科技及设施收集凝结水，是保障干旱地区植物用水需求的一项重要内容。建设小型水库和蓄水池，有效收集雨水和洪水，为生态恢复提供水源保障。宁夏可以在沙漠边缘和干旱地区建设小型水利工程，收集雨水、洪水或引扬黄河水，增加灌溉水源，确保荒漠化治理项目的水资源需求。

（五）实行生态补偿机制

甘肃民勤示范区实行生态补偿机制，对参与治沙和生态保护的农户给予经济补贴（奖励补偿），有效调动了农户的积极性。宁夏有必要不断建立健全生态补偿机制，对积极参与荒漠化治理的个人和企业给予经济补贴和政策优惠，形成全社会共同参与的良好氛围。

（六）推进产业融合

腾格里沙漠和毛乌素沙地的荒漠化治理经验表明，依托沙棘、枸杞、杏仁等经济作物的种植和深加工，可以实现区域生态效益与经济效益双赢。宁夏可以因地制宜，选择适宜的沙产业项目，推动"六新""六特""六优"产业发展，增加农民收入，推动区域经济高质量发展。

（七）呼吁社会多方参与

社区居民的广泛参与是荒漠化治理取得成功的重要影响因素，可以通过宣传、教育、研学等方式，不断提高社区居民的环保意识，鼓励居民积极参与荒漠化治理和绿化项目，共同建设美好家园。

宁夏在推动荒漠化治理的过程中，统筹谋划、系统推进，制定并不断完善综合治理措施，形成独具特色的荒漠化治理模式，推动区域生态环境改善。通过科学治理，宁夏将为中国乃至全球的荒漠化治理事业作出更大贡献。

吴忠市排污权改革路径、成效及展望

马旭东　张　丹

　　排污权改革是贯彻落实习近平总书记考察宁夏重要讲话精神、推进黄河流域生态保护和高质量发展先行区建设的重要工作举措，是自治区第十三次党代会确定的"六权"改革任务之一，是进一步深化污染防治攻坚、推进生态环境质量持续改善、推动形成绿色发展格局的有力抓手。近年来，吴忠市坚持以习近平新时代中国特色社会主义思想为指导，全面贯彻党的二十大精神，完整、准确、全面贯彻新发展理念，在排污权改革中坚持降污减排、源头管控、公平交易原则，健全市场交易规则和机制，精准核定初始排污权、可交易排污权和新增排污权，构建市县两级政府储备，调动企业减污降耗积极性，排污权交易工作更加规范化、制度化、常态化，为全区一盘棋推进排污权改革奠定了坚实基础。

一、排污权改革路径与成效

（一）构建改革制度体系

　　排污权改革的核心是运用市场机制，通过排污权有偿使用和交易，推动排污权商品化，建立起"谁排污谁付费、谁减排谁受益"的市场机制，

　　作者简介　马旭东，吴忠市生态环境局（吴忠市生态环境保护综合执法支队）助理工程师；张丹，吴忠市生态环境局（吴忠市生态环境监测站）助理工程师。

调动排污工业企业加强污染治理减少污染排放的积极性和内生动力，从源头上推动总量减排、巩固治污成果、扩大环境容量。2021 年 4 月，为建立市场化环境污染防治机制，加快污染防治示范区建设，推进黄河流域生态保护和高质量发展先行区建设，按照《自治区党委办公厅、人民政府办公厅〈关于印发用水权、土地权、排污权、山林权"四权"改革实施意见的通知〉》有关要求，吴忠市对照国家、自治区相关政策，加强顶层设计，相继印发了《吴忠市排污权有偿使用和交易管理办法》《吴忠市排污权交易程序》《吴忠市排污权抵押登记流程》《吴忠市政府排污权储备和出让管理规定（试行）》等政策文件，涵盖确权、储备、定价、交易、抵押等领域，形成全市排污权改革的基本制度框架，为有序推进排污权改革奠定了基础。在自治区党委、政府的坚强领导下，坚持降污减排、源头管控、公平交易原则，健全市场交易规则和机制，精准核定初始排污权、可交易排污权和新增排污权，构建市县两级政府储备，调动企业减污降耗积极性，排污权交易工作更加制度化、规范化、常态化。

（二）深化总量确权储备

初始排污权确权是开展排污权交易和有偿使用的基础，吴忠市按照排污单位自查、县级初核、市级公示核定的程序，执行《宁夏回族自治区主要污染物排放指标核算指南（试行）》，对排污许可重点管理单位项目概况、产品产量、污染防治措施、污染物产生类别和浓度进行严格审查，确保排污权"应确尽确"，为持续开展"四本台账"（初始排污权、可交易排污权、政府储备排污权、新增排污权）动态更新夯实基础。截至 2024 年，吴忠市核定 406 家初始排污权、7 家可交易排污权、142 家新建项目核定新增排污权，存余 4113.75 吨政府储备排污量，259.26 吨可交易排污量。同时以经济效益倒逼企业减少污染物排放、推进转型升级，调动企业治污减排的内生动力，2021 年到 2024 年，共实施工业废气深度治理、清洁取暖、燃煤锅炉淘汰、污水处理设施建设等重点减排工程 31 个，共减排氮氧化物 3054.04 吨、挥发性有机物 1847.48 吨、化学需氧量 317.95 吨、氨氮 32.79 吨。为实时监控污染物排放情况，吴忠市强化污染物排放在线监测设备建设力度，全市 89 家水、气重点排污单位共安装在线监测设备 316 台（套）

并与自治区监控平台联网，同时全面规范在线监测设备运维管理，进一步扩大监测覆盖面、提升企业污染物排放监管机制。

（三）规范引导入市交易

排污权交易是运用市场机制优化资源配置、促进污染减排、改善环境质量的有效手段，是生态文明制度建设环境资源领域的一项重要的改革举措。在 2014 年国务院办公厅印发的《关于进一步推进排污权有偿使用和交易试点工作的指导意见》中，规范了排污权交易初始确权、有偿使用、市场交易等环节，初步建立起了排污权交易政策框架。财政部、国家发展改革委、原环境保护部联合印发了《排污权出让收入管理暂行办法》，明确排污权使用费的征收标准由试点地区价格、财政、环境保护部门根据当地环境资源稀缺程度、经济发展水平、污染治理成本等因素确定，试点工作稳步开展。吴忠市先后印发了《吴忠市排污权有偿使用和交易管理办法》《吴忠市排污权有偿使用费用征收流程》《吴忠市排污权抵押登记流程》《吴忠市排污权交易程序》等制度性文件，明确了市、县两级生态环境主管部门按照排污许可管理权限实施分级管理，从严核定初始排污权和可交易排污权，规定各县（市、区）政府储备排污权出让收入按照自治区、吴忠市和各县（市、区）2:2:6 的比例分享，市本级储备排污权出让收入按照自治区和吴忠市 2:8 比例分享等，细化完善了储备出让、有偿使用费征收、抵押登记、排污许可变更等措施和流程，推动交易各环节无缝衔接。通过发布政府储备排污权交易预通知、调度全市通过环评审批的重大项目清单等方式，征集排污权交易意向单位，统计排污权需求总量，合理释放政府储备排污权，推动新改扩建项目参与排污权市场交易，改革以来组织 35 批次线上交易，参与排污单位 52 家，达成交易 113 笔，交易排污权 433.38 吨，成交总金额 522.46 万元。

（四）积极拓展金融属性

排污权抵押贷款是一种新形态创新型绿色金融产品，与传统不动产、土地抵押模式相比，排污企业通过抵押所拥有的排污权向银行申请贷款，不仅丰富了企业融资渠道，还将企业"沉睡资产"变成"流动资本"。依据自治区出台的抵押贷款管理办法和金融支持排污权改革指导意见，吴忠市广泛征集全市排污单位贷款融资需求，发挥"政—银—企"牵线搭桥、三方联动作用，为企业抵押排污权开展绿色信贷提供帮助，进一步赋予排污权有效金融功能。如宁夏同德爱心循环能源科技有限公司是一家从事化工产品生产、化工产品销售、化工产品批发等业务的公司。在得知企业有融资需求后，生态环境部门积极对接金融机构，主动上门宣传排污权价值及排污权融资政策，根据企业实际情况，为其量身定制排污权抵押绿色融资方案，最终宁夏同德爱心循环能源科技有限公司以"排污权+房产+土地"组合抵押的方式成功从宁夏银行股份有限公司同心路支行贷款1000万元，使得排污权这项无形资产发挥了效益。排污权改革以来，吴忠市共落地12笔排污权抵押贷款，以"排污权+"组合抵押形式贷款10135万元，在"政—银—企"三方联动、通力合作下，助企实现排污权"变现"，使"环境有价、使用有偿"的理念更加深入人心，全面助推企业节能减排和绿色低碳转型。

（五）持续加强排放监管

排污许可证将污染物排放要求和限值落实到排污单位每一个排污口，是允许排污单位排放污染物的唯一行政许可，也是排污权确认的实体凭证、排污权交易的实体载体，为建立排污单位总量控制、污染减排制度和有效实施排污权交易奠定了基础。自2021年3月1日《排污许可管理条例》正式施行，吴忠市多措并举全面规范辖区排污单位持证排污、按证排污、依法排污，督促排污单位落实污染物排放自动监测设备安装联网要求，进一步扩大监测覆盖面，持续加强排污单位在线监测设备监管，提升环境监管能力和水平。截至2024年吴忠市共有水、气重点排污单位89家，共安装在线监测设备316台（套），其中烟气在线监测设备118台（套）、废水在线监测设备198台（套）。67家非重点排污单位或排污许可重点管理单位共安装在线监测设备195台（套），其中烟气在线监测设备27台（套）、废水在线监测设备168台（套），重点排污单位自动监测数据即时有效传输率达90%以上。同时持续加大污染源排放自动监测设备执法监管，开展第三方环保服务机构弄虚作假等专项执法行动，对第三方环保运维单位不正常运维污染物排放自动监测设施、干扰污染物排放自动监测设施、伪造篡改污染物自动监测数据等环境违法犯罪行为严厉打击查处，坚决杜绝逃避监管排放污染物行为。排污权改革以来，吴忠市共查处污染物自动监测数据弄虚作假、无证排污、偷排漏排、超总量排污等各类环境违法案件 105 件，罚款 1689 万元。

二、排污权改革存在的问题

（一）排污权二级市场交易活力不足

排污权交易活动逐步规范化、常态化开展，交易体量也日益庞大，但综合分析交易行为，排污权交易市场仍然以政府向新建项目有偿分配污染物排污权为主导，排污单位与排污单位之间的自发交易体量比重较轻，同时排污权市场内交易主体数量仍以工业企业为主，数量较少，且工业企业间污染物总量减排成本参差不齐，致使排污权交易市场容量偏小。社会、企业对排污指标通过购买取得及排污权改革认知程度仍然不高，目前多数企业存在等待观望、"捂权惜售"的现象，申报可交易排污权的主动性不强，担心可交易排污权入市出售后，会导致自身超总量排污和扩能指标不够的问题，进市交易排污权总量进一步缩小，二级市场交易不够活跃，致使一些新建项目、扩建项目新增排污权来源深度依赖于政府储备。此外，因各地经济发展、产业结构、治污成本等方面存在差异，进一步导致排污权市场交易价值无法准确衡量，难以有效吸引更多投资者入场交易。

（二）政府储备排污权深挖潜力不足

从全国各地排污权交易具体情况看，进市场交易的排污权多数来源于排污单位取缔、关闭取得的污染物削减量，通过排污单位设施升级、技术改造、总量减排取得的可交易排污量较少。"十三五"期间吴忠市已完成电力行业超低排放改造、水泥行业特别排放改造，基本完成燃煤锅炉特别排放改造，排污单位污染物排放总量已经大幅削减，升级改造增量见顶。"十四五"期间企业提标改造项目少，可交易排污权、政府储备排污权来源有限，新上大排放量项目或将面临无排污权可以交易的局面。

（三）排污权的金融属性发挥不足

《宁夏回族自治区排污权抵押贷款管理办法》对排污权的金融属性作了

规定，排污单位可以将已确权的排污权作为抵押物向金融贷款融资或向其他排污单位租赁，但目前因排污权交易市场不活跃、运行机制不成熟、抵质押手续繁琐、专业人才严重匮乏等原因，金融机构开展排污权抵押融资贷款的积极性不高。现阶段排污权价值较低，政策吸引力不够，加之融资需求不足等原因，企业以排污权抵押贷款方式融资意愿不强，排污权绿色金融属性尚未充分发挥。

（四）排污权统一管理还待进一步提高

《水污染防治法》《大气污染防治法》对氮氧化物、化学需氧量排放交易有相关规定，对排污权交易实践中出现的新型污染物类型仍没有法律规定，排污权有偿使用和交易制度得不到有效的法律保障。另外，在初始排污权确权过程中，按照原有企业环评量核定，缺乏系统性核查，指标分配很难做到合理精准。如，同一行业投产较早的企业，环评报告均采用绩效法进行核定，确权量较大，而通过技术改造升级的企业，因污染物排放减少，确权量较小。因此，出现了同一行业的相同企业，排污初始权确权量有差异。

三、排污权改革展望

（一）抓住重点，动态更新排污权"四本台账"

进一步完善排污权"四本台账"动态管理制度，组织专家开展排污权确权核算跟踪评估，进一步算清核准排污权"四笔账"。综合参考人口分布、经济布局、生态布局等要素，健全科学合理的排污权初始分配制度，确保排污权分配更加合理精准。完善排污权储备调控机制，建立排污权政府储备台账，加大对老旧企业和破产、关停、倒闭企业等淘汰落后产能总量指标的收储。支持鼓励对排污单位开展技术改造，产生富余排污指标优先收储。针对部分重点排污单位申报可交易排污权积极性不高的问题，组织工作专班主动深入企业强化政策解读，加强服务引导，持续扩大可交易排污权申报量。督促各县（市、区）政府、各园区管委会落实属地管理职责，按季度上报新增排污权情况。加强排污权改革政策统筹，充分发挥政策、法治、市场、科技等优势加强市场调控，推动减排降污关口前移，引导排污单位主动、自主、自愿实施节能减污技改项目，优化市场供需关系，让排污权改革重点支持"六新六特六优"产业发展。

（二）破解难点，充分调动交易市场活力

进一步完善政府、市场协同发力推动排污权交易市场稳健发展的制度机制，建立起符合市场规律、供求关系、资源价值的排污权交易市场格局，推动排污权交易市场规范有序发展，充分调动交易市场活力。全面落实新建项目排污权有偿取得制度，建立环评审批与排污权交易联动机制，将新增排污权指标购买情况作为新建项目取得排污许可证的前置条件，确保新（改、扩）建项目排污权购买率达到100%。深挖政府储备排污权，对关停、淘汰的排污项目及时有效收储，对环境影响评价批复后五年内未开工建设的排污项目使用的排污权及时纳入政府储备，扩大排污权一级市场储备资源。激发二级市场活跃度。严格落实主要污染物总量减排工作要求，监督纳入重点减排工程的企业按时完成减排工程，科学核算减排量，经生态环境厅认定后，作为企业可交易排污权。加大节能减排奖补力度，结合产业结构和绿色发展要求，对有节能技改意愿的排污单位实施政策优惠、资金补助等措施，提高排污单位节能减排积极性，扩大排污权二级交易市场权项流通总量，从根源上扩大二级市场交易流量。

（三）打通堵点，深入推进排污权抵押融资

发挥主管部门桥梁纽带作用，搭建"政府—银行—企业"会商平台，引导金融机构积极健全绿色金融服务机制、优化信贷业务流程、丰富绿色信贷产品。并根据《宁夏排污权抵押贷款管理办法（试行）》，指导金融机构将排污权纳入抵质押品目录，进一步完善价值评估、信贷审批、风险防控等措施，推动金融机构积极开办排污权抵押贷款业务，加大对生态环保、绿色改造等领域金融支持力度。加强排污权抵押融资政策宣传力度，积极引导有融资需求的排污单位充分利用排污权金融属性，进一步提升排污权价值。在绿色权益抵押融资业务和生态产品价值实现机制领域积极探索，不断完善机制，形成可推广、可复制的绿色金融发展模式，为经济社会高质量发展注入新活力。完善金融支持排污权政策，引导金融机构创新金融产品，提供绿色信贷服务，赋予排污权更大的金融属性和融资功能。盘活排污权融资交易市场，推进排污权抵押贷款，探索建立健全绿色金融产品的评估和认证机制，提高金融机构的信誉度，确保金融机构推出的产品符合绿色标准和要求。

(四) 消除盲点，持续加强宣传和监管力度

健全宣传引导机制，发挥新闻媒体、网络平台作用，加强对排污权改革政策措施的宣传解读，使环境资源有价、有限、有偿的理念逐步深入人心，提高排污单位、重点行业对于排污权改革的认识。指导企业不断加强污染源监控系统建设，加快在线监测设备安装，完善企业排污总量在线监控系统，逐步提高在线监测设施覆盖面，进一步提升污染物排放监测监管能力和水平。加大排污许可和污染物排放等环境执法力度，严厉打击监测数据弄虚作假、超标排放、超总量排放、无证排污、偷排漏排等环境违法行为，进一步捍卫排污权政策地位。加强对排污单位排污权使用量核查清算，倒逼企业开展技改或到市场购买排污权。持续强化污染物排放自动监测覆盖面，综合利用大数据、人工智能等信息化手段监管企业排污情况，努力维护排污权交易市场公平。

宁东"绿氢产业示范基地"建设研究

齐拓野

建设"绿氢产业示范基地"是宁东能源化工基地（以下简称"宁东"）发展清洁能源产业的重要抓手，是落实碳减排工作的关键方法，是实现经济总量合理增长和质量稳步提升的重要举措，对推动产业向高端化、绿色化、智能化、融合化方向发展具有重要意义。近年来，宁东坚持"一条主线+N 个特色"的路线，以绿氢耦合煤化工，坚定不移推进绿氢逐步替代煤制氢，实现煤化工产业降耗减碳。同步开展天然气掺氢、氢能交通、涉氢装备制造、液氢储运等应用示范，多角度、多场景构建绿氢全产业链，打造新的经济增长点。"绿氢产业示范基地"创建成效显著。

一、"绿氢产业示范基地"建设优势

丰富光照资源为光伏制氢提供了坚实基础。宁东是我国太阳能辐射量较高的地区之一，年均光照时间长，光照强度大，为光伏发电提供了得天独厚的自然条件。宁东的光伏发电时间长达 1700 小时，远高于全国平均水平，为光伏制氢提供了充足的能源保障。同时，由于光照资源丰富，宁东的光伏发电成本相对较低，具备成本优势。目前，宁东的光伏制绿氢成

作者简介 齐拓野，宁夏大学生态环境学院副研究员。

本已经控制在 20 元/千克左右，这一价格优势在西部地区具有极高的竞争力。

独特土地资源为绿氢产业发展提供了广阔空间。宁东基地拥有约 20 万亩的采煤沉陷区和煤矿备采区，由于地质条件限制，无法布局传统工业项目。然而，这些看似"废弃"的土地却为光伏发电提供了理想的场所。通过科学规划和合理布局，提高土地资源利用效率，确保光伏发电设施的安全稳定运行。

坚实化工基础为绿氢产业提供了多元化原料和技术支撑。宁东已经形成了从煤化工到下游精细化工产业的完整产业链，这不仅为氢能产业提供了丰富的原料来源，还为其提供了广阔的市场空间。在化工产业的基础上，宁东积极引进和培育绿氢产业相关的专业人才和科研机构，不断提升产业技术水平和创新能力。同时，宁东加强了对绿氢产业政策的制定和执行力度，为产业发展提供了良好的政策环境。

应用场景丰富，为绿氢产业提供了巨大发展潜力。绿氢耦合煤化工、氢燃料电池汽车、天然气掺氢、涉氢装备制造等重点应用场景在宁东一地即可全部实现，这充分展示了宁东在氢能应用场景方面的丰富性和多样性。

二、"绿氢产业示范基地"建设举措

高标准高质量推进重点项目建设。建成宝丰能源 3 万标方/小时太阳能电解水制氢储能及综合应用示范项目、国家电投铝电公司 1000 标方/小时可再生能源制氢示范项目、京能宁东发电公司 200 标方/小时质子膜法（PEM）制氢及氢能制储加一体化示范项目等，以高质高效项目为抓手，带动氢产业发展。

创建国家氢燃料电池汽车示范城市群。宁东基地获财政部、工业和信息化部等 5 部委批复成为国家氢燃料电池汽车示范应用上海城市群、郑州城市群成员，成为我国西北地区唯一获得示范资格的园区，将完成清洁低碳氢应用示范和 200 辆以上氢能重卡示范推广任务。宁东管委会通过多方筹措资金购置了 2 台氢能通勤巴士、4 台氢能市政环卫车，已实现常态化运营。设立氢能重卡商业运营平台公司 1 个，首批 10 台 49 吨重卡已于

2023年6月份开展高速公路土方运输示范。

加强政策引导和规划引领。围绕自治区"绿能开发、绿氢生产、绿色发展"工作部署，宁东制定并实施相关规划和政策，全力推进"三绿"工作贯彻落实。一是实施规划指导产业发展。编制《宁夏回族自治区氢能产业发展规划》，将"减煤加氢、以氢换煤、绿氢消碳"工作贯穿氢能产业发展始终。二是出台政策扶持产业发展。参考全国氢能产业先行省市经验和举措，结合实际出台《宁东基地促进氢能产业高质量发展的若干措施（2024修订）》，设立氢能专项资金，引导、扶持氢能全产业链发展。三是制定措施规范产业发展。根据国家、自治区相关要求制定《宁东基地氢能安全规范发展实施办法》，针对氢能生产、储存、运输、加注、使用环节的安全管理措施提出规范性要求。四是建立机制保障安全生产。认真贯彻落实自治区党委十三届四次全会相关工作部署，对照"1+37+8"系列文件中《关于氢能产业安全生产专项行动的方案》《关于加强用电安全工作的方案》等2个安全生产专项文件要求，与自治区工业和信息化厅氢能安全工作检查组协同对5家涉氢企业氢能项目建设和生产安全情况进行定期专项检查并形成整改意见，整改后逐一销号，形成氢能建设和安全生产工作闭环管理机制。

三、需要攻克的问题

宁东"绿氢产业示范基地"建设成效已经初步显现，要进一步深化建设成果，不断提升建设质量，还需在以下方面持续发力。

一是产业发展政策尚需完善。尽管氢能产业在我国已步入快速发展期，热度颇高，但产业发展路径、关键技术、商业模式等大多仍处于探索、试验和攻关阶段，导致产业发展成本较高。目前，除氢燃料电池汽车外，尚无其他补贴政策支持。绿氢制备项目只能采用新能源离网模式，收益不佳。同时，绿氢与煤化工项目的耦合受新能源发电时间和波动性限制，难以实现连续、稳定生产。

二是项目建设进度未达预期。近年来，光伏组件及大宗材料的价格持续高涨，增加了企业在绿氢项目上的建设成本，导致企业对市场持有观望态度。同时，光伏指标的配置和土地审批并非宁东基地管委会单独能够决定，还需要自治区相关行政主管部门、周边市县政府以及企业的协调与支持，导致绿氢生产所需的光伏项目手续办理缓慢。尽管目前光伏组件价格已经大幅回落，但之前批复的诸多项目仍存在建设进度不理想的问题。

三是绿氢耦合煤化工工艺仍需优化。降低绿氢生产成本是推动氢能产业发展的关键因素之一，此外，还需要打通绿氢在煤化工领域的规模化应用流程，以实现设备利用率、能效提升以及降耗减碳的最优化。尽管目前理论层面的研究已有很多，但实际操作数据尚显不足，特别是在绿氢替代变换、绿氧替代空分、酸性气体净化等环节的节能降耗效果上，缺乏足够的实机操作数据来验证。因此，设计出各系统最优匹配方案的工作仍需进一步推进。

四、"绿氢产业示范基地"深化建设的建议

宁东未来应进一步加强碳减排和氢能产业发展顶层设计，出台产业扶持政策，加快基础设施建设，全力做实做强项目，构建降碳和绿氢协同发展、相互促进、相辅相成的产业链条，重点发力以下几个方面。

一是强化宁东管委会服务职能。进一步加强宁东管委会的服务职能，深入研究并解决企业在项目建设和生产经营过程中遇到的难题和瓶颈，及时清除障碍，确立发展导向。妥善处理"加速与减速"的平衡，在确保环保和安全的基础上，推动项目建设常态化并加速推进。在关注技术评估的同时，深入探讨价值评估，确保有价值的项目能够稳定地创造价值。通过提供用心、细心、贴心的服务，促进宁东地区企业光伏、氢能、储能等新能源项目尽早建成并产生效益。

二是打造国家级可再生能源制氢耦合煤化工产业示范区。积极推进国家能源集团、宝丰能源集团、鲲鹏清洁能源、中石化新星新源等企业的一系列绿色氢能制备及耦合应用项目，持续提升绿色氢能产能，科学利用清洁低碳的化工副产氢，确保煤化工项目绿色氢能耦合量达到8万吨以上，有力推动绿色氢能耦合煤化工从示范推广阶段向规模化发展的跨越。

三是推进国家氢燃料电池汽车示范城市建设。深入贯彻落实绿色发展

理念，根据既定工作部署，全面完成 500 辆氢能重卡的示范推广任务，确保物流运输车辆实现"绿色、清洁、高效"的运行目标，为改善城市空气质量、减少碳排放作出宁东贡献。借助城市群建设的有利契机，同步推广应用氢能运输工具至公交通勤、市政环卫、叉车、铁路机车等多个领域，进一步扩大氢能技术的应用范围，加速氢能产业链的形成和完善。

四是积极开展天然气掺氢产业化应用推广工作。加快推进恒瑞燃气有限公司天然气管道掺氢降碳工程化示范项目，完成天然气管道掺氢中试研究并启动产业化应用推广，验证技术的可靠性和安全性，力争工业天然气掺氢比例达到 10% 以上，探索天然气掺氢技术的可行性和经济性。积极与相关部门合作，建立我国天然气掺氢应用国家标准，为该技术的推广及应用提供有力支持。

五是推动涉氢装备制造与煤化工产业融合发展。围绕宁东三大战略性新兴产业特色和需求，引进国内外先进技术，加强与高校、科研院所的合作，不断提升技术创新能力，构建涵盖大容量电解槽、氢能汽车零部件制造及整车组装、气液氢储运设备等关键环节的涉氢装备制造产业链，注重产业链协同发展，加强上下游企业间的合作，形成优势互补、资源共享的产业发展格局。通过构建完善的涉氢装备制造产业链，推动涉氢装备制造与煤化工产业深度融合，实现产业间协同发展，打造新的增长极。

六是打通宁东清洁氢外输通道。探索建设 5—10 吨/天液氢工厂，加大对液氢生产、储存和运输技术的研发投入，提高技术水平和安全性。加强液氢工厂及其配套设施建设，包括储罐、管道等，以满足大规模生产和运输的需求。在宁东新能源装机配套的储能示范中探索发展适度比例的氢储能，打通可再生能源发电—电解水制氢—氢气储存—再发电的通道，研究提升氢储能整体效率的方式方法。将宁东清洁氢低成本输送至国家氢燃料电池汽车合作共建城市群，促进产业协同发展。

宁夏推进贺兰山国家公园建设的实践与启示

张万静

创建贺兰山国家公园是贯彻习近平生态文明思想的生动实践，是落实习近平总书记重要讲话指示批示精神的具体举措。自 2016 年起，宁夏开始筹划国家公园建设，2022 年依据《国家公园空间布局方案》，贺兰山被列为全国 49 个国家公园候选区（含 5 个正式设立的国家公园）的第 13 位，黄河流域布局的 9 个国家公园候选区中第 5 位。经过 8 年努力，2024 年 7 月宁夏与内蒙古联合向国家林草局提交了《关于申请创建贺兰山国家公园的函》，贺兰山国家公园创建各项准备工作基本就绪。

一、贺兰山国家公园候选区概况

贺兰山国家公园候选区位于宁夏回族自治区和内蒙古自治区交界区域，属宁夏银川市、石嘴山市和内蒙古阿拉善盟辖区，是黄河上游重要水源地，是研究中国生物多样性的关键区域。该区域是华北、蒙古高原和青藏高原植物区系成分的交汇点，是连接温带草原、荒漠草原的过渡地带和季风区、非季风区的分界线。同时，该区域也是农耕文明和游牧文明的交界地带，具有重要的自然和人文价值。

作者简介　张万静，宁夏社会科学院古籍文献研究所所长，研究员。

2020 年 6 月，习近平总书记在宁夏考察时指出："贺兰山是我国重要自然地理分界线和西北重要生态安全屏障，维系着西北至黄淮地区气候分布和生态格局，守护着西北、华北生态安全。要加强顶层设计，狠抓责任落实，强化监督检查，坚决保护好贺兰山生态"。2023 年 6 月 6 日，习近平总书记在内蒙古自治区巴彦淖尔市召开的加强荒漠化综合防治和推进"三北"等重点生态工程建设座谈会上强调，"要全力打好河西走廊—塔克拉玛干沙漠边缘阻击战，全面抓好祁连山、天山、阿尔泰山、贺兰山、六盘山等区域天然林草植被的封育封禁保护，加强退化林和退化草原修复，确保沙源不扩散"。2024 年 6 月 19 日，习近平总书记在宁夏考察时指出，"保护好黄河和贺兰山、六盘山、罗山的生态环境，是宁夏谋划改革发展的基准线"。贺兰山国家公园设立后，将对保护贺兰山生态系统原真性完整性和黄河上游重要水源涵养地发挥重要作用，也将推动雪豹、马鹿、岩羊等珍稀濒危野生动物及栖息地以及阿拉善—鄂尔多斯、亚洲中部荒漠特有植物种类有效保护，对筑牢中国北方重要生态安全屏障，推动黄河流域生态保护和高质量发展具有十分重要的意义。

二、推进贺兰山国家公园建设的实践与成效

宁夏在申报过程中不断强化"一盘棋"式的区域合作机制，强化区域合作与协调，积极与内蒙古自治区沟通协调，先后 3 次召开贺兰山国家公园创建工作会商会议，并组织编制了《贺兰山国家公园创建方案》。

第一，政策支持方面，国家层面的高度重视和全方位的政策支持是贺兰山国家公园建设取得进展的重要因素。国家层面的生态文明建设战略和国家公园体制建设的指导意见为宁夏提供了清晰的发展蓝图和执行标准。地方政府结合国家政策，出台了一系列支持国家公园建设与发展的地方性法规和政策措施，为国家公园的建设和管理提供了坚实的政策保障。这包括但不限于生态保护、旅游开发、社区参与和经济发展等领域的政策支持，确保了国家公园建设的顺利进行。

第二，在资金投入方面，国家公园的建设和维护需要大量的资金支持。宁夏通过国家拨款、地方投入、旅游收入等多元化的资金渠道，建立了相

对稳定的资金保障机制。特别是在生态保护与恢复、基础设施建设、科研监测等方面的投入，确保了国家公园的可持续发展。同时，以引入市场机制吸引社会资本参与，也成为资金筹集的有效方式。这种多元、稳定的资金保障体系为贺兰山国家公园的建设提供了强有力的财政支持。

第三，在技术创新方面，筹建贺兰山国家公园过程中，始终注重科技创新。通过与高校、科研机构的合作，在生态保护、生物多样性监测、生态系统服务价值评估、生态修复技术等领域取得了一系列创新成果。同时，信息技术的运用，比如建立了智能化监控网络和大数据平台，提高了管理效率和决策水平。

第四，在生态保护方面，遵循"保护优先、最小干扰"的原则，有效地保护候选区内的生态环境和生物多样性。通过环境整治和基础设施建设，不仅改善了游客的体验，也为野生动物的保护提供了更好的环境条件。对关键的自然生态系统如沙漠、草原、森林和水体进行了有效的保护与管理，保护了濒危物种，防止了生态退化的发生。同时，通过科学的管理和监控系统，对公园管控范围内的自然资源进行了系统的保护和管理，保证了生态系统的长期健康与稳定。

第五，在资源利用方面，贺兰山国家公园自筹划建设开始，合理规划和开发可持续利用的资源，为旅游业的发展带来了新的机遇。通过举办各种生态旅游活动，如生态徒步、登山节、摄影比赛等，吸引了一大批自然和摄影爱好者，增加了旅游的参与度和体验感。

全方位的政策支持、稳定的资金投入和通过持续的技术创新应用来提升国家公园的建设和管理水平等举措保障了贺兰山国家公园创建工作的稳步推进。这些经验的积累，不仅为贺兰山国家公园的申报建设提供了有力保障，也为其他地区的国家公园建设提供了借鉴和启示。

三、贺兰山国家公园建设面临的问题

第一，政策支持层面，尽管国家公园建设的战略意义和生态保护的重要性都在不断强调，但具体的政策支持措施还不够明确和到位。这包括法规与政策的不适应、政策执行力度的不足、跨部门协作机制的不健全等。

第二，资金投入方面存在显著的短板。根据自治区林业和草原局提供的资料，宁夏目前的做法是由市、县（区）政府自筹资金建立市民休闲森林公园，自治区政府采取"以奖代补"的方式给予一定的财政补助。但实际操作中，由于经济下行压力的影响，地方财政能力受限，资金投入跟不上实际需要，已有的投资也未能达到预期的覆盖范围。没有足够的资金来支持国家公园的基础设施建设、生态环境保护和科研监测等多方面的工作，这将严重制约国家公园的可持续发展。

第三，技术水平也是一个不容忽视的挑战。宁夏的自然环境复杂多样，这对国家公园的管理、生态保护乃至于旅游开发都提出了较高的技术要求。目前，存在的问题包括生态系统研究不足、监测评估技术落后、管理信息化程度不高、生态修复技术不成熟等。这些都会影响到国家公园的科学管理和长期的生态安全。

这些挑战的解决需要政府、企业、研究机构和公众的共同努力，通过制定科学合理的规划、加大财政投入、引进和培养相关技术人才、建立多方参与和合作的机制等措施，共同推动贺兰山国家公园建设的健康发展。

四、贺兰山国家公园申报创建的启示与下一步探索

贺兰山国家公园申报创建的实践与挑战为我国国家公园建设提供了宝贵的经验与启示。通过对这些挑战的分析与总结，我们可以发现，国家公园的建设并不是一个简单的复制与模仿过程，而是一个充满挑战的探索与创新过程。

（一）国家公园的建设必须要有健全的法律体系作为支撑

国家公园建设的基础是法律保障，这可以为国家公园的建设和管理提供法律依据和框架。在推进国家公园建设的同时，必须制定并完善相关的法律制度，如《国家公园法》，为建设和管理活动提供法律依据，确保法律的权威性和执行力。宁夏可以研究制定或完善相关的地方性法规，为未来的六盘山、罗山国家公园建设做好准备，确保在法律框架下进行有效的规划和管理。

（二）管理体制的创新与改革是保证国家公园顺利运行的关键

管理体制的创新不仅仅是简单的机构合并或是行政级别的提升，更重要的是要构建起既能保证生态安全又能兼顾区域发展的管理机制。这意味着需要建立一个以生态保护为先的管理体系，并在此过程中平衡好保护与开发的关系。宁夏要探索适合本地特点的多方合作管理模式，并且在确保生态保护的前提下，合理划分和利用国家公园的自然资源。

（三）科学划定国家公园的范围与功能定位至关重要

科学的划界不仅有助于明确保护与利用的边界，也有利于资源的有效管理和可持续利用。此外，还能保证国家公园的主要目的与任务得到有效执行，有助于避免未来可能出现的生态环境破坏和资源过度利用的问题。

（四）多元化的管理与参与机制是提升管理效率与公众参与的有效途径

借鉴韩国国立公园建设的经验，引入多元化的管理主体，包括政府、科学家、社区、民间团体等，可以使管理更加多元化、专业化。同时，鼓励公众参与，通过志愿服务、公众教育等形式，提高公众的环保意识和参与度，共同推进国家公园的建设与发展。

（五）国家公园建设的过程中，必须充分考虑和平衡生态保护与区域经济发展的关系

宁夏国家公园建设的挑战提示我们，在推进生态文明建设的同时，不能忽视了对原住民生计的影响和保障。因此，建立相应的生计扶持与保障机制，以及采取措施减轻建设活动对原住民的负面影响，是国家公园建设不可忽视的重要方面。

（六）国家公园建设的过程中，必须加强科普宣传教育

国家公园不仅是一个自然保护和旅游的场所，也是一个环境教育的平台。宁夏可以利用其独特的文化和自然资源开展环境教育活动，提升公众的环保意识和参与度。充分利用网络平台、新媒体、自媒体等方式，多渠道宣传习近平生态文明思想和国家公园理念，形成创建国家公园共识。建设生态体验、自然教育和科学研究基地。开展国家公园标识设计、完善科普宣教展示设施。通过开展自然教育、生态体验等活动，加强生态服务能力，为公众提供丰富多样的生态产品。

附 录
FULU

宁夏生态文明建设大事记

（2024 年 1 月至 12 月）

宋春玲

2024 年 1 月

2 日 自治区党委办公厅、政府办公厅印发《宁夏回族自治区市、县（区）党委和政府主要领导干部自然资源资产离任审计评价指标体系（试行）》。

3 日 自治区生态环境厅、发改委、财政厅等 8 部门联合修订出台《宁夏回族自治区排污权有偿使用和交易管理办法》，确定从 1 月 25 日起，在全区各市、县（区）和宁东能源化工基地同步开展排污权有偿使用和交易。

6 日 自治区科技厅印发《关于新征程全面加强生态环境保护 推进美丽宁夏建设的科技支撑方案》，从生态保护修复、污染治理、资源节约利用、绿色低碳发展、生态环境治理能力现代化五个方面明确科技攻关方向、支撑重点和组织保障。

18 日 自治区出台《自治区新型工业化绿色转型行动方案》，确定了今后五年自治区新型工业化绿色转型的主要目标、重点任务和保障措施。

24 日 全国生态环境系统先进集体和先进工作者表彰大会在北京召开，我区 2 个单位获"全国生态环境系统先进集体"，1 名同志获"全国生态环境系统先进工作者"称号。

2024 年 2 月

1 日 2024 年全区生态环境保护工作会议暨生态环境系统全面从严治党工作会议在银川召开，全面总结 2023 年生态环境保护工作，分析当前面临的形势和问题，安排部署 2024 年重点工作。

18 日 自治区生态环境厅编制并发布了《宁夏回族自治区移动源环境管理年报（2023 年）》。

21 日 自治区印发《宁夏回族自治区全民所有自然资源资产损害赔偿办法（试行)》，对自然资源资产损害的发现、核实、索赔、损害报告和保障机制作出了具体规定。

23 日 自治区水利厅和中国农业发展银行宁夏回族自治区分行共同签署了《全面落实"四水四定" 推进黄河流域生态保护和高质量发展先行区建设战略合作协议》。

27 日 自治区生态环境、发改、科技、财政等 16 个部门单位联合印发《自治区适应气候变化行动方案》。

同日 自治区发布了《燃煤电厂大气污染物排放标准》 （DB64/ 1996—2024)、《水泥工业大气污染物排放标准》 （DB64/ 1995—2024)、《煤质活性炭工业大气污染物排放标准》 （DB64/ 819—2024) 和《畜禽养殖污染防治技术规范》 （DB64/T 702—2024) 等 4 项生态环境领域地方标准。

2024 年 3 月

1 日 在《关于公布第二批区域再生水循环利用试点城市名单的通知》中，固原市名列其中，是自治区继银川市后第二座被纳入区域再生水循环利用试点的城市。

2 日 自治区人民检察院与自治区林业和草原局签订林业草原行政执法与检察监督协作机制协议书，共同维护宁夏林草资源安全和生态文明建设成果。

5 日 《2024 年宁夏水量分配计划》已确定，2024 年全区取水总量控制在 71.03 亿立方米。

9 日　银川市生态环境综合执法支队荣获"2023 年全国生态环境保护执法大练兵表现突出集体"称号。

11 日　交通运输部与自治区政府在北京签订合作协议，携手打造黄河流域绿色交通发展先行区。

18 日　自治区发布《地质灾害监测设施建设技术规范》《地质灾害区域气象风险预警规范》两项地方标准。

22 日　自治区生态环境厅、自然资源厅、水利厅联合出台《自治区地下水污染防治重点区划定方案（试行）》，全面推进地下水环境分区管理。

23 日　宁夏清水河"一河一策一图"突发水污染事件应急演练成功入选生态环境部首批 8 个优秀演练案例。

28 日　吴忠市青铜峡市裕民街道怡园社区老旧小区改造项目获评中国人居环境范例奖。

同日　自治区生态环境厅发布《宁夏回族自治区生态环境分区管控动态更新成果》，将宁夏全域划定为 321 个环境管控单元。

2024 年 4 月

3 日　自治区生态环境厅、高级人民法院、人民检察院等 14 部门联合印发《宁夏回族自治区生态环境损害赔偿管理工作规定》。

8 日　宁东能源化工基地的国能曙光第一 100 兆瓦/200 兆瓦时储能电站并网运行成功，标志着宁夏电网首个构网型储能电站并网投运，这是目前国内投运规模最大的构网型储能电站。

12 日　宁东基地入选 2023 年"绿色化工园区名录"。

23 日　自治区出台《宁夏农村生活污水治理项目入库审核要点》《宁夏农村生活污水治理项目环保验收意见》《宁夏农村生活污水处理设施安全管理规程（试行）》，全力推动宁夏农村生活污水治理提质增效。

24 日　宁夏电投新能源有限公司 200MW/400MWh 新能源共享储能电站示范项目（一期）、宁夏交通投资集团有限公司大宗工业固废道路化综合利用绿色低碳高速公路科技示范项目、中石化碳产业科技股份有限公司 10 万吨/年二氧化碳化学链矿化利用工业示范项目入选国家首批"绿色低碳先进技术示范项目"。

30 日 自治区出台《自治区全面推进美丽宁夏建设的实施方案》，包括 7 项重点任务 28 条具体措施，绘制出了美丽宁夏建设的路线图、施工图。

2024 年 5 月

8 日 首届"美丽宁夏"全国生态散文创作大赛征文活动启动，面向社会公开征集生态散文作品。

10 日 自治区印发《2024 年法治自然资源建设工作要点》，为美丽宁夏建设提供坚实法治保障。

同日 自治区工信厅、发展改革委联合发布《关于进一步促进可再生能源消费支持企业绿色低碳发展》，进一步提高宁夏区内用户绿电、绿证交易积极性。

11 日 自治区首宗用能权交易在宁东能源化工基地签约。

13 日 自治区生态环境厅印发《进一步优化和加强环境影响评价服务保障高质量发展的若干措施》，进一步优化和加强环境影响评价服务。

14 日 生态环境部通报表扬 2023 年度生态环境领域激励表扬城市典型经验做法，对 31 个地方的生态环境保护典型经验做法予以表扬和推广，宁夏固原市在列。

15 日 第 12 个全国低碳日，主题为"绿色低碳，美丽中国"，生态环境厅主办了 2024 年全国低碳日主题宣传活动。

16 日 自治区生态环境厅、发展和改革委员会、工业和信息化厅等九部门联合印发《宁夏回族自治区甲烷排放控制实施方案》，有力有序有效控制甲烷排放。

同日 自治区印发《宁夏回族自治区临时用地工作指引》，进一步规范临时用地管理，提升土地资源利用效率。

同日 自治区印发《自治区空气质量持续改善行动实施方案》，从 7 个方面提出实施环境空气质量持续改善行动的 26 项具体措施。

27 日 宁夏"四水四定"创新实践案例成功入选第六批全国干部学习

培训教材，成为全国水利系统和宁夏唯一典型案例。

28 日　自治区印发《宁夏回族自治区国土空间生态修复工程建设标准》。

同日　自治区生态环境厅印发《宁夏回族自治区储备排污权指标调剂审查管理办法》。

30 日　自治区第十三届人民代表大会常务委员会第十次会议决定对《宁夏回族自治区湿地保护条例》《宁夏回族自治区水资源管理条例》《宁夏回族自治区实施〈中华人民共和国水土保持法〉办法》作出修改。

2024 年 6 月

3 日　宁夏第二届"黄河流域生态保护主题宣传实践月"启动仪式暨黄河"几字弯"宁夏攻坚战推进会以"防沙治沙·增绿护绿"为主题在中卫市召开。

同日　自治区生态环境厅发布 2023 年宁夏生态环境状况公报。

5 日　自治区生态环境厅、吴忠市政府、自治区人大环境与资源保护委员会联合举办的"2024 年六五环境日暨自治区环境教育宣传周活动"在吴忠市滨河体育公园启动，活动主题是"全面推进美丽中国建设"。

6 日　宁夏天都山 750 千伏变电站新建工程在中卫市沙坡头区永康镇党家水村成功举行构架基础首例试点。

7 日　宁东能源化工基地管委会与宁夏宝廷新能源有限公司达成了约 6.4 万吨标准煤的交易，这是宁夏首宗用能权交易。

10 日　宁夏启动森林草原湿地荒漠化普查试点工作。

11 日　银川市生态环境局发布了《银川市分布式光伏项目碳普惠方法学》，标志着安装使用分布式光伏发电系统的银川市机关、企事业单位或居民家庭可以获得碳普惠收益。

同日　由审计署主办的绿色发展与荒漠化防治审计国际研讨会在银川开幕。

同日　灵武市制定《灵武市落实银川市"四水四定"试点建设实施方案》。

12 日 宁夏供销合作社出台《加快建设再生资源回收利用网络体系行动方案》。

同日 宁夏修订储备排污权指标调剂审查管理办法，扩大了自治区级储备排污权支持范围和比例，优化调剂审查条件和流程。

13 日 自治区自然资源厅、林业和草原局联合印发《关于加快推进林权登记有关工作的通知》。

25 日 第 34 个全国土地日，自治区自然资源厅正式启动"节约集约用地 严守耕地红线"宣传周活动。

2024 年 7 月

2 日 银川市政府全面推进"五八"强首府战略，印发《关于加快建设生态强市的实施方案（2024—2027 年)》。

3 日 银川市人民政府印发《银川市水资源配置规划（2023—2030)》。

4 日 生态环境部公布，宁夏选送的公益广告《低碳生活，人人都是"魔法师"》获评 2023 年度生态环境宣传教育优秀作品奖。

13 日 中国共产党宁夏回族自治区第十三届委员会第八次全体会议在银川召开，审议通过《中共宁夏回族自治区委员会关于深入学习贯彻习近平总书记在听取自治区党委和政府工作汇报时的重要讲话精神，加快建设美丽新宁夏、奋力谱写中国式现代化宁夏篇章的意见》。

15 日 自治区党委第三轮第二批第一、第二、第三生态环境保护督察组分别进驻银川市、吴忠市和固原市，并在被督察地召开动员会，这标志着第三轮第二批自治区生态环境保护督察工作全面启动。

17 日 宁夏在 2023 年中央污染防治攻坚战成效考核中再次被评为优秀等次，连续两年获中央污染防治攻坚战成效考核优秀等次。

18 日 由中国环境科学学会主办，宁夏大学、宁夏回族自治区生态环境厅联办的第二届《中国环境科学》青年论坛在宁夏银川开幕。

19 日 自治区人民检察院与自治区林业和草原局部署开展"检察蓝守护林草绿"专项行动。

2024 年 8 月

1 日　在国家发展改革委、住房和城乡建设部、水利部联合印发的《关于印发再生水利用重点城市名单的通知》中，银川市、吴忠市、中卫市入选全国 50 个再生水利用重点城市名单。

同日　全国森林草原湿地荒漠化普查试点北方片区现场会在银川召开。

2 日　由全国台联主办，宁夏台联、内蒙古台联承办的西部大开发与黄河"几字弯"攻坚战台胞考察研习营在银川开营。

5 日　国家能源集团宁东可再生氢碳减排示范区一期项目永利制氢厂成功产出合格绿氢，标志着国内首例集绿氢制储、输运、加用及氢气品质检测于一体的氢能全产业链创新生态项目全面贯通。

13 日　自治区自然资源厅、生态环境厅、财政厅、市场监管厅等 7 部门联合印发《关于全面推进全区绿色矿山建设的通知》，明确了未来 5 年绿色矿山建设的时间表、路线图。

15 日　首届"美丽宁夏"全国生态散文创作大赛在银川揭晓，37 篇作品分获各类奖项。

23 日　自治区生态环境厅、自治区精神文明建设办公室等九部门联合印发《关于深入开展"美丽中国，我是行动者"系列活动的实施方案》。

同日　"彭阳红梅杏"上榜 2024 年地理标志保护工程项目实施名单，这是国家知识产权局首次开展国家地理标志保护工程。

2024 年 9 月

2 日　九三学社西北五省（区）"推动盐碱地综合利用"研讨会在银川举办。

3 日　自治区党委办公厅、政府办公厅通报 2023 年度自治区污染防治攻坚战成效考核结果，固原市、宁东能源化工基地、吴忠市被评为优秀等次，中卫市、石嘴山市、银川市被评为良好等次。

4 日　固原市率先制定出台了宁夏第一个地级市域内横向生态保护补偿机制——《固原市域六盘山横向水生态保护补偿机制实施方案》。

10 日　宁东煤炭高强度开采采空塌陷研究与应用项目，在宁夏煤炭高强度开采地质灾害防控与生态修复方面取得新突破，荣获 2023 年度自治区科学技术进步奖二等奖。

同日　宁夏 300 万吨/年 CCUS 示范项目一期工程——50 万吨/年二氧化碳捕集液化工程顺利产出合格液态二氧化碳。

13 日　彭阳县水土保持项目碳汇交易签约仪式在银川举行，交易水土保持碳汇共 3.6 万吨，转让价款为每吨 31 元，总金额 111.6 万元。这是黄河流域水土保持项目碳汇交易第一单。

14 日　自治区生态环境厅、发展改革委、教育厅、公安厅、财政厅等 13 个部门联合印发《新时期宁夏生物多样性保护战略与行动计划（2023—2030 年)》。

同日　宁东可再生氢碳减排示范区项目通过国家能源集团"国能 e 商"平台完成第一单可再生氢对外电子销售。

19 日　"平罗县数字化盐碱地治理"案例成功入选国家数据局发布的全国首批 50 个数字中国建设典型案例。

20 日　中国共产党宁夏回族自治区第十三届委员会第九次全体会议在银川召开。全会审议通过了《中共宁夏回族自治区委员会关于贯彻落实党的二十届三中全会精神，进一步全面深化改革、奋力谱写中国式现代化宁夏篇章的意见》。

同日　万方级光伏制可再生氢与全球单体规模最大的煤制油项目成功贯通，助力宁东基地培育发展新质生产力，实现能源产业转型升级。

26 日　宁夏回族自治区第十三届人民代表大会常务委员会第十二次会议决定，批准《固原市河道管理保护条例》。

同日　宁夏回族自治区第十三届人民代表大会常务委员会第十二次会议决定，批准《中卫市人民代表大会常务委员会关于修改〈中卫市城乡居民饮用水安全保护条例〉的决定》。

2024 年 10 月

4 日　银川市政府 2024 年储备排污权一期交易在银川市"六权"改革

一体化服务平台正式竞价交易，完成银川市 2024 年排污权一级市场首批交易。

8 日　由国家林草局三北局、宁夏林草局、内蒙古林草局主办，鄂尔多斯市人民政府、石嘴山市人民政府联合承办的毛乌素沙地蒙宁界联防联治秋季攻坚现场推进会在毛乌素沙地宁蒙界联防联治项目区召开。

9 日　《宁夏新能源发展报告 2023》发布，报告指出宁夏新能源呈现健康有序发展态势，新能源跃居宁夏第一大电源。

11 日　自治区党委第一、第二、第三生态环境保护督察组分别向银川市、吴忠市、固原市反馈了第三轮第二批自治区生态环境保护督察情况。

同日　全国最大碳捕集利用与封存全产业链示范基地——宁夏 300 万吨/年 CCUS 示范项目一期工程打通 10 万吨/年工业级生产流程，标志着该项目一期工程建设完成，全线投入生产运行。

15 日　自治区生态环境厅制定推动一般工业固体废物资源化利用、加大固体废物污染治理项目资金补助支持、鼓励提高新型工业固体废物污染治理能力、依法有序解决工业固体废物历史遗留问题、持续推进危险废物环境监管改革试点等 15 条新措施，进一步优化环境监管，提升固废处置水平，助推美丽新宁夏建设。

17 日　自治区生态环境厅研究出台《自治区生态环境系统优化执法和监管方式助力经济高质量发展十条措施》，以生态环境高水平保护助力"百日攻坚战"，服务推动经济社会高质量发展。

同日　自治区冬春季大气污染防治攻坚行动全面启动，重点落实工业废气排放管控、燃煤污染综合整治、移动源综合治理、大气面源管控等举措。

同日　中卫市沙坡头区 2023 年防沙治沙示范项目（一标段）——荒漠蓝藻规模化培养和人工蓝藻结皮接种体（"种子"）培育，取得阶段性成果。

18 日　银川再生水综合利用率提升至 50.47%，替代新鲜水补充到城市工业、杂用、生态补水中。

28 日　"水利部宁夏引黄灌区农业灌溉野外科学观测研究站"成功入选水利部 2024 年野外科学观测研究站的认定名单，这是宁夏首家水利部野外站。

31 日　自然资源厅通过持续优化生态空间格局、强化生态本底调查、实施生态修复工程、完善政策标准体系、开展改革创新实践五项措施，加快推进中部干旱带生态保护修复。

2024 年 11 月

4 日　宁夏、内蒙古省级生态环境部门联合召开两省区跨区域、跨流域生态环境保护执法联席会，并首次联合开展区域生态环境保护执法检查。

同日　自治区首个万吨级绿氢一体化项目——太阳山绿氢制储输用一体化项目（一期）年产 1.65 万吨绿氢项目开工。

5 日　宁夏泰瑞达工贸有限公司全国首台（套）高效再热能源岛减碳智能项目奠基仪式在青铜峡新材料工业园区举行。

11 日　自治区自然资源厅、发展和改革委员会、财政厅、生态环境厅等八部门联合印发《自治区国土空间生态修复规划（2021—2035 年)》，明确构建"一河三山"国土空间生态修复格局。

13 日　在联合国《生物多样性公约》第十六次缔约方大会公布的第二届"生物多样性魅力城市"和新一批"自然城市"平台入选名单中，宁夏固原市入选"自然城市"平台，成为西北地区唯一入选城市。

19 日　贺兰山东麓防洪治理工程（惠农段）主体完工。

23 日　自治区党委办公厅、政府办公厅出台《关于加强生态环境分区管控的实施意见》，确定了制定生态环境分区管控方案等 10 项具体任务。

同日　宁夏《"绿电小镇"绘就乡村振兴新思路》方案入选联合国气候变化大会《加速行动，加大贡献 助力能源绿色低碳转型优秀解决方案》案例集，宁夏清洁发展机制环保服务中心在会上做题为《农业产品（葡萄酒）碳足迹和农村碳交易助力中国乡村振兴》的主题演讲。

26 日　全区 2024 年城市国土空间监测已全面完成。

28 日　宁夏回族自治区第十三届人民代表大会常务委员会第十三次会议通过《宁夏回族自治区国土空间规划条例》及《宁夏回族自治区生态环境保护条例》。

同日　宁夏回族自治区第十三届人民代表大会常务委员会第十三次会议决定，对《宁夏回族自治区实施〈中华人民共和国水法〉办法》作出修改。

同日　宁夏回族自治区第十三届人民代表大会常务委员会第十三次会议决定，批准《银川市海绵城市建设管理条例》《银川市城市房地产开发经营管理条例》以及《石嘴山市湿地保护条例》。

2024 年 12 月

2 日　宁夏首批挥发性有机物（VOCs）排污权交易在银川市落槌。

4 日　在《联合国防治荒漠化公约》第十六次缔约方大会边会上，宁夏向全球介绍了防沙治沙技术和成果，传播推广荒漠化防治的"中国智慧"和"宁夏经验"，"以检察蓝守护林草绿"助力防治荒漠化的"宁夏检察经验"同样在大会上亮相。

同日　"贺兰山下镇北堡废弃矿坑生态修复"案例被自然资源部纳入《国土空间生态修复典型案例》并向全国推广。

6 日　自治区生态环境厅编制印发《宁夏回族自治区移动源环境管理年报（2024 年）》。

同日　宁夏云雾山草原生态科普基地成功入选由教育部、自然资源部、国家林业和草原局联合公布的首批 100 家自然资源与生态文明专题"大思政课"实践教学基地名单。

11 日　平罗县宝丰镇兴胜村被评为 2024 年近零能耗农宅项目，成为宁夏首个近零碳村。

12 日　全区各级生态环境部门全面启用宁夏生态环境行政处罚办案系统，实现全流程"云办理"。

16 日　由自治区生态环境厅组织编制的《2023 年宁夏回族自治区生态环境质量报告书》连续三年获评优秀等次。

18 日　宁夏、甘肃两省区森林草原防火联防联控会议在固原召开。

24 日　生态环境部 12 月例行新闻发布会公布了第三批 38 个美丽河湖优秀案例，黄河（银川市段）入选。